“和”解《茶经》

一碗茶汤的中国意味

余亚梅 ◎ 著

上海文化出版社

序

骆玉明

中国古代每当机缘凑泊，便会出一些奇人，他们给寻常平淡的人世造出意外的风采，人世因此而有味。譬如唐代的陆羽，你看他自我描述的样子，常常是穿着粗麻布的短衫，一条大短裤，独自漫游在山野中，诵着佛经，或者吟唱古诗；一会儿拿棍子敲打林木，一会儿用手拨弄山涧流水。就这么漫无目标地徘徊着，一直到天黑了，兴致也尽了，便大声哭喊着回去。从平常人的眼光去看，这甚是可怪，但作为"奇人"，他有我们所不知道的理由。

陆羽那篇《陆文学自传》整个就是一篇奇文，它用恍然迷离的笔法记述了自己奇特的一生。他是一个被抛弃的孤儿，一个和尚捡到并养大了他。但他懂事了却不爱学佛，要学儒，跟师父倔。师父罚他扫厕所、放牛，这是劳动改造的意思，他嫌累跑了，学演戏、扮小丑去了(唐代还没有正经的戏剧)。他还长得丑陋，脾气坏。

这么说下来，这人恐怕活着也不容易，要成个器实在难了。然而不然，他不知怎么，就是多闻多识，多才多艺。他从年轻时就被当代雅士名流所赏识。权德舆、崔国辅、颜真卿、皎然、刘长卿……哪个不是名标青史，令人肃然起敬？还有风流浪漫的女道士和诗人李季兰，也跟他关系好。事实上他自己就是一个名人，权德舆说他"词艺卓异，为当时闻人"。

所以只能说他是奇人。奇人是天地精华所凝聚，不能以常人的规范衡量。有奇人，世界就变得有意思了。

陆羽有很多著作，他还曾参与编纂颜真卿主持的大规模辞书《韵海镜源》，可见他的学问是被认可的。但流传到现在的，只有一部《茶经》。有人很惋惜地说，陆羽其他方面的成就被《茶经》遮蔽了。但是，只留一部《茶经》，也许更能显示他作为奇人出现在世界上的意义。

说起茶叶，谁都知道它和丝绸、瓷器三者，是中国最为广泛而深远地影响全世界人民日常生活的文明创造，同时，这三者也构成了中国的显著标志。

国人饮茶的历史很古老。可能带有传闻性的记载暂且不论，马王堆汉墓出土的物品中就包含陈化的茶叶颗粒，这是最直接的证据。而饮茶成为全社会普遍的日常生活内容，成为世代相沿的习俗，并由此衍生出通过各种仪式来表达的丰富的文化意义，则主要是在中唐。而这种转变的标志，就是《茶经》的出现。陆羽作《茶经》，系统总结了到中唐为止，国人识茶、采茶、制茶、饮茶的历史和其他相关的各方面活动，并进一步阐述了茶文化的原理，明确了关于茶事的一系列规则，所谓"分其源，制其具，教其造，设其器，明其煮"（皮日休《茶中杂咏序》）。有了《茶经》，喝茶成为一件讲规矩的事情；《茶经》之后，于是有茶道、茶艺，有禅茶一味，呈现种种人生情味。

当然，这里有一个问题：人们的生活方式是随着历史而变化的，茶事亦然。千载之下，茶的产地、品种、制作和饮用方法，变化多端，并且越来越丰富。前几年有人送我用顾渚紫笋茶叶按唐代方式压制的茶饼，那在唐代堪称绝品，皇帝赐臣下，文人雅士写诗来纪念的事情，但现在拿给一般人看，大都朦然无晓。那么《茶经》是不是只有历史文献价值，跟普通人毫无关系了呢？

放在我们面前的这部余亚梅所著《"和"解〈茶经〉》很好地回应了这一问题。

这首先当然是一部关于《茶经》的研究著作，作者在版本选择、文字校勘、文义解说、资料引证等方面都精心做了工作。但这部书的内容远不止于此。

作者很有智慧地引用了前人常用的一对概念："体"与"用"。体是原理和规则，它基于深刻的天道与人心，因此是稳定的；"用"是应用，它顺应地理、习俗与日常生活需要而变化，不可固执。通过体用分殊之说，这部书建立了一种很好的构架：它以《茶经》为主干，由此沿伸，以充分的资料，从多种角度讨论关于茶文化和茶史的问题。这为读者提供了丰富有趣的知识，有很好的可读性，同时也使得我们对《茶经》之价值的认识，有进一步的提高。所以，它在相关研究领域内，成为一部个性鲜明的著作，同时也成为一种很有实用价值的教材。

譬如《茶经》溯源的部分说到茶树，有简单的两句话："茶者，南方之嘉木也。一尺二尺，乃至数十尺，其巴山峡川有两人合抱者，伐而掇之。"这两句话牵涉到茶树的产地和种类问题。余亚梅书中，对原始资料和前人研究成果加以综合分析，就茶树的原产地、植物学分类、品种区分、驯化与人工培育等各方面问题进行了探究。对普通读者来说，这些大多是闻所未闻，而反观《茶经》，我们也能够明白陆羽对关键问题的敏感。茶树分为灌木类和乔木类，这是茶树最基本的两大分支，由此又分化出许多差异的品种来。

如果说，喝茶有益于人体健康，那么，这和喝水、喝菜汤没有什么本质上的区别；而且我相信古人最初拿茶叶煮汤喝，就是喝一种可以果腹、可以增加食物滋味的树叶汤。为什么会从饮茶中产生如此复杂的仪式和文化意味呢？这是余亚梅书要讨论的核心问题，是她用《“和”解〈茶经〉》作为书名的关键原因。

讨论《茶经》与茶文化的确立，从何处着手呢？作者看中了陆羽所设计的一种三足鼎形煮茶的风炉，上面刻有“伊公羹，陆氏茶”六字。伊公即伊尹，史籍记载，他是殷商开国君主汤的贤相，《史记·殷本纪》说他“以滋味说汤，致于王道”，就是说治国之道一如五味调和，讲究的是适中、均衡、平和。陆羽将“伊公羹，陆氏茶”并列，那么在他看来，人们在烹茶、饮茶的过程中，也同样可以体悟“天道”，即自然和人事的根本法则。

这里面关联到一个比较大的问题：人类的文化或者说文明，其重要的表现形态之一，就是把自然状态的生活内容加以仪式化的改造，从而赋予其非自然的意义。人由此寻求并证明了自己——人之为人，就是因为他们通过自我创造而获得了超自然性；所以，在中国古老的观念中，人与天、地并列为“三才”。

余亚梅书里还说了一件我从前没有注意到的事情：伊尹原来也是一个被抛弃的孤儿，《吕氏春秋》说他的来历，乃是“有侁氏女子采桑，得婴儿于空桑之中”。我们可以相信，陆羽著《茶经》时，会想到某些天资非凡的孤儿，是负有神谕的。他们需要完成一些特殊的使命。

历代关于茶事的记载，常有玄秘气息，余亚梅书中也述及不少。譬如水。年代稍晚于陆羽的张又新在《煎茶水记》中，记载了一则陆羽辨水的故事：一名官员邀陆羽烹茶，遣军士取“扬子南零水”——长江江心地下涌出的泉水，是煮茶的佳品。该军士用瓶取水归来，因船儿摇晃泼出了一半，害怕受责罚，就在长江岸边取水装满了瓶交差。水交到陆羽手里，他不仅立刻辨出其中混入了“临岸之水”，还能把瓶中的“临岸之水”倒出去，独留下半瓶南零水。

还有人们熟悉的《红楼梦》中妙玉饮茶所用的水，乃是五年前在一座寺庙里，“收的梅花上的雪，共得了那一鬼脸青的花瓮一瓮，总舍不得吃，埋在地下，今年夏天才开了”。林黛玉猜是雨水，被妙玉讥为“俗人”——她平日虽是风雅不过，但在茶水的讲究上品位尚低，所以难免是俗。

这些神奇的故事，要说故弄玄虚也未尝不可。但大而言之，茶事的玄秘，并非毫无道理。因为茶从种植、采摘到制作，有无数种差异：烹制或冲泡时所用器物与水，以及火候与水温的把握，又有无数种区别。更不可限制不可固执而论的，是个人的趣味和爱好。种种变量相乘，结果大概是天下没有相同的两杯茶。而品赏这种微妙的不可预知的变化，体会生命摆脱一切规定性与固定程式的愉悦，正是茶事的一种特有乐趣。

我是一个教书匠，生活无甚讲究，就是喜欢喝茶。三十年前，已故老友许道明在《新民晚报》上写了一篇《我说骆玉明》，他是为我打抱不平。文中说我“家中事事不如人，只有茶比别人家的好”。直到现在，我还是改不了旧习惯，喜欢在深夜里泡一壶茶，随意拿一本书翻看。四周安静，心思虚渺。

所以余亚梅拿这部书稿要我写序，我很乐意。我读稿子的过程就很愉快，因为这书的内容很丰富，说得有条理，有见识，可以从中知道很多原来不知道的事情。

好吧，你不妨打开这本书，和作者一起读《茶经》的第一句：“茶者，南方之嘉木也。”很优美吧。

2023年6月于复旦园

目　录

#【开篇一】

陆羽其人

从无名的弃儿到逃名的茶圣

无名的弃儿：从身世之谜说起

今人对《茶经》作者陆羽的认识主要来自《陆文学自传》，以及《唐国史补》《新唐书》和《唐才子传》的记载。当然，在“茶圣”的光环下，还有不少让人津津乐道的传说，给茶圣添上不少神秘色彩。

陆羽（约733—804），字鸿渐，唐朝复州竟陵人。又名疾，字季疵，号竟陵子、桑苎翁、东冈子，以及茶山御史等。一生嗜茶，精于茶道，因撰写世界上第一部茶学专著《茶经》三卷，被誉为“茶仙”，尊为“茶圣”，祀为“茶神”。陆羽在他一千字《陆文学自传》中，描绘了一个诙谐幽默而又特立独行的文人形象：

陆子，名羽，字鸿渐，不知何许人。或云字羽名鸿渐，未知孰是。

陆羽站在第三者的角度，说自己“不知何许人”，还说“羽”“鸿渐”不知哪个是名、哪个是字。读来混沌颠倒，令人莞尔。然而，幽默诙谐的背后却是茶圣辛酸的身世。自传中有“始三岁，惸露，育于大师积公之禅院”，说自己无父无母，也没有兄弟，孤单羸弱，三岁时被复州竟陵龙盖寺的智积禅师收养于禅院。竟陵，即今湖北天门；龙盖寺，即今位于湖北天门的西塔寺。陆羽存世有三首诗作，其中《六羡歌》就写的是故地竟陵：

不羡黄金罍，不羡白玉杯；
不羡朝入省，不羡暮入台；
千羡万羡西江水，曾向竟陵城下来。

后人认为此诗是陆羽凭江悼念智积禅师所作。然则诗无达诂。这一首承载茶圣情怀并反复咏叹的歌诗，为后世爱茶人士所推崇。

陆羽为弃儿，这在《唐国史补》《新唐书》和《唐才子传》里也有记载。“陆羽鸿渐”之名来自易占《渐》卦，有说是陆羽修习儒家经义之后自占而命名，也有说是智积禅师占卜而得。到底为何虽不得而知，但并非不可推断。其实，智积禅师遁入空门本就抛却了俗家姓名，又何必专门为弟子起一个俗家姓名？更何况师心心念念都是要陆羽放弃儒家典籍这些“外道”。自传中对此作了详细而有趣的描述，说的是陆羽小时候一心向儒——“执儒典不屈”，积公则“执释典不屈”，并劝诫弟子：“殊不知西方之道，其名大矣。”即使是在陆羽逃避佛学，离寺出走之后，还要找到弟子苦口规劝其悬崖勒马、迷途知返。《新唐书·陆羽传》就很肯定这个名字是陆羽自占而得，并对此作了更为详细的记载：

陆羽，……既长，以《易》自筮，得“蹇”之“渐”，曰：“鸿渐于逵，其羽可用为仪。”以陆为氏，名而字之。

说的是陆羽长大后，自占一卦得“水山蹇”卦，第六爻为动爻，成“蹇之渐”卦。“之卦”，在《易经》中就是变卦的意思。通常情况下，只动一爻，就以该爻爻辞为依据，即看本卦爻辞（“蹇”卦上六爻），再参考变卦爻辞。取名取吉，故不看蹇卦爻辞，单取“风山渐”卦第六爻之爻辞“鸿渐于逵，其羽可用为仪，吉”。取“羽”“鸿渐”为名字，取第三爻“鸿渐于陆”之“陆”为姓。

陆羽三岁之前是谁？为何会被遗弃？这段空白的身世给了后人无数想象的空间。流传最广的一个传说，是说在某个深秋的清晨，智积禅师走在竟陵西湖的湖滨，忽听芦苇丛中“群雁喧集”，隐约有婴儿啼哭声，循声而去，发现三只大雁“以翼覆一婴儿”，这是陆羽在传说中的出场。成为湖北天门名胜的古雁桥实际上是后人为纪念陆羽，根据传说在“雁翼覆羽”处建桥并命名的。明代中叶，又于古雁桥南五十米处堤街——传说中智积禅师初闻群雁喧哗之处，立一座牌坊名“雁叫关”。关前水巷口建有一座品茶楼，内祀陆羽，门口有一对楹联“品水雅意不在酒，仙子高风只是茶”。古雁桥后是陆羽纪念馆，该馆建于上世纪八十年代。有关茶圣的名胜“显迹”在某种程度上，可以说照见了爱茶人放逸而烂漫的精神世界。

陆羽出生的“祥瑞”显然是从陆羽得名的“渐”卦展开想象的翅膀。“渐”卦是上吉之卦，阐释人要积极进取，并遵循事物发展的规律循序渐进。其中上九卦辞：

> 鸿渐于逵，其羽可用为仪，吉。
>
> “逵”为“九达”之一。汉代荀悦《申鉴·杂言下》：
>
> 圣人之道其中道乎，是谓九达。

“九达”表示圣人之道无所不达，并表示通往大道的路径殊途同归。《尔雅·释宫》的解释是：

> 一达谓之道路，二达谓之歧旁，三达谓之剧旁，四达谓之衢，五达谓之康，六达谓之庄，七达谓之剧骖，八达谓之崇期，九达谓之逵。

就“渐”来说，“逵”在这一卦的最上位，象征无所不达的圣人中道，非常吉利。就卦象的象义包含两个方面，一是鸿雁飞到高山上，面前是四通八达、往来无阻的通路；二是鸿雁的羽毛可以用作整齐、洁美的仪饰，十分吉祥。《象传》说，这是以鸿雁的羽毛，比拟隐士向道的志节，不会改变，说明隐士追求圣人中道，超脱于世俗之外，行藏由心。在传说中，“渐”卦卦象中的“鸿雁”就演绎成圣人出生的祥瑞与异象，正好填补“不知何许人”的空白。

“蹇”在六十四卦中属下下吉，“渐”卦则为上吉。“蹇之渐”卦，何尝不是陆羽不畏艰难险阻一心向道，由弃儿而至茶圣，不断提升人生境界的真实写照？

不得不说的“弃儿”：伊尹与一休

历史总是充满各种巧合。

说起陆羽的“弃儿”身世，茶文化史上还有两个不得不说的大人物，一个是早于陆羽约2400年的伊尹；一个是在日本茶道史上影响深远的一休和尚。

陆羽在《茶经·四之器》中写到的第一款茶器是煮茶的风炉，为三足鼎形：

其三足之间设三窗，底一窗，以为通飙漏烬之所，上并古文书六字：一窗之上书“伊公”二字，一窗之上书“羹陆”二字，一窗之上书“氏茶”二字，所谓“伊公羹，陆氏茶”也。

显然，陆羽在这里自比伊公。伊公，就是商代的伊尹，辅佐商汤伐夏救民，为商五代帝王之师。《尚书》中有专门记载伊尹教授帝王取法尧舜、德治天下的治国心法。《孟子》说：

> 汤之于伊尹，学焉而后臣之，故不劳而王。
>
> 以尧舜之道要汤。

伊尹（前1649—前1550），名挚，身世扑朔迷离。《吕氏春秋·本味》：

> 有侁氏女子采桑，得婴儿于空桑之中，献之其君。其君令烰人养之，察其所以然，曰：“其母居伊水之上……故命之曰伊尹。”

“侁氏女子”在郦道元的《水经注·伊水》中被称为“莘氏女”，故事情节不变：

> 昔有莘氏女，采桑于伊川，得婴儿于空桑中，言其母孕于伊水之滨，梦神告之曰，臼水出而东走。母明视而见臼水出焉，告其邻居而走，顾望其邑，咸为水矣。其母化为空桑，子在其中矣。莘女取而献之，命养于庖，长而有贤德，殷以为尹，曰伊尹也。

更早的《楚辞》也有关于伊尹身世的传说，内容也大致不差。“伊水”就是今天洛阳的伊河，一说伊尹是依伊水而生的，故以“伊”为氏。今天河南省开封市杞县葛岗镇空桑村，别名“伊尹村”，据说寄放伊尹的“空桑”就位于该村，故而得名。

伊尹之“尹”，是商汤封的官名，相当于宰辅。《史记・殷本纪》皇甫谧注云：

尹，正也，谓汤使之正天下。

意思是伊尹以天地之“正道”辅佐商汤，以匡正天下。后世以伊尹之名传世。《尚书・君奭》引周公语，说伊尹“格于皇天”，意思是伊尹善于学习和效仿天道。儒家所说的“格物致知”、道家的“道法自然”与此一脉相承，可以互训，都是“天人合一”的学问。这里的“皇天”，即宇宙世界或创造宇宙世界的道（真理）。中国古人把对“皇天”的感悟知识化、学理化，形成以阴阳五行为框架和逻辑的“易经”文化体系，塑造了中国传统文化的宇宙生命观。

伊尹以阴阳五行的气化理论运用于医药学领域，成就《汤液经法》，为后世经方的源头（如张仲景《伤寒杂病论》、孙思邈《千金翼方》），可惜散佚。南朝陶弘景的《辅行诀》引《汤液经法》：

经云：在天成象，在地成形。天有五气，化生五味。五味之变，不可胜数。

中国文化认为物质世界是从气开始的，气分阴阳，万物都是阴阳二气的运动“生”出来的。“万物一气”，是庄子“齐物论”以及中国文化的思想理论基础。阴阳二气运行，即有量、位置及其升降运动趋势的变化，对“气”作出的进一步细分，就有了“五行”之分别，为了言说的方便，以木、火、土、金、水来命名。如，根据阴阳的量和升降动势，古人把它命名为少阳（木、春）、太阳（火、夏）、少阴（金、秋）、太阴（水、冬）四个象，其中“太”和“少”，都表示阴阳的量的变化，或者多了，或者少了，或者一点不多、一点不少——“中”“和”（土，以及季春、季夏、季秋、季冬）。从这个意义上来说，阴阳五行是中国文化对宇宙世界的分类法、分析法，用于言说分析方位、时间、四季、运行方式、类别，以及变化规律、趋势等等。如，五行对应五脏、五色、五音、五情、五味、五谷、五菜、五禽等等，可以说世间万物都在“五指山”中。又如，以五行对应四时、四季，其背后不过是表达阴阳的状态及其变化趋势。

“万物一气”，也同时意味着万物同宗同源、普遍联系。“相生相克”是中国文化对这种普遍联系的高度归纳，实际上表达的是阴、阳消长的运动规律。这样一种思想体系运用到中医药学领域，就发展为阴阳、表里、虚实、寒热的八纲辨证，大道至简，归纳成一句话就是阴阳的二元辨证。“道”，就是从这样一种宇宙生命观中提炼出来的一个概念或命名。伊尹以阴阳五行之术，上以沟通天地，中以治国养民，下以养生治病，是集巫、史、医于一身的大能。他将“格于皇天”中理解出来的“道”，用于养生治病延命。《资治通鉴》记载伊尹：

> 悯生民之疾苦，作汤液本草，明寒热温凉之性，酸苦辛甘咸淡之味，轻清重浊，阴阳升降，走十二经络表里之宜。

万物一气，故“药食同源”。伊尹不仅是汤药的始祖，还是中华美食第一人。伊尹被庖人收养，长大后，精通厨艺，善烹调至味的羹汤和调和五内的药汤。说“治大国若烹小鲜”的是老子，以“味道”说治国之道的鼻祖却是伊尹。伊尹善以味论道，解说治国安民的道理，因调和“五味”与治理人情的道理说到底都是阴阳五行的调和，最终解决的只有两个问题：过与不及。从这个意义上来说，治味与治国同理。《吕氏春秋·本味》记载伊尹论述食材性味以及水火的文治武功：

> 五味三材，九沸九变，火为之纪，时疾时徐。灭腥去臊除膻，必以其胜，无失其理。
>
> 调和之事，必以甘酸苦辛咸。先后多少，其齐甚微，皆有自起。
>
> 鼎中之变，精妙微纤，口弗能言，志弗能喻。若射御之微，阴阳之化，四时之数。

通过对水火的调节，在入味、出味之间使得五味调和，并最终达到“中和”，即“久而不弊，熟而不烂，甘而不哝，酸而不酷，咸而不减，辛而不烈，淡而不薄，肥而不腻”的效果。水火的变化精妙而难以言说，只能“如人饮水，冷暖自知”，而这正是“味”中的“道”。他还以五味调和之道和火候论来说治世之道，《吕氏春秋·本味》记载：

汤得伊尹，祓之于庙，爝以爟火，衅以牺猳。明日设朝而见之，说汤以至味。

《史记·殷本纪》也说伊尹：

以滋味说汤，致于王道。

伊尹的“味中之道”与老子《道德经》中的“治大国若烹小鲜”，都是讲阴阳五行的生灭变化之道，是中国“天人合一”的学问，小到生活日用，大到治国平天下，同出一理，殊途同归。

从以上可见，陆羽在风炉上刻上“伊公羹，陆氏茶”不仅是因为伊尹和自己一样都是身世不明的弃儿，他还开宗明义地表明，自己的茶汤和伊尹的羹汤一样，均是“以味载道”，通过烹煮出一碗至味的茶汤，表达自己对天道（规律）的理解和运用，寄托自己道济天下的情怀。

说起茶文化的流传演变，日本茶道是绕不开的话题。

鸦片战争以来，华夏文明与这片国土经历了前所未有的苦难沧桑。当中国人在一片废墟上站起来，面对家徒四壁、一穷二白的现实，显然“吃饱”才是头等大事。吃饱，是物质层面的满足；而吃好，比如吃茶、喝酒，则属于精神层次的需求。与此同时，一水之隔的日本却将茶道推向了世界，并在很长一段时间内令世人只知有日本茶而不知有中国茶。因日本茶道很好地保留了中国唐宋烹点茶的文化形态，这给逐渐摆脱生存困境的中国人一个重新审视自己文化的视角。由此，关于吃茶的文化在中国也算是时来运转，并在多重因素的推动下再度走入中国人的生活日常。

自荣西禅师将临济宗和饮茶习俗带回日本，在近千年的时间里，日本将禅宗及其本土文化交融并汇聚于一碗茶汤之中，形成独具其民族精神特征的“茶道”。其间，因村田珠光将贵族化的“书院茶”与平民化的“草庵茶”融合起来，完成对茶的禅化改造，被奉为日本茶道的“开山之祖”。村田幼年在净土宗寺院出家，因为违反寺规被逐，听闻当时日本禅宗的重要人物一休宗纯（1394—1481）正在京都的大德寺挂单，便前去拜师参禅。这次的会面成为日本茶道发展史上一个里程碑式的历史事件。日本以荣西禅师《吃茶养生记》为发端的茶文化发展到这里彻底拐了一个弯，且一路顺流而下没有回头——既接续中国禅宗的法脉，也开创日本禅茶的源流，一直到千利休这一集大成者的出现，确立“和、敬、清、寂”的日本茶道思想。

有意思的是，一休宗纯是和尚，也是弃儿，且身世更加曲折离奇。他是日本室町时代禅宗临济宗的著名奇僧，有“疯僧”之称，也是著名的诗人、书法家和画家。日本电视剧《聪明的一休》就是以他为原型。据《一休和尚年谱》记载，一休的父亲是后小松天皇，母亲是世家藤原氏的藤原照子，二人的婚姻充满政治阴谋。据说，照子为天皇所宠爱，却身怀小剑伺机刺杀，被发觉后出逃生下一休。当时的日本在幕府将军足利义满的统治下，作为皇子的一休从未享受过皇子待遇，六岁时成为京都安国寺长老的侍童，十五岁以后正式出家为僧。

一休对珠光的教导，秉承临济宗的禅法，其中有个著名的公案：

> 一日珠光正想啜茶，一休却一挥他手中的铁如意，将茶碗击碎，并问：“如何？”珠光顿然有悟，答道：“柳绿茶红。”

这一则公案和唐代赵州从谂禅师的“吃茶去”公案可谓异曲同工，都是破除识见、截断言语，把人从文字佛理的辨别和参悟中解脱出来，直指心源，引导以心印法、心领神会。因为佛典也是知识、识见，并非佛意本身，如果说佛意是“月”，那么佛典、语言、知识、识见等等都是指月之“指”、载道之“筏”，是工具，而不是“月”（佛法真义）本身。《指月录》卷十、《五灯会元》卷四、《古尊宿语录》卷十四等都记载了“吃茶去”这则公案：

> 师问二新到：“上座曾到此间否？”云：“不曾到。”师云：“吃茶去！”又问那一人：“曾到此间否？”云：“曾到。”师云：“吃茶去！”院主问：“和尚，不曾到，教伊吃茶去，即且置；曾到，为什么教伊吃茶去？”师云：“院主。”院主应诺。师云：“吃茶去！”

一休秉承了临济宗棒喝交驰、言语截断的禅风，其机锋峻烈、斩钉截铁，直指人心。村田珠光从“一击”中顿悟“佛法在茶汤中”，并自此以“禅”对茶事活动进行改造，一改当时在贵族阶层普遍流行的奢靡化、娱乐化的茶风，将“书院茶”推向外法自然、内观自在的“禅茶一味”：

一味清净，法喜禅悦。赵州至此，陆羽未曾至此。

村田珠光之后，再经绍鸥、千利休发展完善而大成。

如果说伊尹之于《茶经》的象征意义，在于他诠释了陆羽在茶汤中寄托的人生理想和道济天下的情怀；那么一休之于日本茶道的象征意义，则在于他将佛法禅意注入一碗茶汤之中，使茶事活动成为人对个体生命的内省与超然体悟的过程。

逃名的浪子：在出世与入世之间

在短短一千字的自传中，陆羽对自我形象的描述是极为简约、生动而形象的。他说自己：

有仲宣、孟阳之貌陋，相如、子云之口吃，而为人才辩，为性褊噪，多自用意，朋友规谏，豁然不惑。凡与人燕处，意有所适，不言而去。人或疑之，谓生多嗔。及与人为信，虽冰雪千里，虎狼当道，不愆也。

仲宣是三国时曹魏名臣王粲的字，有《初征》《登楼赋》《槐赋》《七哀诗》等名篇传世。王粲出身名门望族，曾祖父王龚在汉顺帝时任太尉，祖父王畅在汉灵帝时任司空，都是位列三公的名士。父亲王谦，曾任大将军何进的长史。但这位大才子自身并不得志，且在很大程度上居然和他长得丑有关。据《三国志・魏书・王粲传》记载："粲年既幼弱，容状短小，一座皆惊。"这在极度推崇品貌风度容止的魏晋，其郁闷可想而知，又因貌不副其名且躯体羸弱，不受主公刘表的待见。但王粲的才华受到后来成为魏文帝的曹丕的敬重。曹丕在《典论・论文》中就充分肯定了王粲的才华，推崇他为建安"七子之冠冕"。《世说新语》记载，曹丕在王粲去世后的丧礼上提议："王好驴鸣，可各作一声以送之。"于是参加丧礼的宾客化身驴鸣声乐团队，以声声驴鸣送别故人。

孟阳，就是西晋张载的字，与其弟张协、张亢，都以文学著称，时称"三张"。代表作有《蒙汜赋》《七哀诗》等。《文心雕龙》赞：

孟阳、景阳，才绮而相埒。

张载大才子才名远播之外，还以长得丑而名垂千古，更可悲的是，他还与千古美男潘岳（即潘安）同一个时代。潘安“至美”，“妙有姿容，好神情”，好郊游。《世说新语·容止》记：

妇人遇者，莫不连手共萦之。

刘孝标注引《语林》记：

每行，老妪以果掷之满车。

与潘安郊游的情况相反，张载的出行就令风流的魏晋民众化身城管，嫌他有碍市容，于是就有《幼学琼林》“投石满载，张孟阳丑态堪憎”的记载。

同时代与张载同病相怜的还有左思。《世说新语·容止》载：

左太冲绝丑，亦复效岳游遨，于是群妪齐共乱唾之，委顿而返。

其实，据《晋书·列传第六十二·文苑》记载，左思有长得丑就不出去吓人的自觉：

……貌寝，口讷，而辞藻壮丽。不好交游，惟以闲居为事。

不过，也可能是他在出门受挫后，就不太喜欢出门了。事实到底如何，对“口讷”的左思来说已无从分辨了。

陆羽除了说自己“貌寝”，还说自己有相如、子云口吃的毛病。

相如，即司马相如（约前179—前118），西汉辞赋家，代表作是《子虚赋》《上林赋》《长门赋》《美人赋》等，也是史上以一曲《凤求凰》成功诱引巨富之女卓文君私奔的那位风流才子。

子云，即扬雄（前53—前18），西汉辞赋家、玄学家，年轻时以司马相如为人生标杆，致力于诗赋写作，有《长扬赋》《甘泉赋》《羽猎赋》《河东赋》等名篇存世，成为与司马相如齐名的大辞赋家。后致力于做学问，仿《论语》作《法言》，仿《易经》作《太玄》，又记述西汉时期各地方言著《方言》，有关“茶”的方言被陆羽辑入《茶经》。

短短十五个字，陆羽表面上是自揭己短，可是，说自己长得丑也就罢了，还要比附王粲、张载；说自己口吃也就算了，还要攀扯上司马相如、扬雄。所以，陆羽对自己的貌陋口吃不仅没有半分自卑，那在俗人看来的缺陷似乎也是一种不凡的品质。他接着说自己：尽管难看又口吃，但为人多才善辩，就是气量小、性子急，为人处世都只考虑自己的真实心意，而不在意别人的感受，有朋友规劝，就一下明白症结所在，不再得罪了人还不明所以。但凡与别人闲处，突然心里有所意动，往往兴动而行、想到就去，不告而别。不了解的人还以为这一走了之是因为被得罪而生气了，故而被人疑心是一个很容易生气的人。又说自己为人特别重诺，一旦与人有了约定，即使冰雪千里、虎狼当道，也不会失约。

陆羽明面上是自曝其短，实则自矜己德，强调自己对德行的追求。自传中还有一段文字，就直接得多：

少好属文，多所讽谕。见人为善，若己有之；见人不善，若己羞之。苦言逆耳，无所回避，由是俗人多忌之。

由此我们也可以了解，陆羽是个认死理而不太懂得周旋变通的人，没有花功夫于儒家“察言观色”、通权达变的修养上，这既有佛道超凡脱俗的一面，也是天性使然。实际上，从他的自传中可以看出，茶圣从小就有自己的主张且可谓一意孤行：

九岁学属文，积公示以佛书出世之业。予答曰：“终鲜兄弟，无复后嗣，染衣削发，号为释氏，使儒者闻之，得称为孝乎？羽将校孔氏之文可乎？”公曰：“善哉！子为孝，殊不知西方之道，其名大矣。”公执释典不屈，予执儒典不屈。公因矫怜抚爱，历试贱务，扫寺地，洁僧厕，践泥圬墙，负瓦施屋，牧牛一百二十蹄。竟陵西湖，无纸学书，以竹画牛背为字。他日，问字于学者，得张衡《南都赋》，不识其字，但于牧所仿青衿小儿，危坐展卷，口动而已。公知之，恐渐渍外典，去道日旷，又束于寺中，令芟翦榛莽，以门人之伯主焉。或时心记文字，懵焉若有所遗，灰心木立，过日不作，主者以为慵惰，鞭之。因叹云：“岁月往矣，恐不知其书。”呜咽不自胜。主者以为蓄怒，又鞭其背，折其楚，乃释。因倦所役，舍主者而去。卷衣诣伶党，著《谑谈》三篇，以身为伶正，弄木人、假吏、藏珠之戏。公追之曰：“念尔道丧，惜哉！吾

本师有言：'我弟子十二时中，许一时外学，令降伏外道也。'以我门人众多，今从尔所欲，可捐乐工书。"

这段文字生动反映了陆羽的性格特征，同时还透露出几个信息：

其一，十分好学、聪慧。尽管在求儒学的道路上遇到重重阻碍，却抓住每一次学习机会，即使受到责罚，痛苦悲泣的也不是责难本身，而是没有机会学习，以致虚度了光阴。

其二，出于释，却一心向儒。九岁就以儒家的人伦孝道思想对佛家出家修道提出质疑。此后，又为逃避学习佛典不惜逃离寺院沦为伶人。

其三，颇得智积禅师的赏识爱重，并寄予弘扬佛法、降伏外道的厚望。为劝弟子皈依佛门、学习佛典，智积禅师可谓软硬兼施，对陆羽的悖逆也是一再妥协，甚至允许他兼学外道(儒学)，只是要以弃习乐工为条件。

陆羽这种想一出是一出，但凭己意、听任自然的风格是一派不染尘俗、不为名教所拘的高士风范。其一生的行迹也确然如此，交往的朋友要么能赏识他的"野人"高怀，要么本身就是高人隐士：

天宝中，郢人酺于沧浪，邑吏召予为伶正之师。时河南尹李公齐物出守，见异，捉手拊背，亲授诗集，于是汉沔之俗亦异焉。后负书于火门山邹夫子墅。属礼部郎中崔公国辅出守竟陵，因与之游处，凡三年。赠白驴、乌犎牛一头，文槐书函一枚。云："白驴、乌犎，襄阳太守李憕见遗；文槐书函，故卢黄门侍郎所与。此物皆己之所惜也。宜野人乘蓄，故特以相赠。"

洎至德初，秦人过江，予亦过江，与吴兴释皎然为缁素忘年之交。

上元初，结庐于苕溪之湄，闭关对书，不杂非类，名僧高士，谭宴永日。常扁舟往山寺，随身惟纱巾、藤鞋、短褐、犊鼻。往往独行野中，诵佛经，吟古诗，杖击林木，手弄流水，夷犹徘徊，自曙达暮，至日黑兴尽，号泣而归。故楚人相谓，陆羽盖今之接舆也。

这里出现的几个人物，不仅在唐代都是了不得的人物，就是在整个中国文化史上都是有一席之地的：

李齐物，为淮安靖王李神通之孙，官至京兆尹，做过太子太傅，兼宗正卿，死后被封太子太师。天宝五载李齐物贬官竟陵太守，与身在伶界的陆羽相遇，爱其才，推荐到"火门山邹夫子墅"读书。李齐物降尊纡贵、谦以自处，与陆羽的交往成为荆州北地一带的佳话，甚至极大影响了当时当地的民情风俗。

崔国辅，出身"清河崔氏"，是秦川令崔信明之孙，进士及第，历任礼部员外郎等职。其诗以五言绝句见长。在高棅《唐诗品汇》中，崔国辅与李白、王维、孟浩然并列，为五绝一体之"正宗"。清代宋荦的《漫堂说诗》认为盛唐五言绝句"李白、崔国辅号为擅场"。崔国辅于天宝十一载被贬竟陵司马，其时，陆羽已学成名遂，文冠一邑了。二人一见如故，常一起游处唱和、品茶论水，三年后崔国辅离任，分别之际以颇有来历和寓意的白驴、乌犎牛等相赠，说与陆羽这样的"野人"相衬，盛赞茶圣落拓不拘、超凡脱俗的品格。

皎然，俗姓谢，字清昼，谢灵运的十世孙，融儒道佛于一身，在文学、佛学、茶学等方面都有极深的造诣，著有诗歌理论《诗式》《诗议》以及《内典类聚》等佛典，著有《茶诀》(不传)，现存诗470余首。皎然年长陆羽十三岁，僧侣与布衣之交十分投契，被陆羽称为"缁素忘年之交"。其间，还有一个以诗才著名于世的女道人李季兰，其一首《八至》诗在当时就不胫而走：

至近至远东西，至深至浅清溪。
至高至明日月，至亲至疏夫妻。

唐代是儒道佛三教汇流的时代。在陆羽结庐避世之地，一僧一道一儒时常酬酢唱答，颇有象征意味。

楚狂，姓陆名通，字接舆。楚昭王时，政令无常，故披发佯狂以拒出仕，时人谓之"楚狂"，后为狂士的通称。《论语·微子》有：

楚狂接舆歌而过孔子曰："凤兮凤兮！何德之衰？往者不可谏，来者犹可追。已而，已而！今之从政者殆而！"孔子下，欲与之言。趋而辟之，不得与之言。

在庄子的《逍遥游》中，楚狂接舆是一个悟了大道的隐士，并借肩吾之口隐身论

"道"："大而无当，往而不反。"后世文人士夫不愿出仕者，为避祸多有效仿。陆羽"往往独行野中，诵佛经，吟古诗，杖击林木，手弄流水，夷犹徘徊，自曙达暮，至日黑兴尽，号泣而归"，颇有阮籍之悲，其避世逍遥、狂诞不拘作风，被老家楚地竟陵人冠以"当代楚狂接舆"的名号。

陆羽得李齐物之荐，继而得名师教导，又与崔国辅交友，文学之名日盛，到湖州"结庐于苕溪之湄"，已经可以与名僧皎然平辈论交。在湖州结庐而居的十多年后，陆羽遇到了从刑部尚书之位被贬为抚州刺史，期满再迁湖州刺史的颜真卿。此时是大历七年(772)九月。其间，年已六十四岁的颜真卿召集文士编纂一套鸿篇巨著——《韵海镜源》，其名寓意"以按韵编排，其广如海，昭之如镜，自末寻源"。据《唐会要》记载：

大历十二年十一月二十五日，刑部尚书颜真卿撰《韵海镜源》三百六十卷，表献之。诏付集贤院。

唐封演的《封氏闻见记》记载该韵书共360卷，可惜今仅存16卷。在颜真卿跨时五年的任期内，围绕《韵海镜源》的编撰，形成以颜真卿为盟主的湖州文人集团。据清代黄本骥考证，编纂前后共汇聚了85位江东名士和北方寓客，除诗僧皎然外，还有《渔父词》作者张志和，大历十才子之一的耿湋、钱起，以擅长五言诗而名闻天下的皇甫曾，著名道士吴筠，以及灵澈、朱放、秦系、严维、裴修等文化精英，为一时雅集盛会。颜真卿《湖州乌程县杼山妙喜寺碑铭》叙述了这一历史性事件的始末：

公务之隙，乃与金陵沙门法海、前殿中侍御史李萼、陆羽、国子助教州人褚冲、评事汤衡、清河丞太祝柳察、长城丞潘述、县尉裴循、常熟主簿萧存、嘉兴尉陆士修，后进杨遂初、崔宏、杨德元、胡仲、南阳汤涉、颜祭、韦介、左兴宗、颜策，以季夏于州学及放生池日相讨论。至冬，徙于兹山东偏。来年春，遂终于其事。

陆羽自传中所谓"谭宴永日"，至此可说是达到鼎盛。其时，文人之间的雅聚常以"茶宴"形式举行，而陆羽的渊博学识和高超的烹茶技艺已在仕宦僧俗各界享有盛名，故而成为茶宴的当然主角。宴席上，茗杯传饮、联诗唱和，一时儒道释合流、诗茶禅合一，风云际会，蔚为大观。《全唐诗》共收录联句136首，属中唐时期的有103首，在湖州创作的就有53首。

“三癸亭”，是颜真卿为纪念这一文化盛事而起心动念的构想。颜真卿在联诗唱和中曾得一“暮”韵，赋诗《题杼山癸亭得暮字》，其中有：

　　歘构三癸亭，实为陆生故。

大历八年(773)，陆羽受颜真卿所托，亲自设计一间茶亭。该亭建于乌程杼山山麓妙喜寺旁，因落成于癸丑年、癸卯月、癸亥日而得名。又因有颜真卿墨宝题匾、皎然赋诗、陆羽设计，而三人均为人中“一绝”，故又得名“三绝亭”。今天，该亭位于湖州西南13公里妙西自然镇西南侧土积山。

陆羽是一个才情十分丰沛的人，涉猎很广，博学多才。唐代宗曾诏拜陆羽为太子文学，又徙太常寺太祝，虽未就，但世人多以“陆文学”“陆太祝”尊称。比陆羽小二十六岁的权德舆，出生官宦世家，是史上有名的贤相，以文学著名，年轻时追随陆羽。陆羽四处游历，遍访名山胜水，曾从信州(今江西上饶)移居洪州(今南昌)，权德舆在《萧侍御喜陆太祝自信州移居洪州玉芝观诗序》一文记：

　　太祝陆君鸿渐，以词艺卓异，为当时闻人，凡所至之邦，必千骑郊劳，五浆先馈。

其后，陆羽自南昌赴湖南，权德舆又作《送陆太祝赴湖南幕同用送字(三韵)》一诗：

　　不惮征路遥，定缘宾礼重。
　　新知折柳赠，旧侣乘篮送。
　　……

记载了陆羽所到之处，当地文人慕名争相结交，而每次离开，新知旧识都骑马坐轿隆重相送的场景。可见，被时人与后人称为“茶神”或“茶圣”的陆羽，在当时却是以“词艺”闻达于文人士夫阶层。不仅如此，陆羽还通达易理，精通历史学、政治学、方志学等。在自传的最后，陆羽列了一个著作清单，除了诗歌，著书共61卷：

自禄山乱中原，为《四悲诗》，刘展窥江淮，作《天之未明赋》，皆见感激当时，行哭涕泗。著《君臣契》三卷，《源解》三十卷，《江表四姓谱》八卷，《南北人物志》十卷，《吴兴历官记》三卷，《湖州刺史记》一卷，《茶经》三卷，《占梦》上、中、下三卷，并贮于褐布囊。上元辛丑岁，子阳秋二十有九。

复习与思考

1. 陆羽一心向儒，且满腹诗书，但终不出仕，反映了什么样的生命逻辑？
2. 陆羽与伊尹、一休对茶文化发展的贡献？三者之间有何精神联系？

【开篇二】

《茶经》经义

和气得天真

经,《说文解字》解:“织也。从糸,巠声。”本义是织布机上的三根不变的纵线。《大戴礼记》曰:“南北曰经,东西曰纬。”先有经,而后有纬,经纬交织而后布成。古人格物致知,从纺织之中洞彻事理,以“经”为不变的至理、纲常,以“纬”作为围绕“经”的建构。“经”的确立是为了构建之用,故理应从“体用”(即不变原则和建构之用)两个方面来理解。正如《道德玄经原旨》所言:

> 天道之流行,世道之推移,往而不返者,势也。变而通之存乎人,斯经所以作。

“经”的意义,正在于揭示“体”(不变的规定性)并指导人掌握这个“体”,其目的是“变而通之”,也就是调变和运用。这种“变”不是无原则的乱变,而是“万变不离其宗”的中和调变。

陆羽的《茶经》就是试图阐述茶味中天经地义的不变原则,及其“万变不离其宗”的调变法度。他将经义之纲领归纳为三句话,并镌刻于“风炉”的三窗二足之上:三窗之间刻“**伊公羹陆氏茶**”,一足刻“**坎上巽下离于中**”,一足刻“**体均五行去百疾**”。三句话折射出陆羽的宇宙生命观,既是《茶经》“天经地义”的哲学思想,也寄托其人道情怀和人生理想。

“茶汤”与“羹汤”同宗同源，都是调和之道

中国人喜欢以味说法、以味通禅、以味说道，如趣味、意味、情味、兴味、风味、韵味、雅味、禅味、余味、境味、味外之味等，宗教信仰、艺术审美、日常生活等等，似乎一切的生命体验都可以在舌尖上来细细品啜。“味”是纯粹的个人体验，“如人饮水，冷暖自知”，最是难描难述，因为穷尽任何语言都无法转换成个体舌头味蕾的感知。言语不能沟通只能意会，而意会的前提是彼此都体会、体验过某个境界，就好比品味过“梅子”的味道，对梅子的滋味就可谓“心有灵犀”，只要一点暗示就能“一点通”，曾经的滋味立刻在心头、舌尖弥漫，望梅则足以止渴，沟通起来也是心领而神会。在这个意义上，“味”和中国人最喜欢说又最说不清楚的“道”是一样的。所以，中国人的“味道”就是“味中有道”，说不清楚，只能自己去品味、去体会。

那么，茶的味道又在哪里呢？最先思考这个问题的不一定是陆羽，但陆羽是第一个通过选茶、种茶、摘茶、制茶、藏茶、烹茶、饮茶等一系列的仪程工艺来回答这个问题的。

孕育于中华文化土壤的一碗茶汤，无论是《诗经》时代的一味苦荼，还是汉唐时期的调和五内、滋养身心的一碗浑饮，或是陆羽手中的一碗真茶真味，其演变的过程蕴含着中国人独特的“物理观”——对“茶理”的认识与运用，其背后正是中国人的生命哲学，与中国礼俗文化交融互长，发展成为多姿多彩、一言难尽的中国茶文化。

所谓的“一言难尽”首先就体现为“命名”之难。

精神文化意义上的饮茶，是一个充满“意味”的过程。饮茶是“道”——治茶本身是遵循茶理、道法自然；饮茶是“艺”——按照既定的仪程、法度就可获得茶的真味、至味；饮茶是“礼”——以茶理接通伦理，茶文化承载着中国人的生命礼俗。如今，名字就如商业注册或域名抢注，“茶道”被日本人抢注，而“茶礼”又被韩国人抢去，我国台湾人饮茶比大陆觉醒得早，剩下的一个“茶艺”终于被台湾人抢上了。中国人一说“茶艺”就以为没有“茶道”高级，妄自菲薄得不得了，不少所谓的“文化人”还纷纷撰文著述列举从唐代皎然到清代茶著，说明“茶道”一名中国“古已有之”。

“名乃实之宾”，命名的关键是要“名至实归”“名实相副”。“道”作为中国文化的原点，在中国文化中是一个关于宇宙生命的大命题，是如西方观念中的“上帝”一般的存在，是宇宙世界的来源、真理的总和。老子《道德经》说：“故失道而后德，失德而后仁，失仁而后义，失义而后礼。”“道”一以贯之，德、仁、义、礼是道的依次朴散，修道的途径或溯游从之升阶渐悟，或以心印道直接顿悟。从修道的角度来说，儒家的“学而时习之”属于“渐悟”。《论语·述而》中孔子说：“志于道，据于德，依于仁，游于艺。”艺，作为方法、路径，是人对天道的学习与模仿，它以超脱行迹的“道”为最高的追求，将“艺”与“道”合一作为理想目标——“止于至善”（《大学》）。中国文化历来视书画为“诗歌之余事”，与载道的文章学问不可同日而语，传统书画家往往以“小道”自谦。“小道”亦是“道”，中国人对书画等艺术的审美就以“道”的自然朴素天真为旨归，分为逸品、神品、能品三个等级，只不过在儒家眼里，不以“匡济天下”为目的的“道”，都失之于“小”。就中国文化来说，道、礼、艺都是以通达“道”为旨归的，且道、礼、艺都各自内涵其形而上的“道”和形而下的“路”。而有意思的是，茶道、茶艺、茶礼的命名，又确实在字面上就彰显了三国茶饮在精神旨趣方面的侧重与偏好。

在既存的文献资料中，《易经》是最早对“道”进行知识化的图解。《易经》作为宇宙万物发生、演化以及相互关系的模拟和解释系统，包括阴阳五行学说及其气、象、理、义、数、术等一整套理论和方法，塑造了中国文化的宇宙生命观，成为中国思想文化的起点和根源，因而，被称为万经之首、大道之源。从《茶经》以及《陆文学自传》《新唐书》等史料，我们可以了解到两个方面：

其一，《茶经》经义来自易理。

陆羽是十分精通易理的。第一个证明，是陆羽的名字由来。第二个证明，来自陆羽自传中提到的著作《占梦》上、中、下三卷。第三个证明，是陆羽曾被朝廷授“太常寺太祝”的官职。据《隋书·百官志》记载：

> 太常，掌陵庙群祀，礼乐仪制，天文术数衣冠之属。

“太祝”是太常寺卿、少卿以下四博士之一，掌出纳神主，祭祀则跪颂祝文。可见陆羽当时于天文术数方面的才能已上达天听。第四个证明，是陆羽在《茶经·四之器》中自创的第一个茶器——风炉。风炉上镌刻的“伊公羹，陆氏茶”六个字内涵玄机，两足上的“坎上巽下离于中”“体均五行去百疾”两句是“伊公羹”的注脚，也是陆羽开宗明义表明“陆氏茶”之经义承自阴阳五行八卦系统。此外，陆羽还将他的思想通过数字和卦象呈现在风炉的设计中：

以铜铁铸之，如古鼎形，厚三分，缘阔九分，令六分虚中，致其圬墁，凡三足。……置墆𡋯于其内，设三格：其一格有翟焉，翟者，火禽也，画一卦曰离；其一格有彪焉，彪者，风兽也，画一卦曰巽；其一格有鱼焉，鱼者，水虫也，画一卦曰坎。巽主风，离主火，坎主水。风能兴火，火能熟水，故备其三卦焉。

“三”，在中国文化中是有着独特哲学内涵的数字，代表“三爻”“天地人”“参”（即叁）。其中，“坎上巽下离于中”“体均五行去百疾”两句，是理解《茶经》经义的秘钥，也是经义所内涵的第二层意思：

其二，和，即阴阳五行的调和。

《易经》演绎的是一阴一阳的造化之理，如果只用一个字来概括，就是“和”，即阴阳之和，也是道生万物背后的“理”。所以道生万物，也可以说是“和”生万物。

老子《道德经》说：“万物负阴而抱阳，冲气以为和。”庄子《山木》说：“一上一下，以和为量，浮游乎万物之祖。”以“中”为体，以“和”为用，阴阳调变以致中和是后天世界的变化发展规律，也是先天宇宙的发生原理。在中国文化中，“和”被视作宇宙天地发生、万物长养的妙理和精神——“致中和，天地位焉，万物育焉”（《中庸》）。先秦诸子的思想源头都承自易理，不过是基于阴阳之“和”的作用方向或者说落脚点各有不同而已，就如夫子所言“吾与史巫同涂而殊归者也”（帛书《周易·要篇》），百家之流亦然。孔子致力于将“和”的原理运用于指导人类社会生活的原则和规范——礼，并由此发展出一套“执其两端，用其中于民”的“中庸”思想。中国传统哲学、审美、审味领域，充满了对“和”这一宇宙“生生不息”精神意味的体悟，并将“和气得天真”作为生命修行、艺术审美的最高追求。

陆羽自比伊尹，表明自己和伊尹一样，其目标都是追求一碗至味；在方法上，都是遵循“和”之至理。

伊尹调和羹汤，以“和”为最高准则，并以此来阐述他的天人思想。据《吕氏春秋·本味》记载，被后人尊为中华厨艺始祖的伊尹提出调味之道当以“和”为最高原则，并以阴阳五行调和之理创立“五味调和说”和“火候论”，奠定了中华厨艺的理论基础，至今仍然是中国饮食文化的至理、要术。其思想大致包括：

一要认识物理（即物料的自然性质）。认为只有在深刻认识一物一性的基础上，人才有可能居中调理，或去腥，或去臊，或去膻，以使食物味美适口：

> 夫三群之虫，水居者腥，肉玃者臊，草食者膻。臭恶犹美，皆有所以。

二要善候水火，通过水火的文治武功，使食材发生理想的变化。

> 凡味之本，水最为始。
>
> 五味三材，九沸九变，火为之纪，时疾时徐。灭腥去臊除膻，必以其胜，无失其理。

三要通过五味先后、多少的调变，在出味与入味之间达到味的调和：

> 调和之事，必以甘酸苦辛咸。先后多少，其齐甚微，皆有自起。

四要体察鼎中细微的消息，掌控精妙的变化，最后成就一碗至味羹汤：

> 鼎中之变，精妙，微纤，口弗能言，志弗能喻。若射御之微，阴阳之化，四时之数。
>
> 久而不弊，熟而不烂，甘而不哝，酸而不酷，咸而不减，辛而不烈，淡而不薄，肥而不腻。

陆羽《茶经》用三卷十节七千多字来阐述一碗茶汤中“和”的妙理，分茶之源、具、造、器、煮、饮、事、出、略、图十个章节，从茶叶的品种、产地、采摘、制作、收藏、煎煮，以及泉水的品尝辨味、茶汤的老嫩、器具的创制和使用、品饮的礼节和空间等各方面，诠释了如何通过对各种因素的综合调变，料理调和出一碗真茶、真香、真味的至味茶汤。陆羽一生致力于茶术，元辛文房的《唐才子传·陆羽》言：

羽，嗜茶，造妙理。

这个“理”，就是“道”在茶中的具体体现；而茶事活动就是贯穿道法自然基本精神和天人合一整体思维的过程和方法，这样一种精神和思维只用一个“和”字便足以概括。

“和”，作为中国人关于宇宙万物生成与关系的生命哲学和信仰，它在一碗茶汤中并不是指某种特定的味道，而是根植于中国人内心的价值观念和思想方式，是一种渗透于整个茶事过程中恰到好处的分寸感，并在茶味中呈现出不苦不涩、不偏不倚、不轻不重、不厚不薄、不淡不浓、不浮不沉、不扬不抑、不急不缓的从容中道、中和纯粹的意味。中国人在这种意味中体会“道”的妙味。于一碗茶汤而言，“饱太和”之气就是对茶味至高无上的赞美。

“和气得天真”，于茶而言，是至味之道，也是至味之艺(术)。陆羽体道艺之合，从茶的味觉体验出发，将“和”贯穿于整个茶事，并以一整套繁复的茶艺(术)以尽其妙。“和”，既是阴阳调和的原则和方法，也是茶汤的审味标准，还是对茶、水、火、器、人、环境等因素的协奏所呈现的理想境味，内涵中国文化关乎真、善、美的复杂情感和生命体验。从方法层面来说，“和”是围绕亘古不变的“中”(或“常”“宗”等)进行的中和调变，内涵变与不变的道理和方法。正如人类对五色、五音、五味的调和，艺术不过是调和之道，而所谓“艺术家”不过是深谙其道者。中国人把“和”的妙理贯穿于烹饪、汤饮、中医、麻将等人道日常和生活细节，使“百姓日用而不自觉”“终身由之而不察焉”。

陆羽的伟大之处不在于他是第一个写茶著的人，而在于他阐幽发微一碗茶汤中天经地义、亘古不变而又万变不离其“中”的道理。一碗茶汤的至味之道，是“和”的滋味，也是“道”的意味。

以一碗茶汤寄托“道济天下”的情怀和使命

儒家文化认为“人道政为大”(《孔子家语·大婚解》)。在孔子看来，人类生活的当下最值得关注，而政治对人类社会的生存和发展具有根本性的地位和作用。在中国文化“天人合一”的观念中，政治的理想形态必然是“道”的化身，由此，政治就是“道”在人类治理的实现形式和途径；反过来说，载道的也是政治的，因为“政者，正也”（《孔子家语·大婚解》），“正”就是天地的正理、真理，也就是“道”的精神内涵。这就是中国的政治文化化、文化政治化的思想渊源。

“道”，无处不在，所以政治也无处不在，不仅是直接与政治系统密切相关联的制度文化，还囊括宗教、教育、伦理、艺术等等一切物质的、非物质的方方面面。在孔子看来，无论是《诗》《书》《礼》《乐》《易》《春秋》这样的大六艺，还是礼、乐、射、御、书、数这样的小六艺，无不是载道之舟、指月之指。而今人眼中的琴、棋、书、画、诗、酒、花、茶等等，也无不以“道艺之合”为最高艺术追求。艺术，无论是从情感方面，还是从审美方面，都会感动人们的情志，而“道”既是真理也是导引的方法和路径。“道”是中国文化中“美”的渊源。所谓“道艺之合”即艺术领域的“天人合一”，而与“道”合一，即与“正”（真、善、美）合一。真正的艺术使人心由感而动的方向是“真”的，是“善”的，也是“美”的。

陆羽，是自觉以茶载道的第一人。他以“茶汤”比“羹汤”寄托胸中之志，表明自己同样是“以味载道”，以“道济天下”。伊尹对商汤论烹饪之事，实喻治国之道：“物无美恶，过则为灾，五味调和，君臣佐使。”治大国和烹小鲜看起来风马牛不相及，二者之所以相通，是因为都是“以道莅天下”，这个“道”就是“和”。《左传》中记载晏子拿做羹汤喻治国之理的一段话，并指出“和”是治国与调味之间共同的道：

> 和，如羹焉。水、火、醯、醢、醢、梅，以烹鱼肉。燀之以薪，宰夫和之，齐之以味，济其不及，以泻其过。

一碗鲜美的羹汤，要用到不同的材质、佐料，人在其中起到调和的作用，通过去强补弱使得味与味之间得到调和。当然同样的道理也适用于音律，他说：

> 声亦如味。一气、二体、三类、四物、五声、六律、七音、八风、九歌，以相成也。清浊、小大、短长、疾徐、哀乐、刚柔、迟速、高下、出入、周疏，以相济也。

相成、相济都是为了达到“和”的状态，治国同理。伊尹以“和五味以调口”的阴阳五行思想辅佐商五代帝王治理国家；师旷“和六律以聪耳”，因善音律而官至太宰助晋平公大治晋国，不是因为他们烹饪或音乐方面的技艺高超，而是因为通晓“和”的妙理，是“究天人之际，通古今之变”的通才。旧有“上医治国，下医治病”“入则为名相，出则为名医”之说，治国和治病之所以相提并论，因为二者之间同理，这个理还是“和”。

和，是融合，是调和，是使不同的东西达到微妙的、恰到好处的秩序，这种状态可以用中、和、平、正四个字来概括，而指导实现这样一种秩序状态的规定性或规律性存在，中国人又把它叫做“理”。所以，调和，就是调理。中、和、平、正，既是手段，也是目的，总之，涵盖中国人一切做人做事的道理。

儒家文化倡导“以天下风教为己任”。陆羽一心向儒，他的“陆氏茶”既是格物致知的治茶之术，也是诚意正心、正己克己的忠恕之道，是成己成物、达己达人的修齐治平之道。陆羽以其“精行俭德”的一生诠释了《中庸》的尽性以成人、成物、成圣之道：

> 唯天下至诚，为能尽其性。能尽其性，则能尽人之性；能尽人之性，则能尽物之性；能尽物之性，则可以赞天地之化育；可以赞天地之化育，则可以与天地参矣。

陆羽穷理尽性，于茶术中演绎“和气得天真”的大原则。其中，“中”（茶理）是准绳，“和”也是“万变不离其宗”的方法——人居中对不同因素的综合调变始终不离对“天真”也就是“道”的恪守：

在审味层面，追求“真味”。陆羽之所以能够开宗立派，是他把茶的“本（真）味”从浑饮中解放出来。在陆羽之前，为中和茶的寒性，古人多用“葱、姜、枣、橘皮、茱萸、薄荷之属，煮之百沸，或扬令滑，或煮去沫”（《茶经·六之饮》）的汤药法，追求“体均五行去百疾”的养生功效。这种俗饮无疑败坏了茶味。陆羽采用的方法，是通过择茶、制茶、炙茶、烹煮、饮茶等工艺过程，来中和茶的寒性，同样达到中和养生的目的，又让茶回归“真茶”“真味”“真香”。由此不难理解，中国从唐宋烹点茶发展到明清至今的冲泡茶，其内在的“求真”精神可谓一以贯之、一脉相承。元末明初的中国人在冲点末茶与冲泡芽茶之间徘徊良久，最终以冲泡茶更得茶之“真形”而胜出。于是，在水中焕然觉醒、天然可爱的冲泡茶成为中华茶文化的大势所趋，并非如冈仓天心在《茶之书》中所认为的，是蒙古异族文化的入侵导致“昔日的礼仪与习俗纷纷消失殆尽”的结果。

在审美层面，追求“真趣”。陆羽的美学观念体现在他的茶器创制和饮茶空间的美学理想当中，呈现儒道互补的审美情趣。道家的美，是自然朴素的美，是“道”的美，是真美，不是世俗观念中的美——“天下皆知美之为美，斯恶已”（《道德经》）。道家思想对中国艺术活动和美学思想的影响尤为深远。陆羽将道家的审美情趣表现于茶器创制中，以竹、石、木、陶等为主要材料，造型简约朴拙；呈现于《茶经》“九之略”中自然、野趣的饮茶空间。儒家的美，是中正雅致的人文之美。尽管在儒家看来，人文本身也是在习“道”中得来的，但与道家相比，人文之美更加强调“规矩”与“修饰”。陆羽对城邑中的饮茶就特别强调儒家的美，如，二十四茶器缺一不可，或以写满《茶经》经义的挂轴陈列于四壁，等等。当然，这种人文之美在“精行俭德”的总体原则下，同样呈现简洁、素雅的审美情趣。

在道德层面，追求“真诚”。在一碗追求真味、真趣的茶汤中，照见的是人和自己、和他人、和客观世界、和道的关系，而“真诚”正是处理这些关系的总则。真诚，体现了中国人的敬天思想，诚以内则敬以外，是儒家内忠外恕的修齐治平之道。陆羽待茶以敬，以天下至诚之心，格物致知，穷茶理尽茶性，成就一碗至味的茶汤；陆羽修己以敬，创设一整套繁复、严格的治茶仪轨，唯有一丝不苟才能尽量减少偏差，而这正是诚意、正心、正己、克己的修己过程；陆羽待客以敬，在分茶、行茶的设计中，以调和均衡的茶汤体现平等待客的礼敬内核。

陆羽融汇一壶儒释道，将儒家“修身、齐家、治国、平天下”的情怀倾注于一碗茶汤之中，并“以天下风教为己任”，著书立说。然而时至今日，陆羽在一碗茶汤中的精神还剩几何？冈仓天心在《茶之书》中叹息：

> 对晚近的中国人来说，喝茶不过是喝个味道，与任何特定的人生理念并无关联。国家长久以来的苦难，已经夺走了他们探索生命意义的热情。他们慢慢变得像是现代人了，也就是说，变得既苍

老又实际了。那让诗人与古人永葆青春与活力的童真，再也不是中国人托付心灵之所在。他们兼容并蓄，恭顺接受传统世界观与自然神游共生，却不愿全身投入，去征服或者崇拜自然。简言之，就真无需严肃以对。经常地，他们手上那杯茶，依旧美妙地散发出花一般的香气，然而杯中再也不见唐时的浪漫，或宋时的仪礼了。

而“曾经亦步亦趋跟随中国文明脚步的日本”(《茶之书》)，则在某种程度上继承和发扬了中国茶文化的精神，融合了日本本土文化的“茶道”被注入内观、反省、清净、荡涤、升华的道德力量和超道德的意志，使得一碗日用生活的茶汤成为生命体验的道场，有关做人做事的道理以及对宇宙生命的情感和信仰不再是知识的观念和道德的训条，而是通过烧水、煮茶、添炭、洗涤……成为生活的滋味和生命本质的意味，而这正是陆羽寄托于一碗茶汤中“道济天下”的情怀和使命。

在日本，茶道被奉为生活和美的信仰，和宗教一样，成为指月之指、渡江一苇。

以伊尹为最高的人格理想

中国人评价一个人的伟大不凡，常常从立德、立功、立言三个维度来展开。《左传·襄公二十四年》：

太上有立德，其次有立功，其次有立言，虽久不废，此之谓不朽。

唐代孔颖达注疏进一步解释：

立德，谓创制垂法，博施济众；……立功，谓拯厄除难，功济于时；立言，谓言得其要，理足可传。

史上符合“三不朽”标准的伟人如凤毛麟角，今人都熟悉且公认的有王阳明、曾国藩、毛泽东。然而，生活于夏商时期的伊尹却在3600多年前给世人树立了“立德、立功、立言”的典范。伊尹被孟子尊为“圣之任”，一生“以先知知后知、以先觉觉后觉”为己任，以烹饪、摄生之艺接通尧舜治国之道，虽耕于有莘国之野，贤名却闻达于他邦，被商汤礼聘成就“不朽”功绩：

在立功方面，他说服商汤取夏而代之，并辅助商汤打败夏桀，成为开国元勋。辅政五十余年，辅佐成汤、外丙、仲壬、太甲、沃丁五代君主平正天下。《尚书》还记载了伊尹放逐以教化不务正业的商朝继承人太甲的事迹。伊尹去世后，商以天子之礼葬于亳都（今河南商丘市）。

在立德方面，灭桀建商后，被拜为尹。《史记·殷本纪》皇甫谧注云：“尹，正也，谓汤使之正天下。”“尹”，即是“正”，即通过以身作则，为天下楷模，匡正天下。

在立言方面，以“五味调和”的“道理”治理天下。《尚书·君奭》中周公说伊尹“格于皇天”，言其代天言事。《尚书·咸有一德》记载了伊尹阐述“天人合一”的治国心法。《尚书》是孔子引经据典的来源之一，也是其述而不作的缘由之一。

伊尹的一生完美诠释了儒家“修身齐家治国平天下”的人生理想，被后世奉祀为“商元圣”。《毛泽东早期文稿（1912.6—1920.11）》[①]评价：

> 伊尹之道德、学问、经济事功俱全，可法。生于专制时代，其心实大公也。识力大，气势雄，故能抉破五六百年君臣之义，首倡革命。

由此可见，“陆氏茶”比肩“伊公羹”，当然不会仅仅是同为弃婴的身世类比。今人读《茶经》，如不能透过这六个字看到陆羽“以茶载道”的本意，也就难以从根本上去探求《茶经》的言外之意、味外之味，也就难以理解中国茶文化的精神意味。经，就是万变不离其宗的道理，一方面，它是亘古不变的，不以时间、空间为转移；另一方面，它又是千变万化的，因为它本身就内涵协调时空的道理，内涵“万变不离”的宗则和法度。陆羽开宗立派的一千多年来，茶文化源远流长的同时难免泥沙俱下，今天各种茶道、茶礼、茶艺可谓山头林立，如果不能掌握其中“经义”，把握其万变不离其“中”的道理，便只见异名纷呈，从而乱了耳目，不知何去何从。

---

① 中共中央文献研究室、中共湖南省委《毛泽东早期文稿》编辑组编，湖南人民出版社 2008 年 11 月第二版。

复习与思考

1. 中国“药食同源”的文化内涵了什么样的哲学思想?
2. 将“陆氏茶”比肩“伊公羹”寄托陆羽怎样的情怀和使命?
3. “和”的思想在中国人的日常生活中,有哪些“日用而不自觉”的存在?

【一之源】上

中国是茶的故乡吗？

茶者，南方之嘉木也。

一尺二尺，乃至数十尺，其巴山峡川有两人合抱者，伐而掇之。

其树如瓜芦，叶如栀子，花如白蔷薇，实如栟(bing)榈，蒂如丁香，根如胡桃。瓜芦木，出广州，似茶，至苦涩。栟榈，蒲葵之属，其子似茶。胡桃与茶，根皆下孕，兆至瓦砾，苗木上抽。

其字，或从草，或从木，或草木并。从草，当作"茶"，其字出《开元文字音义》。从木，当作"梌"，其字出《本草》。草木并，作"荼"，其字出《尔雅》。**其名，一曰茶，二曰槚，三曰蔎，四曰茗，五曰荈。**周公云："槚，苦荼。"扬执戟云："蜀西南人谓茶曰蔎。"郭弘农云："早取为茶，晚取为茗，或曰荈耳。"

茶树的原产地与原种之争

"**茶者，南方之嘉木也。**"茶树喜温暖湿润的气候，在平均气温10℃以上时开始萌芽，生长最适宜的温度为20℃—25℃，生长环境年降水量在1000毫米以上。中国南方的热带和亚热带的温暖湿润性气候最是符合茶树生长条件，主要集中在北纬35°以南，东经98°以西，包括海南、云南、贵州、广东、广西、福建、江西、湖南、湖北、四川、安徽、浙江、江苏、陕西、河南、山东、西藏和台湾等地区。我国南方的茶叶生产和饮用习俗历史十分悠久，随着饮茶文化广泛流行，茶树也在世界各国被广泛移植栽种，至今已有60多个国家直接或间接从我国引进茶苗茶种，主要集中在南纬16°至北纬30°之间，最北到北纬49°的乌克兰，最南达南纬33°的南非。亚洲、非洲和南美洲是全球主要产茶区，其次是北美洲、大洋洲和欧洲。

在19世纪以前的历史中，中国都被理所当然地认为是茶树的原产地。晋代常璩的《华阳国志·巴志》记载：

周武王伐纣，实得巴蜀之师……茶蜜皆纳贡之。

说明在商末武王伐纣时，巴国就已经以茶作为土特产纳贡给周武王了。西汉王褒《僮约》中有"脍鱼炮鳖，烹荼尽具""武阳买荼，杨氏担荷"，两次提到"荼"。其中"烹荼尽具"是说煎好茶并备好洁净的茶具。也有说，此处之"荼"为苦菜烹煮的汤。但"武阳买荼"中的"荼"则是"茶"无疑，意为到邻县的武阳（今成都以南彭山县双江镇）买茶叶。据《华阳国志·蜀志》"南安、武阳皆出名茶"的记载，武阳在当时已形成了茶叶贸易市场。

中国自唐朝德宗建中四年（783）开始对茶叶征税——"十税其一"，由盐铁转运使主管茶务。此后，茶叶和盐、铁一样，成为各朝代的经济命脉。当时世界各国要想喝到茶汤，只能与中国进行贸易。受出口经济的影响，茶叶像丝绸和瓷器一样，几乎是中国的"形象代言"。大约17—18世纪，茶叶开始向西方传播，迅速得到了以英国为代表的欧洲贵族阶层的追捧，并逐渐向社会中下层拓展。一首英国乡间民谣反映了英国人饮茶的态度——"当时钟敲响四下，一切为茶而停。"饮茶的宁静之意也渗透到英国人的精神世界——"Keep Calm and Make Some Tea"（"安静下来，喝杯茶"）。但惬意的饮茶习俗背后是巨大的贸易逆差。发生在1840年的那一场"鸦片战争"，在某种意义上可以说是一场"茶叶战争"。为了逆转这样一种局面，英国一方面向中国输入鸦片，另一方面，在与中国接壤的印度东北部殖民地大力推动茶叶种植，以彻底摆脱只能从中国高价购茶的命运。

"中国是茶的故乡"这样一种毋庸置疑的观念也在这个过程中受到挑战。1823

年，英军勃鲁士少校在印度阿萨姆的萨地亚（Sadiya）发现了野生茶树。以英国为代表的利益集团据此提出“印度阿萨姆才是茶叶的原产地”，从而引发了一场有关茶树原产地的世纪之争。显然，仅以野生大茶树的发现作为茶树原产地的依据，绝非严谨的科学态度。事实上，1300多年前的《茶经》，在开篇就介绍了从低矮的灌木、小乔木到高大的古乔木茶树等不同茶树类型：

一尺二尺，乃至数十尺，其巴山峡川有两人合抱者。

《茶经》还在之后的“七之事”一章中，转载了不少古文献对古茶树或茶茗的记载。无视这些事实，很难说不是出于商业利益考虑而进行的一番指鹿为马的炒作。

我国野生大茶树和山茶属植物的地理分布规律基本一致，主要在西南和华南地区，沿着北回归线向两侧扩散。为力证“中国是茶树原产地”，中国许多科学工作者从不同的角度深入这些地区进行调查研究。经过持续一个多世纪的野生大茶树分布考察，不断有古老的野生茶树被发现，尤其是在西南地区。陈椽的《茶叶通史》列举了自1939到1977年陆续在贵州、云南发现的古茶树，摘录如下：

南糯山大茶树：1950年在西双版纳勐海县南糯山半坡寨被发现。该树属栽培型茶树，位于海拔110米的茶树林中，树高9.55米，树幅10米，主干直径1.38米，树龄800余年。

巴达大茶树：位于勐海县巴达乡贺松大黑山海拔1900米的季风常绿阔叶林的密林中，距中缅边界7—8公里。1961年，经云南大学农学院、云南省茶叶科研所组成的考察组现场考察鉴定，该树高达32.012米，树基部围3.2米，树龄约1700年，属野生大茶树。就树高和树龄而言，在山茶属植物中堪称世界第一，在世界茶叶界引起了轰动，被誉为“茶树活化石”。同时，在“茶树王”的附近发现野生茶树群。目前，勐海县有4.6万亩百年以上栽培型古茶园，千年以上的野生茶树分布普遍，大都单株散生于海拔1500米左右的山区

金平大茶树：于1976年被发现，位于红河州金平县城关水平大队老寨生产队海拔2200米的原始森林中，树高17.9米，主干直径

0.86 米，树幅平均 10 米，其中一株达 12 米。大茶树周边生长着成片的数百年树龄的古茶树。

邦崴古茶树：于 1991 年在云南澜沧县富东乡邦崴村被发现，树姿直立，分枝密，树高 11.8 米，树幅 9 米，根茎处直径 1.14 米。除了一些几百上千年的古茶树，邦崴还发现野生驯化过程出现的生态各异的过渡型茶树群落，茶树形态上存在着不同程度的连续性变异，从野生型古茶树、过渡型古茶树到栽培型古茶树类型齐全，大叶、中叶、小叶种类俱全。其中一棵过渡型“茶树王”，树龄约 1000 年。

与此同时，考古也有新发现。1972 至 1974 年间，长沙马王堆一、三号汉墓分别出土陪葬清册“一笥”，均发现载有“茶箱”字样的竹简和木牍。经用显微镜对竹篾包装的箱内黑色颗粒状物进行切片分析，确认是茶叶。

即便如此，“印度茶源说”并未被彻底否定，反而引来了“二源论”的讨论，即茶树原产地存在两个区域：一个是印度的阿萨姆，另一个是中国的云南。不过，类似的科研论证并没有就此结束。

2005 年 3 月 20 日，在中国国际茶文化研究会举办的“中日茶起源研讨会”上，日本茶业界著名学者松下智先生认为茶树原产地在云南的南部，否认印度阿萨姆的萨地亚是茶树的原产地。他自证自己于上世纪六七十年代至 2002 年，先后 5 次赴印度阿萨姆地区考察，均未发现该地有野生大茶树，而栽培茶树的性状与云南大叶茶相同。由此推断，阿萨姆的茶种为早年云南景颇族人从云南带入。

2004 至 2011 年的河姆渡文化田螺山遗址考古发掘，出土了山茶属茶种植物的树根遗存。2015 年，浙江省文物考古研究所、中国农业科学院茶叶研究所在杭州联合召开发布会，宣布经专家多年综合分析和多家专业检测机构鉴定，认为是迄今为止我国考古发现的最早人工种植茶树的遗存。人工栽培茶树的最早文字记载始于西汉的蒙山茶（《四川通志》）。而这一考古发现，把中国境内对于茶的种植利用历史由过去认为的距今约 3000 年，上推到了 6000 年前。①

---

① https://www.sohu.com/a/20768630_115402

2019年6月29日，在贵阳举行的中国古茶树群高峰论坛再次宣布：贵州荔波茂兰发现目前为止全球最古老、最大的原生性古茶树林——“荔波茂兰瘤果茶”，该古茶林的横空出世有力证明了贵州是世界茶树原产地的核心地带之一。①

伴随茶树原产地问题的论证而衍生的另一个问题是：茶树的起源。

关于茶树起源问题包括茶树起源时间、起源地点、在植物系统分类中的地位等内容，涉及考古学、地质学等学科。由于茶树化石的缺乏，相关研究难度较大，但并非没有发现。1980年7月，贵州晴隆在碧痕镇云头大山的野生茶地发现了“茶籽化石”，这是世界上迄今为止的唯一发现。经中国科学院南京古生物研究所、中国科学院贵州地球化学研究所、贵州省地质研究所及贵州省茶科所等专家勘查鉴定，在共同出具的研究报告中说：

> 此种茶树茶果实为绿色，每果有种子1—5粒，茶籽呈褐色，是典型的薄壳类种子，直径1cm左右，半球形或前面楔形，背面圆形。

认定为是“距今100万年的新生代第三纪四球茶的茶籽化石”。也就是说，晴隆县早在100万年前就生长有野生茶树。②

也有许多科学家从形态学、解剖学、生物化学、细胞学、数值分类学等领域对茶树在植物系统分类中的地位开展了研究。据植物学家们研究，在植物群中，茶树的起源始祖为宽叶木兰，之后又进化为中华木兰（又称小叶木兰）。云南西南部的野生大茶树很可能是由本地区第三纪宽叶木兰经中华木兰进化而来。虽然迄今为止没有发现茶树化石，但20世纪70年代，中科院北京植物所和南京地质生物研究所在景谷盆地发现了宽叶木兰化石群，至今约3540万年。此外包括景谷在内的野生茶树分布最集中的滇西南的临沧、沧源、澜沧、景东、梁河、腾冲等7县，都发现了中华木兰化石。③

追溯茶树的起源是为了追溯茶树的原种问题。任何植物都有原种，离开原种谈变种只能是无稽之谈，茶树的分类也无从说起。那些古老而沉默的植物历史不

---

① https://dy.163.com/article/EISECC4M05346961.html

② http://www.huaxia.com/mzjz/lswh/lsyj/2014/04/3839933.html

③ https://www.puercn.com/puerchawh/puerchals/46255.html

能回答茶树的原种问题。有关茶树的历史文献资料，都将答案指向“皋芦”。

《茶经》中也用了“瓜芦”来描述茶树的树型特征：

其树如瓜芦，叶如栀子，花如白蔷薇，实如栟榈，蒂如丁香，根如胡桃。

茶树长得像瓜芦木，叶子像栀子树叶，呈长圆形或椭圆形，边缘有锯齿。花为白色，像蔷薇，果实扁圆，略呈三角形，如栟榈的果实，花蒂如丁香，根和胡桃树一样都是在土壤之下滋生发育，并裂土而长。《茶经》原注有：

瓜芦木，出广州，似茶，至苦涩。

《桐君录》中说瓜芦似茶而非茶，陆羽在《茶经·七之事》引用《桐君录》中“似茗”的说法。瓜芦，有可能就是皋芦，是分布于我国南方的一种叶大而味苦的树木。李时珍《本草纲目》也有记载：

皋芦，叶状如茗，而大如手掌，挼碎泡饮，最苦而色浊，风味比茶不及远矣，今广人用之，名曰苦簦。

认为皋芦就是苦簦。清屈大均《广东新语》又指出，苦簦也称苦丁。1947年《贵州通志》说，苦丁即是苦簦。此外，南朝陈代沈怀远在《南越志》中，也说它“叶似茗”。也有说瓜芦就是茗茶的，如唐虞世南《北堂书钞》引裴渊《南海记》中所记：

西平县（今惠阳县）出皋芦，茗之别名，叶大而涩，南人以为饮。

苦丁树又称苦丁茶树，至今以茶命名，与乔木茶树相似之处很多，为常绿大乔木，可以高达20米。无论说它是茶，还是似茶而非茶，但产于我国南方，叶大而味苦涩，这些特征是基本一致的。有学者提出“中国云南是茶树原产地”，其中的一个重要依据就是——“我国皋芦种是茶树原种”。[①]

对于“皋芦”是不是茶树，在茶学界一直有争论，认为不是茶树的人说，皋芦只是在形态特征上像茶树，实际是冬青科的大叶冬青，其儿茶素、水浸出物、氨基酸含

---

① 陈椽、陈震古：《中国云南是茶树原产地》，《中国农业科学》1979年第1期。

量极低；主张皋芦是茶树的人则认为，皋芦是茶树的变种，尽管氨基酸含量低、茶味极苦，但是多酚类、咖啡碱含量非常高。

茶树的分类

唐代的茶树有什么样的形态呢？陆羽作了概括性描述：

一尺二尺，乃至数十尺，其巴山峡川有两人合抱者，伐而掇之。

有低矮到只有一尺二尺的茶树，也有高达数十尺的茶树。在四川巴蜀之地，有直径达两个人合抱那么大的树，因为太高难以采摘，就把茶树的枝条直接砍伐下来，再进行茶叶采摘。

陆羽的介绍涵盖了低矮的灌木茶树和高大的半乔木和乔木茶树。

茶树是多年生常绿木本植物，其生长和繁衍受多种多样的生态条件以及人工驯化与选择的影响，形成了十分丰富的品种资源。《茶经·七之事》就记载了有关茶树的品种性状，以及古人发现、驯化、利用野生茶树的轶事和传说。随着茶叶经济的发展和农业科技的进步，茶树品种更是层出不穷。据相关部门对我国主要茶树品种资源分布情况及主要栽培品种性状、特性的调查统计，至今已发掘的茶树地方品种或类型超过500种，全国各地选育出的茶树新品种、品系也有100多个。此外，在西南、东南茶区还蕴藏着许多性状奇特的野生大茶树和茶种的近缘植物。我国茶树植株由西南往东北呈现从乔木至小乔木、灌木，逐渐矮化的分布特征。这样一种分布特征除了生态条件影响外，也与栽培利用的方式有关。

今天的茶树品种分类系统是按照我国现有茶树品种主要性状和特性，并照顾到现行品种分类的习惯，一般将茶树品种按树型、叶片大小和发芽迟早三个主要性状，分为三个分类等级：①

---

① 陈宗懋主编：《中国茶叶大辞典》，中国轻工业出版社2000年12月第一版，第289页。

第一级分类系统称为“型”。

分类性状为树型，主要以自然生长情况下植株的高度和分枝习性而定，分为乔木型、小乔木型、灌木型。在已有性状资料的品种中，按树型分类，灌木型品种占74%，小乔木型品种占10%，乔木型品种占16%。其中：

1. 乔木型茶树

属较原始的茶树类型。植株高大，从植株基部到上部，均有明显的主干，呈总状分枝，分枝部位高，枝叶稀疏。通常叶片大，叶片长度的变异范围为10—26厘米，多数品种叶长在14厘米以上。

乔木类型的茶树品种，主要分布于我国的热带或亚热带地区的西南和华南茶区。云南、贵州、四川一带，至今仍有不少乔木性状和特性的野生乔木古茶树，尤其是云南，葆有大量几百至上千年的古树乔木茶。这些乔木型茶树高达15—30米，基部1.5米以上。云南大部分山地产茶区以乔木茶为主流品种，近几十年来被广泛引种到广东、广西、四川、贵州、湖南、福建、江西、浙江南部等北纬25°以南的茶区。

2. 小乔木型茶树

属进化类型，又被称作半乔木型茶树。植株高度略低于乔木型茶树，从植株基部至中部主干明显，植株上部主干则不明显，分枝较稀，大多数品种叶片长度在10—14厘米之间。

小乔木类型茶树品种抗逆性较乔木型茶树强，主要分布于亚热带、热带茶区，如福建、广东、广西、湖南、江西等地。随着茶树良种推广，这类茶树品种的分布得到很大程度的扩大。如福鼎大白茶，几乎在全国茶区都有分布。此外，普洱茶、白茶的台地茶虽矮如灌木，却是人工矮化的结果，仍属小乔木型茶。

3. 灌木型茶树

亦属进化类型。植株低矮，无明显主干，从植株基部分枝，分枝密，叶片较小，叶片长度变异范围大，一般在2.2—14厘米之间，多数品种在10厘米以下。今天人工选育栽培的茶园，往往从便于采摘和管理出发，通过修剪来抑制茶树的纵向生长，通常将树高控制在0.8—1.2米之间。

灌木类型的茶树更为抗寒，受温度、湿度、海拔高度等生态条件的约束性较小，地理分布更为广泛，品种丰富多样，在我国热带、亚热带、温带均有分布，集中于我国茶区的中部、东部和北部。其中，原生于安徽黄山地区的祁门种、浙江省淳安县鸠坑乡的鸠坑种、贵州省遵义市湄潭县的湄潭苔茶等国家级良种，均为著名的茶树母树品种。其中，鸠坑种为全世界70%以上的绿茶品种提供良种，堪称茶种中的"母亲茶"。

第二级分类系统称为"类"。

以叶片大小为分类性状，主要以成熟叶片长度，兼顾宽度而定。在已有性状资料的品种中，特大大叶类品种占13%，大叶类品种占25%，中叶类品种占44%，小叶类品种占18%。其中：

1. 特大大叶类

叶长在14厘米以上，叶宽5厘米以上。乔木型茶型中的云南勐库茶树种为特大大叶茶，最大叶长为20.6厘米。

2. 大叶类

叶长在10—14厘米，叶宽4—5厘米。云南乔木茶树多为大叶类品种。灌木型茶树中最典型的大叶类品种是太平猴魁，叶长多达10厘米以上。20世纪50年代以来，云南大叶茶被广泛引种到广东、海南、广西、四川、贵州、湖南、浙江、福建等部分茶区，或大面积种植，或广泛应用于新品种的选育，通过驯化、分离、杂交、选择，培育出不少新的良种和品系。如"迎霜龙井"就是杭州市茶叶科学研究所从福鼎大白茶与云南大叶种自然杂交后代中，单株选育而成的小乔木型中叶类的无性系品种。

3. 中叶类

叶长在7—10厘米，叶宽3—4厘米。近几十年来，"大叶种"几乎成为云南普洱茶的主要标识，但事实上，从大叶种变异而来的中小叶种普洱茶，其品质并不亚于大叶茶。茶界素有"吃曼松，看倚邦"一说。以倚邦、革登以及景迈山、困鹿山为代表的中小叶种，不仅是今天的"贵"族，在明清时期，倚邦的曼松茶一直为皇家贡品，困鹿山还曾是皇家贡茶园。

4. 小叶类

叶长在7厘米以下，叶宽3厘米以下。生长于长江南北一带的茶叶多为灌木型小叶类，如西湖龙井、黄山毛尖、黄山毛峰、碧螺春、庐山云雾、正山小种等名茶。近几年来，声名鹊起、一泡难求的倚邦"猫耳朵"，是倚邦乔木和半乔木中小叶种茶的变异，因叶片小巧圆润，状似猫耳朵而得名。"猫耳朵"一般多为对夹叶，条索细小、外形细碎、毫显，茶气饱满、柔和，入口甜滑、细腻、回甘快，香气清幽、持久。

第三级分类系统称为"种"。

不同于植物分类学上的种，此处仅作品种或品系的区分。分类性状为发芽时期，主要以头茬即越冬营养芽开采期所需的活动积温而定，分为早芽种、中芽种和迟芽种。

1. 早芽种

发芽期早，头茶开采期活动积温在400℃以下。也就是说，茶树经过了一个冬天的休眠，在春季到来、气温上升之际开始复苏，在气温达到日平均温度10℃以上，连续4天的情况下，即可以开采头拨茶芽。

以龙井茶为例。龙井茶中的群体种、鸠坑种是老品种，1753年乾隆赐封的18棵御茶即属于群体种。一般来说，老品种的龙井采摘的时间较后来开发的早芽种龙井要略晚一些，大约在清明前后。乾隆就曾说，明前龙井太嫩，不若雨前龙井甘香、醇厚。浙江地区普遍种植的群体种43号龙井，就是为适应市场追逐早芽的需求而培育的早芽种，抗寒性强，春芽萌发期一般在3月上中旬，由于发芽早、产量高，且芽叶短壮，茶芽绿、茸毛少，煸炒后茶形、色均优于老品种。然而，也正因长得快，茶叶的持嫩性相对较差，茶气较老品种淡薄，也不耐泡。类似的还有温州的平阳早、乌牛早等早芽品种，以及龙井长叶、迎霜、浙农117、中茶108等等，因外形与龙井相似，制作时也多采用龙井的煸炒工艺。

2. 中芽种

发芽期略晚于早芽种，头茶开采期活动积温在400℃—500℃之间。如安徽的太平猴魁，采摘时间一般在谷雨前后，在茶叶长出一芽三叶或四叶时开园，立夏前停采。此外，安徽的六安瓜片，乌龙茶中的铁观音、佛手、白芽奇兰等品种，均为中芽种。

3. 迟芽种

发芽期较迟，头茶开采期活动积温在500℃以上。乌龙茶中的武夷肉桂、本山、杏仁等品种均为迟芽种，一般每年 4 月中旬茶芽萌发，5 月上旬开采。武夷雀舌和不知春，更是在 5 月中旬以后才开始采摘。

“荼”名的演变

在茶文化史上，“茶”字的出现相比较茶的出现要晚上一千多年。从现存的文字资料来推测，可能在晋代，人们将饮用后令人少眠的山茶科植物汤饮，从泛指的苦味的叶子汤——“荼”中独立出来，创造了“茶”。也有说“茶”字从“荼”简化出来的萌芽，始发于汉代。“茶”最早出现在官方字典中，首见于唐玄宗时刊定的《开元文字音义》。《茶经·一之源》记载了在唐代统一“茶”的字、形、义之前，茶的种种“异名”：

其字，或从草，或从木，或草木并。其名，一曰荼，二曰槚，三曰蔎，四曰茗，五曰荈。

荼、槚、蔎、茗、荈，是早期对茶较为普遍的称谓，或从草，或从木，或草木并。陆羽原注说，“从草，当作‘茶’，其字出《开元文字音义》。从木，当作‘搽’，其字出《本草》。草木并，作‘荼’，其字出《尔雅》。”又引注《尔雅》释字：“槚，苦荼。”扬雄《方言》：“蜀西南人谓荼曰蔎。”以及郭璞《尔雅注》：“早取为荼，晚取为茗，或曰荈耳。”除了本章提及的这五个字，《茶经·七之事》还辑入了司马相如《凡将篇》提到的“荈诧”。

“荼”，在先秦文献中用得最多，泛指以植物叶子为原料的、具有专门功效的苦味汤饮。中国最早的字典《尔雅》在“释木篇”中有“槚，苦荼”。在原始采集经济时期，人们采集许多种类的植物叶子来煮作食物、制作汤饮，经过长期的观察和总结，发现不同植物的叶子所烹煮出来的汤食除了充饥之外，还有其他的功效，于是“荼”的范围逐渐缩小并集中到几种常用的植物叶子。中国第一部诗歌合集《诗经》就有七首诗写到了“荼”：

谁谓荼苦，其甘如荠。（《邶风·谷风》）

周原膴膴，堇荼如饴。（《大雅·绵》）

采茶薪樗，食我农夫。（《豳风·七月》）

予所捋茶，予所蓄租。（《豳风·鸱鸮》）

出其闉阇，有女如荼。（《郑风·出其东门》）

民之贪乱，宁为荼毒。（《大雅·桑柔》）

其镈斯赵，以薅荼蓼。荼蓼朽止，黍稷茂止。（《周颂·良耜》）

七首诗中，仅“有女如荼”中的“荼”指的是茅草开的白花，其余都指的是苦味的野菜。《周颂·良耜》中“荼蓼”泛指田野沼泽间的野草，其中荼味苦，蓼味辛，这两种草叶合在一起表示“辛苦”。北齐颜之推《颜氏家训·序致》中有“年始九岁，便丁荼蓼，家涂离散，百口索然”，以“荼蓼”形容艰难困苦的少儿时期。《邶风·谷风》中“谁谓荼苦，其甘如荠”，因荠味甘，故后世又以“荼”喻小人，以“荠”喻君子，《楚辞·九章·悲回风》中有“故荼荠不同亩兮，兰茝幽而独芳”。

《诗经》里的“荼”显然是以“荼”说“苦”，同样的逻辑，引申出“痛苦”的意思，如“荼毒”“荼炭”“荼酷”等。《茶经·七之事》引《晏子春秋》中齐景公时（前547—前490）晏婴食“茗菜”的记载，这里的“茗菜”应该就是当时常吃的苦味植物的叶子。苏东坡《问大冶长老乞桃花茶栽东坡》诗中有“周诗记荼苦，茗饮出近世”，也是认为《诗经》中的“荼”泛指苦味的野菜，而非后世的茶。

汉语字汇中有如此多的字来称谓“茶”这样一种植物，是一种值得研究的重要现象，至少反映了两个方面：

第一，“茶”的发音有可能和饮茶习俗的传播一样，来自南方的少数民族。

清人彭邦鼎的观点比较典型地反映了这一推断思路。他在《闲处光阴》中说：

> 六经无“茶”字，窃意产茶之地，在古皆在蛮夷，时既无其物，安得有其字？……考茶字六义无所取，想即蛮夷所造之字欤？

文献资料显示，饮茶习俗发祥于西南少数民族，逐渐传入中原腹地并形成辐射传播。东晋时期的《华阳国志》有“周武王伐纣，实得巴蜀之师……茶蜜……皆纳贡之”，说明在商末周初的时候，位于四川的巴、蜀等小国就将茶叶作为贡品之一进贡给周武王。唐代封演《封氏见闻录》卷六“饮茶”中，有“南人好之饮，北方初不多饮”

“古人亦饮茶耳……始自中地，流于塞外。往年回鹘入朝，大驱名马市茶而归”，反映了唐代饮茶习俗的传播与流行。李肇《唐国史补》卷下记载了茶在唐代已经传入西藏。

随着茶饮的传播和流行，各地对茶产生了不同的称谓。唐代陈藏器《本草拾遗》引南朝人沈怀远《南越志》说皋芦：“叶似茗，味苦涩，土人以为饮，南海谓之过罗，或曰物罗，皆夷语也。”有学者对茶由南到北的语言痕迹进行考察，发现茶的不同称谓或受多种因素的影响：

其一，对“真茶”出现之前各种原始茶的称谓，或对近似茶的植物的称谓，如瓜芦、皋芦等，“过罗”“物罗”明显是它们的音译词。古汉语中的“茗”和“蔎”用来称谓茶，也是借用。因为这两个字最早指的是两种香草，古人采摘用来煮汤喝。

其二，茶的称谓明显带有非汉语成分，保留有少数民族对“茶”的语言发音记音的痕迹。中国少数民族语言中对“茶”的发音，是汉语“茶”音的词源，如，茶与“槚”“诧”“姹”等这些称谓的发音十分接近，而“槚”本来是楸树的别称，用来称谓茶应该是取其音“贾”[jiǎ]从木的形声和会意；而“诧”和“姹”的字形构架显然不符合汉字造字习惯，应该是“茶”的最早记音形式。

此外，世界各国对茶的称谓也在发音中留下文化传播和输入的痕迹。茶叶从中国输出主要有两条线路，南线从闽粤沿海输出，因此西欧语言中英文的“tea”、法文的“the”、德文的“thee”、拉丁文的“thea”等，应是从广东、闽南方言中茶的发音“te”中转译而来；而北线传入俄罗斯等国语言中“茶”的发音为“chai”，明显是借由北方汉语“茶叶”的发音转译而来。日语、阿拉伯、土耳其和印度语对茶的读音都与“茶”的原音很接近。此外，印度的奥里亚语、印地语，巴基斯坦的乌尔都语等，其茶字发音也都是我国汉语茶字发音的音译。[①]

考察世界各国对茶的称谓发音，也从另外一个角度证明中国南方是茶的故乡。

第二，在特指的“茶”字被创设之前，人们使用记音字代替泛指含义的“荼”，以此避免“茶”“荼”不分而造成的困扰。

随着茶事活动的发展以及《茶经》的广为流传，中唐以后茶字的音、形、义已趋

① 《茶由南向北的传播：语言痕迹考察》，张公瑾主编：《语言与民族物质文化史》，民族出版社 2002 年出版。

于统一。至于“荼”的字形是如何演变成今天这个样子的，一个被普遍接受的说法是，由于茶叶生产的发展，饮茶活动越来越普及，“荼”字的使用频率也越来越高，为了将茶树之茶与泛指带苦味植物饮料的“荼”区别开来，民间的书写者直接在“荼”字上减去一画，成沿用至今的“茶”字。两晋时期尽管茶茗“醒神”的标识性功效已被普遍认知，特指的“茶”字也已被创造出来，但“荼”和“茶”并没有彻底区分开来。如《桐君录》中说：

凡可饮之物，皆多取其叶。天冬门、菝葜取根，皆益人……俗中多煮檀叶并大皂李作茶……又南方有瓜芦木，亦似茗，至苦涩，取为屑，茶饮，亦可通夜不眠。

西晋陆玑《诗疏》说：

椒树似茱萸，蜀人作茶，吴人作茗，皆合。煮其叶以为香。

郭义恭《广志》说：

以茱萸煮脯冒汁，谓之曰茶。

说的是“茶”，其实是与茶无关。为了加以区分，又有用“真茶”二字者。西晋张华《博物志·食忌》中强调“真茶”不同于“豆”“榆”“麦”等茶的功效：

饮真茶令人少眠……人啖豆三斗则身重行止难，啖榆则眠不欲觉，啖麦令人多力健行。

西晋刘琨在《与兄子南兖州刺史演书》中也有对“真茶”的强调：

前得安州干姜一斤、桂一斤、黄芩一斤，皆所须也，吾体中溃闷，常仰真茶，汝可置之。

“茶”被创立出来就为了特指，却依然继承了“荼”的泛指含义，同样沿袭至今。时至今日，中国人以茶待客用的却不一定是“真茶”，很有可能是“菊花茶”“玫瑰花茶”“大麦茶”等。这在有些地方方言发音中也可以观察到，如在江浙一带“茶”的闭口发音“zu”，就保留了“荼”的古音。在保存较多古汉语色彩、有着“语言活化石”之称的闽粤方言中，“茶”的发音为“te”，也明显保留了“茶”的古音痕迹。

茶的雅号：茶的另类文化史

茶，是中国人俗世生活的“开门七件事”之一——柴米油盐酱醋茶，也是中国文化的“人生八雅”之一——琴棋书画诗酒花茶。茶是俗世生活中的雅事，是吟咏唱和的嘉朋，是参禅悟道的伴侣。中国历史文化中与茶相关的典故，以及以茶为吟咏对象的诗词名篇，成为茶的雅号、别称的渊源，仅宋陶谷《清异录・茗荈》就辑录了18个茶的雅号。这些藏身诗词、典故当中的茶之别名谱写了茶的另类文化史。

1. 水厄

水灾之意。出自《世说新语》：

> 晋司徒长史王濛，字仲祖，好饮茶。客至辄饮之。士大夫甚以为苦，每欲候濛，必云今日有水厄。

水厄的典故能被录入《世说新语》，可见在当时已脍炙人口。晋代司徒长史王濛，喜欢饮茶。他常常请客人来家里陪他同饮。但被邀请的人还不习惯茶这种饮料，每次去拜访王濛的时候都会说：“今天有水厄了。”

南北朝时，“水厄”之名已传入北魏。北魏杨衒之的《洛阳伽蓝记》卷三《报德寺》记载，当时北方贵族不习惯饮茶，“水厄”作为对茶的贬义在北方贵族口中流传：

> 后萧衍子西丰侯萧正德归降时，元义欲为之设茗，先问：“卿于水厄多少？”正德不晓义意，答曰：“下官生于水乡，而立身以来，未遭阳侯之难。”元义与举坐之客皆笑焉。

萧正德不晓“水厄”，以为说的是水灾，故以“阳侯之难”来对答，被人笑话。“阳侯之难”典出《淮南子・览冥训》。周武王出兵讨伐纣王，从孟津（今河南孟津县东北黄河渡口)渡河,水神阳侯兴风作浪,阻挠周军渡河。武王斥责说:“我为天下人起兵伐纣,谁敢阻拦!”于是风平浪静。故水灾又称为“阳侯之难(患)”。

杨衒之讲的这个故事和后一则“酪奴”的典故关系密切,都是发生在北魏,且在北魏人口中说出,都带上了贬义。

清代金农在《湘中杨隐士寄遗君山茶奉答》诗之三中有:

答他纱帽笼头坐,水厄虚名直浪传。

2. 酪奴、苍头、酪苍头

南北朝时,北方贵族不惯茶饮,甚至将茶饮作为汉文化的缩影,颇有些鄙视、抵制的意思。南齐秘书丞王肃因父亲被齐武帝萧赜所杀,于太和十七年(493)投奔北魏,北魏孝文帝任命他为辅国将军。刚北上时,王肃不食羊肉及奶酪,常吃鲫鱼羹,喝茶。喝起茶来,一喝就是一斗,人称“漏卮”。数年后,王肃参加朝宴,却大吃羊肉,喝奶酪粥,孝文帝很奇怪,就问:“卿中国之味也,羊肉何如鱼羹,茗饮何如酪浆?”王肃回答说:

羊者是陆产之最,鱼者乃水族之长,所好不同,并各称珍。以味言之,甚是优劣。常云:羊比齐鲁大邦,鱼比邾莒小国。唯茗不中,与酪作奴。

孝文帝大笑。又记:

彭城王谓肃曰:“卿不重齐鲁大邦,而爱邾莒小国。”肃对曰:“乡曲所美,不得不好。”彭城王复谓曰:“卿明日顾我,为卿设邾莒之食,亦有酪奴。”

此后茗饮被称为酪奴也就不胫而走。

《洛阳伽蓝记》卷三《报德寺》记载了这个典故。《茶经·七之事》摘引了《后魏录》中的一段记载,讲的也是这个故事。《洛阳伽蓝记》还记载了“酪奴”事件的余波:

时给事中刘缟慕肃之风,专习茗饮,彭城王谓缟曰:“卿不慕王侯八珍，好苍头水厄，海上有逐臭之夫，里内有学颦之妇，以卿言之，即是也。”其彭城王家有吴奴，以此言戏之。自是朝贵燕会，虽设茗饮，皆耻不复食。惟江表残民、远来降者好之。

彭城王对刘缟效仿王肃饮茶很是不屑，说他是“东施效颦”。“苍头”，古代私家所属的奴隶，在这里指“酪奴”，也就是茶。“逐臭之夫”，喻嗜好怪僻的人，典出《吕氏春秋·遇合》：“人有大臭者，其亲戚兄弟妻妾知识无能与居者，自苦而居海上。海上人有说其臭者，昼夜随之而弗能去。”彭城王的“效颦”“逐臭”之说将茶贬低到烂泥里，于是，宴席上即使设了茶饮，贵族们也不好意思取来饮用，只有南方和远方来的降民还保留着这一喜好。

宋代杨伯岩《臆乘·茶名》就将以上典故化于“酪苍头”：

岂可为酪苍头，便应代酒从事。

3. 不夜侯、晚甘侯、余甘氏、橄榄仙

因茶有提神、醒脑功效，饮后夜不能眠，因而得名“不夜侯”。张华《博物志》载：

饮真茶，令人少眠，故茶别称不夜侯，美其功也。

从味觉效应来说，茶味有回甘之妙。茶越好，回甘越强烈。唐代孙樵在《送茶与焦刑部书》中，以“晚甘侯”盛赞武夷岩茶之美：

晚甘侯十五人，遣侍斋阁。此徒皆乘雷而摘，拜水而和，盖建阳丹山碧水之乡，月涧云龛之品，慎勿贱用之。

“晚甘”，大约指的是回甘；“侯”，封建等级中的尊贵爵位，在这里对应茶的品级。文中说，赠送的十五块“晚甘侯”产自建阳丹山碧水之乡，长于山涧云雾之间，乘春雷绽放的初春开始采摘，得水土之和气。这样一款回甘强烈如人中侯爵的好茶，千万要珍之重之，不要轻贱对待。清代蒋衡作《晚甘侯传》，以拟人化的笔法综合茶的别名，称“晚甘侯”姓甘，名如荠，字森伯。其中，“如荠”，典出《诗经·邶风·谷风》：“谁谓荼苦，其甘如荠。”既是说的滋味甘美，也是以其茶德比作中正“君子”。如《楚辞·九章·悲回风》中：“故荼荠不同亩兮，兰茝幽而独芳。”以“荼”喻小人，以“荠”喻君子。

茶饮的滋味滞留喉舌之间，回味久长，也有人比作“橄榄”，故茶又得名“余甘氏”“橄榄仙”。宋代李郛在《纬文琐语》中写道：

世称橄榄为余甘子，亦称茶为余甘子。因易一字，改称茶为余甘氏，免含混故也。

五代诗人胡峤《飞龙涧饮茶》中有：

沾牙旧姓余甘氏，破睡当封不夜侯。

4. 森伯、冷面草

“森伯”这个别名被蒋衡《晚甘侯传》取为“晚甘侯”的字。“森伯”出自唐五代汤悦的《森伯颂》。汤悦其人在当时很有些传奇色彩，幼时有奇遇，曾官至南唐宰相。据《万姓统谱》卷四八记载：

悦幼颖悟，尝见飞星堕水盘中，掬吞之，自是文思日奇，仕南唐，为宰相。凡书檄教诰，皆出于悦。后随其主归宋，为光禄卿，尝奉敕撰江西录十卷。

《清异录》记载：

汤悦有《森伯颂》，盖颂茶也。略谓：方饮而森然，严于齿牙，既久罡肢森然。二义一名，非熟夫汤瓯境界，谁能目之。

汤悦之所以称茶为“森伯”，是因为茶一入口，就能在齿颊之间感觉到甘香纯正的茶气，并使人长久保持清醒、抖擞的精神状态。“森伯”既是说的茶味，也是说的人的精神状态，非精熟茶道的人，是难以体会这样一种境界的。“森”，意为纯正浓郁的滋味，在这里用来盛赞茶醒神、正心的功效。如，陆游《饭罢忽邻父来过戏作》诗中有：

茶味森森留齿颊，香烟郁郁著图书。

“冷面草”指向茶味苦、性寒的特质。同见《清异录》：

符昭远不喜茶，尝为御史同列会茶，叹曰：“此物面目严冷，了无和美之态，可谓冷面草也。”饭余，嚼佛眼芎，以甘菊汤送之，亦可爽神。

这个别号暗示茶的苦口、醒脑、清心特点，与酒激发豪兴，令人陶醉、忘忧的特点决然不同。符昭远是唐五代宋初时人，是陶谷的朋友，曾作诗《谢陶谷赠鸭卵及莲枝一捻红》。《清异录》卷上存其事迹，并载其诗二句。

“冷面草”之“冷面”，和“森”一样，内涵茶使人冷静、清醒、正心的意味。清代蒋衡《晚甘侯传》有句：

森伯之祖，尝与王肃善。

5. 涤烦子

《唐国史补》载：

常鲁公随使西番，烹茶帐中。赞普问：“何物?”曰：“涤烦疗渴，所谓茶也。”因呼茶为涤烦子。

常鲁，字伯熊(生卒年不详)，是与“茶圣”陆羽同时代人，在当时同样在茶之一道享有盛名。《封氏闻见记》卷六记载：

楚人陆鸿渐为茶论，说茶之功效，并煎茶、炙茶之法。造茶具二十四事，以都统笼贮之。远近倾慕，好事者家藏一副。有常伯熊者，又因鸿渐之论广润色之，于是茶道大行……

此外，宋代的陈师道、欧阳修以及清代的程作舟等人写的相关茶著中，也记载他与茶的故事。这个故事发生在唐建中二年(781)，是时任监察御史的常鲁公伯熊作为入蕃使判官，奉诏入蕃商议结盟，某日在帐蓬里煮茶发生的对答。

唐代施肩吾有《句》：

茶为涤烦子，酒为忘忧君。

6. 消毒臣

唐五代尉迟偓的《中朝故事》记载，唐武宗时李德裕听说天柱峰茶可以消酒肉毒，曾命人煮该茶一瓯，浇于肉食内，用银盒密封，过了一夜打开，其肉已化为水，茶由此而获得“消毒臣”的名号。

唐代曹邺《饮茶诗》有句：

消毒岂称臣，德真功亦真。

7. 苦口师

这个典故出自明代夏树芳的《茶董》，说的是晚唐诗人皮日休之子皮光业（字文通），容仪俊秀，口才好，自幼聪慧，十岁能作诗文，颇有家风，曾官拜丞相。一日，皮光业的表兄弟请他品赏新柑，筵席殊丰，显贵云集。皮光业一进门就呼茶救渴，对新鲜甘美的橙子视而不见。饮罢，手持茶碗，即兴吟诵：

未见甘心氏，先迎苦口师。

8. 清风使、水豹囊

这两个别号最早可推溯到唐代卢仝的《七碗茶歌》，诗人饮到第七碗茶：

唯觉两腋习习清风生，蓬莱山，在何处？玉川子，乘此清风欲归去。

据《清异录》载，五代时有人从中衍生出清风使，以及鼓风的工具“水豹囊”：

豹革为囊，风神呼吸之具也。煮茶啜之，可以涤滞思而起清风，每引此义称茶为“水豹囊”。

清风、清风使，或者鼓风之具，都是暗喻饮茶入境，如两腋生风，飘然欲举。

9. 清友、叶嘉

唐朝姚合有品茶诗曰：

竹里延清友，迎风坐夕阳。

与卢仝诗句“唯觉两腋习习清风生”一样，都是以一“清”字内涵茶清心、醒神的

"助修"之德。

叶嘉，是苏轼为茶取的别名，取自《茶经》首句："茶者，南方之嘉木也。"《苏轼文集》有《叶嘉传》，意有所指。文中说：

风味恬淡，清白可爱，颇负盛名。有济世之才，虽羽知犹未评也。为社稷黎民，虽粉身碎骨亦不辞也。

刻画了一位貌如削铁、一心为民、清白自守的君子形象。

宋代苏易简在《文房四谱》中有：

叶嘉，字清友，号玉川先生。清友，谓茶也。

10. 茶百戏、漏影春、生成盏、水丹青

《清异录·茗荈》载：

茶至唐而始盛。近世有下汤运匕，别施妙诀，使汤纹水脉成物像者，禽兽、虫鱼、花草之属，纤巧如画，但须臾即就散灭，此茶之变也。时人谓之"茶百戏"。

又有：

漏影春法，用镂纸贴盏，糁茶而去纸，伪为花身；别以荔肉为叶，松实、鸭脚之类珍物为蕊，沸汤点搅。

利用茶汤泡沫形成诗、书、画，是由冲点茶的手法派生出来的审美娱乐活动，在当时被称为"茶百戏"，"漏影春"是其中的一种手法。松实，就是松子。鸭脚，为叶形似鸭掌的银杏树的别名，在这里由银杏叶引申为银杏果实。陆游有诗"鸭脚叶黄乌臼丹，草烟小店风雨寒"(《十月旦日至近村》)；元代詹时雨有诗"银杏叶彫零鸭脚黄，玉树花冷淡鸡冠紫"(《一枝花·丽情》)。

《清异录》还记载了五代宋初僧人福全，能冲点四瓯茶汤，并在每一碗茶汤上幻化一句诗，合成一首绝句，当时颇有盛名。"生成盏""水丹青"出自其中一首诗：

生成盏里水丹青，巧画工夫学不成。

却笑当时陆鸿渐，煎茶赢得好名声。

茶百戏、漏影春、生成盏、水丹青的雅号别称折射了宋代精致唯美的茶风。

11. 片甲、麦颗、雀舌、鸟嘴、禅翼

片甲，是不同于团饼茶的散茶，茶芽尚未长开，叶片如竹笋相抱，形如片甲，故而得名。五代蜀人毛文锡《茶谱》中有：

又有片甲者，即是早春黄茶，芽叶相抱如片甲也。……皆散茶之最上也。

麦颗、雀舌、鸟嘴，是指的蒸青散茶，因茶芽细幼，形似麦子、雀舌、鸟嘴而得名。毛文锡《茶谱》中有：

蜀州……其横源雀舌、鸟觜（嘴）、麦颗，盖取其嫩芽所造。以其芽似之也。

宋徽宗《大观茶论》中有：

凡芽如雀舌、谷粒者为斗品（品质最好）。

沈括《梦溪笔谈》卷二四中有记：

茶芽，古人谓之雀舌、麦颗，言其至嫩也。

蝉翼，是指以极薄嫩茶叶制成的上好散茶。毛文锡《茶谱》：

蜀州……蝉翼者，其叶嫩薄如蝉翼也，皆散茶之最上也。

明代张谦德《茶经》上篇论茶：

蜀州之雀舌、鸟嘴、片甲、蝉翼……其名皆著。

类似的描绘茶叶形态、色泽、嫩度的还有紫芽、紫笋、玉爪、玉芽、茶枪、粉枪、茶旗、鹰爪、鹰嘴等等，其中不少都沿用至今。还有因斗茶引申出的对茶品级的称谓，如一斗、亚斗等。此外，诗词名篇中描述茶叶、茶汤的美感形态，赋予了茶更多的雅号别称，如指代团饼茶的苍璧、月、玄月、圆月等，描绘汤华的云华、云腴、雪乳、琼花、枣花、瓯蚁，描绘芬芳气味的香茗、香芽、香乳，极言茶之佳美的如灵草、瑞草魁、仙芽、灵芽等等，不一而足。

复习与思考

1. 茶树形态有哪几种分类形式？在我国茶区出现什么样的分布特点？
2. 为什么说“茶”的发音侧面证明了“中国是茶的故乡”？
3. 茶的雅号照见了历代中国文人怎样的精神生活和审美情趣？

【一之源】中

好茶要得地

其地：上者生烂石，中者生栎壤，栎字当从石为砾。**下者生黄土。凡艺而不实，植而罕茂，法如种瓜，三岁可采。野者上，园者次；阳崖阴林，紫者上，绿者次；笋者上，牙者次；叶卷上，叶舒次。阴山坡谷者，不堪采掇，性凝滞，结瘕疾。**

土质与品质

《晏子春秋·内篇杂下》记载了晏子出使楚国的故事。楚王久闻晏婴是齐国善于辞令的人，想要挫挫他的锐气，于是采纳了一个下臣的馊主意，在晏子到来后的宴席之上演了一场戏：两个官吏捆着一个人来到楚王跟前，楚王故意问咋回事，官吏回答说："齐人也，坐盗。"楚王转头问晏子："齐人固善盗乎？"晏子从容应对：

> 橘生淮南则为橘，生于淮北则为枳，叶徒相似，其实味不同。所以然者何？水土异也。今民生长于齐不盗，入楚则盗，得无楚之水土使民善盗耶？

楚王自取其辱，只能说这个玩笑开得不对。晏子以“橘”说人，所谓“一方水土养一方人”，用来说茶也是一个道理。

茶为天地化育，禀天地之气而生长，必因承气之不同，而呈现出不同的性味，这种差异性直接体现在茶的味觉效应中。所谓“喝酒喝酒庄，品茶品山头”，酒的滋味主要是工艺的区别，而茶的滋味则更多取决于天地的造化。可即便如此，酿造葡萄酒的酒庄也同样要靠天吃饭。如，为尊重风土和产区特色，欧洲大部分葡萄酒产区都针对葡萄种植制定了严格的法规，基本不允许通过诸如灌溉之类的人为手段，去改善葡萄的产量和品质，这使每一年的葡萄都能够忠实反映当年的气候状况。葡萄生长喜炎热而略微湿润的气候，倘若收成时又恰逢阳光灿烂，这一年就会被冠获“世纪年份”的称号。近半个世纪以来，法国波尔多仅 1961、1982、2009、2010 这 4 个年份符合。也因此，即使是同一个酒庄生产的葡萄酒，但凡是这几个年份的，其葡萄酒品质一般要好上很多。就茶叶来说，制作精良和粗制滥造的差别也可谓天差地别，而茶叶本身的形态、滋味以及功效更是千差万别。因此，单从茶叶的形状大小、颜色鲜嫩等等对茶叶进行品鉴，是远远不够的。别茶，是一个鉴物显理的过程，也就是说，要透过茶叶的不同形态、颜色、滋味，看到它背后的道理。

根据茶树生长的物性，现代人总结茶树有四喜：喜温、喜湿、喜漫射光和酸性土。具体来说，包括温度在 15℃—25℃，土壤的酸碱度 pH 值在 4.5—6.5 之间，年降水量不得低于 1000 毫米，生长的坡度在 30°以下，等等。《茶经》以经验性的语言一言以蔽之：

茶者，南方之嘉木也。

茶树喜温、喜湿的习性毋庸多言，而对于现代人解释的喜“酸性土”的总结，也被“南方”一词所内涵。根据现代科学的界定，酸性土壤是指 pH 值小于 7 的土壤的总称，包括砖红壤、赤红壤、红壤、黄壤和燥红土等。在我国南方的热带、亚热带地区，广泛分布着各种 pH 值在 4.5—6 的红色或黄色酸性土壤。这类土壤属于盐基高度不饱和的铁铝性土壤，如四川、贵州、重庆、云南、广东、广西、福建、湖南、湖北、浙江、江西、安徽、海南、台湾等地，这些地方正是我国主要的产茶区。

陆羽对茶适宜土质的鉴别并没有停留于普遍性的描述，而是用了 15 个字阐明了一个道理——“土质决定品质”：

其地：上者生烂石，中者生栎壤，下者生黄土。

土壤，以石头为母质，综合气候、生物、地形、时间等因素而形成，为茶树根系提供营养。同为酸性土壤，因地理位置、风化时间、矿物质含量、植被环境、降雨量等等的不同，导致土壤的差异。茶树自土壤中汲取的养分不同，茶汤的味觉效应相应呈现很大的差异性。陆羽注意到土质的影响，并将适宜种茶的土质依次排序为烂石、栎壤、黄土。

烂石，是指风化不完全的土壤。南方多为花岗岩风化的砂质壤土以及页岩风化的紫色土等。经过长期风化以及雨水的冲刷作用，山石罅隙间积聚的较厚土层有利于茶树的生长发育。由于含砂石量高，土质的排水性好，有利于茶树根系的生长，土壤中富含的大量腐殖质和矿物质的营养十分原始，最宜出好茶。

栎壤，就是砾土，指含砂粒多、黏性小的砂质土壤，如相对烂石风化更加充分的山麓坡积土，具有土质疏松、孔隙大、透水透气性强等特点，含腐殖质和矿物质较之烂石略低。安溪铁观音的产地，其土质就属于栎壤，土壤中碎石头、石英石含量较高。相对于烂石，栎壤含土量略高，透水性也相对差一些。

黄土，是黏性较强的酸性土壤，含腐殖质和矿物元素相对烂石、栎壤较少。与红土的黏性强且含水率高相比，黄土土质相对疏松，透水性也相对更好，更适合茶树根系的生长发育。黄土主要分布在我国中原一带，名茶相对较少。

《茶经》出世后，欲挑战其权威的大有人在。就“土质”的品级分类而言，明代罗廪《茶解》说：

种茶，地宜高燥而沃。土沃，则产茶自佳。《经》云“生烂石者上，土者下；野者上，园者次”，恐不然。

其实，南方石质的土壤排水性好，且一般多在山陵高地，而不在平原低洼之地，所以，“高燥”二字不能算是别出新意。而土“沃”之说，在种植作物一科可谓常识，关键是于茶或茶味而言，这个“沃”的物理化学分析才是关键。显然，陆羽之所以认为矿物质和腐殖质等天然肥料更加丰富的土层更适宜茶树，是从味觉效应出发，而不是从茶树的生长发育和产量出发。只能说，罗廪闻弦歌而不知雅意。

武夷岩茶可谓“上者生烂石”的最佳注脚。武夷山最为有名的“三坑两涧两窠一洞”，即牛栏坑、倒水坑、慧苑坑、悟源涧、流香涧、九龙窠、竹窠、鬼洞，号称“正岩”的岩茶山场，其土壤都是岩石风化堆积而成，碎石含量约占30%—40%，透水性强，缺点就是土壤养分不够，这直接导致茶树树根极其发达，一般一棵1米多高的树，其根须能向下深扎2—3米，依靠发达的根系侧须附着在岩石上吸收矿物质养分，形成其特有的“岩”味。生长于碧水丹山、烂石栎壤、云雾蒸腾的武夷山区的茶树，人们喜欢用“岩韵”或“岩骨花香”来描述它难描难述的风味。《大观茶论》以“甘、香、重、滑”来概括武夷茶的特点。

今天的武夷茶杀青和制作方法已经与宋代有了很大的不同，但其复合浓郁的花香、果香、蜜香、木质香，以及如岩骨般的耿直、厚重感，依然是武夷茶千年不变的标示性特征。

野生比种植的好在哪里?

人工种植茶树的方法在唐代已经比较成熟了。《茶经》里谈论种茶的方法只有几个字：

凡艺而不实，植而罕茂，法如种瓜，三岁可采。

“艺”，在这里指茶树的种植方法。唐代主要是茶籽直播法、茶苗移栽法两种，扦插法、压条繁殖法是后来发展出来的种植法。

茶籽直播法与其他农作物种植方法类似，譬如种瓜。种瓜法在《齐民要术》里有记载：“挖坑深广各尺许，施粪作底肥，播子四粒。”唐末韩鄂在《四时纂要》里说，秋后收获的茶籽，一般用“湿沙土拌，置筐笼盛之，穰草盖”的沙藏法保存，在春二三月间或秋十月下旬至十一月底间播种，秋播比春播好。多采用多籽密植法，每穴下四五粒茶籽。明代还发明了水洗法来选择较重的茶籽。

茶苗移栽法也和其他农作物一般，将多发茶苗进行间苗移栽。移栽的茶苗为一年生苗木，移栽时间也在早春和晚秋两季。移栽时，苗木主根可剪去过长部分，按规定丛距，每穴放入 2—3 株健壮的茶苗，每株稍稍分开，让茶树根系自然伸展，然后填土、压实，过半时浇水，并浇透整个松土层，然后继续填土到根颈处压实。不管是栽种还是移植，如果根部的土壤不厚实，则不利于茶树根系的发育，也就不利于茶树今后的生长。

从陆羽的描述来看，唐代的茶园栽培技术已经十分成熟。对于人工种植的茶树，陆羽认为，与自然野生的茶树相比较而言略次：

野者上，园者次。

这个判断至今依然有其天经地义的道理所在。

现代科学从生态循环角度，论证了自然生态系统的优越性。茶叶含有高分子棕榈酸和萜烯类化合物，这类物质性质活泼，具有很强的吸附能力，野生茶树的生长环境通常远离人类的生活区，这意味着远离人类生产生活产生的各种杂气。处于自然原生态环境中的茶树可以吸收到比自己更稳定的芳香物质，较之单一物种的茶园茶有着层次更为丰富的花果香气。

野生茶树多生长在人迹罕至的深山峡谷之中，往往云雾多而水汽充足，长于“烂石”“栎壤”，整体土壤植被状态结构良好，生态结构良好，且矿物质元素更加自然原始、丰富多样。人工种植茶园一般选择土层更厚的山地、丘陵等地带，一方面，这些地带较之“烂石”“栎壤”之地更容易进行整体性的开发，以确保产量；另一方面，作为茶园开发的山地、丘陵大多离人类生活区较近，方便打理。从这个意义上来说，茶园茶从一开始就丧失了自然生态系统得天独厚的丰富多样性。在人烟稀少、高海拔的山川峡谷，其丰富多样的自然生态，云雾缭绕、昼夜温差大的山地气候，较之茶园的人工环境更符合茶树喜湿、喜漫射光照的习性，茶青品质也会更高。此外，野生茶树中更多几十年、几百年甚至上千年的树龄，从经验上来讲，茶气更足，茶叶更加耐泡，滋味也更加醇厚。

俗话说“高山云雾出好茶”。很多茶陵都是依山林而建，与周围环境浑然一体。事实上，人工种植茶园因种种原因被抛荒，随着年代久远，茶园渐与周围环境融为一体，这样的“抛荒茶”或者说是“半野生茶”也是不少。云南就分布着地域广阔、不同历史时期被抛荒的古茶园，茶树资源丰富，类型多样。云南省林业调查规划院于2017年2月发表《云南古茶园(树)资源调查研究》，总结云南古茶园以野生群落为主且群落稳定，林地型古茶园面积占古茶园总面积的94.0%，且绝大多数古茶树处于自然态生长，成为中国乃至世界自然遗产中的宝贵资源。近几十年以来，随着中国城镇化高速发展，农村出现大面积空巢现象，尤其是边远高山、人迹罕至的地区，一些原本有人工管理的茶园或农家在山林田舍种植的茶树被抛荒，逐渐融于原生态环境，与荒野茶一样自然生长，没有人工修剪，树枝参差不齐，采摘起来比修剪整齐的台地茶要费时、费力。因产区偏远，采摘难度大，产量也不大，难以商品化，往往以"私房茶"面貌出现。

茶树是向阳好吗？

茶树的生长环境对茶叶的品质有很大的影响，茶叶的味道会随着生长地的土质、水、气候、光线等条件的改变而发生变化，事实上，每一棵茶树的茶叶味道都有着微妙的差异。所以，好茶要得地，仅烂石、野地还是不够的，同一座山地，朝向、坡度、位置不同，茶的品质也是两样。所以，陆羽说：

阳崖阴林，紫者上，绿者次；笋者上，牙者次；叶卷上，叶舒次。阴山坡谷者，不堪采掇，性凝滞，结瘕疾。

"阳崖阴林"，可说是充分考虑到温度、湿度、日光、坡向等对茶树的影响。这里重点说明了两个方面：

其一，阳阴得宜，喜漫射光。

向阳的山坡日照充分。因茶性寒，故宜种植在"阳气"更加充盈的山崖南面，以中和其寒性，然而又恐过犹不及，必须要有繁茂高大的植被庇荫，这样茶叶得"阳和"之气方能出上品。用现代科学语言来讲就是，茶树需要一定光照，进行光合作用，紫外线和红、黄光线的辐射还会使芳香油增多。但这种光照不可过强，否则容易突变为粗纤维。所谓"轻阳之和"即漫射光，茶树在这种条件下生育，叶片的光合作用可以循序渐进，氨基酸、维生素、多酚类等决定茶叶品质好坏的重要成分能得到充分蕴蓄，以增进茶叶的色香味。反之，光合作用过强会使茶树生长过快，不利于精华物质的蕴蓄，还会加快促成茶碱、儿茶素、茶单宁等物质的合成，而这些物质是影响茶汤口感很重要的因素。茶单宁和葡萄酒中的单宁酸是同一类物质，口感都是涩的。开葡萄酒有一个醒酒的过程，就是为了让空气氧化单宁酸，从而去除入口的涩感。去除茶叶的苦涩感，在前期是对茶叶的生长直到采摘的过程进行把控，特别是在茶叶从发芽到采摘的半个月左右的生长期，控制住茶碱、茶单宁的合成，而漫射光照是最理想的环境控制；在后期，则是通过加工发酵等工艺过程去除涩感。如武夷山茶树中品质上佳者基本都在长山岩的坑、涧、窠里，其中，山岩的谷地就叫做“坑”，比较窄长有水流过的山谷叫“涧”，比坑小的山窝窝叫做“窠”，都符合陆羽所说的“阳崖阴林”的特征。著名的“三坑两涧两窠一洞”都是岩茶名品的主要产地，口感通常较为柔和、甘醇；而长在武夷山的山岩、山顶，如虎啸岩、马头岩等，由于光照强烈，茶的芬芳物质合成多，有高香，岩韵好，但相对于坑、涧、窠的茶，显得涩味重，口感不够细腻。

茶树本寒，终年不得阳光照射的茶树更甚，故陆羽指出“阴山坡谷者，不堪采掇，性凝滞，结瘕疾”。《诸病源候论·瘕病候》对“瘕”这种病症作了专门的解释：

> 瘕病者，由寒温不适，饮食不消，与藏气相搏，积在腹内，结块瘕痛，随气移动是也。言其虚假不牢，故谓之为瘕也。

古代瘕病名目繁多，都与脾胃虚寒有关。陆羽本着“体均五行去百疾”的中和养生之道告诫世人，生长在北面阴山坡谷的茶树终年不见阳光，茶性阴寒之极，喝了不但不能调神和内，反而令脾胃受寒，导致生瘕病。

其二，燥湿得宜，喜土燥而气湿。

“阳崖阴林”，直接就“上者生烂石”来论茶了。就南方地理环境而言，通常烂石多在高山地区，植物群落丰富，土壤矿物质、腐殖质含量高，满足茶树所需的各种营养成分。崖，代表地势高以及土质以“烂石”为主，这样的地势和土质意味着排水性特别好，有利于茶树根系的发育。茶树生长喜欢雨量充沛的湿润气候，山崖高处因海拔高，空气稀薄，气压低，多云雾水汽。在这种环境下，植物的蒸腾作用也会加快，茶芽叶里会生出芳香油物质来抑制自身水分的蒸腾。在水分充足的情况下，植物光合作用形成的糖类化合物缩合会发生困难，茶叶不易木质化，持嫩度更好。同时，充沛的水分还有利于茶树中氮的代谢，促进氨基酸的合成，增进茶叶的味觉效应。此外，高山云雾多也使阳光在被水汽吸收和折散后，形成漫射光，加上昼夜温差大等特点，这些都有利于提高精华物质在茶叶中的蕴蓄。当然，山崖也并非越高越好，海拔过高，茶树会遭受冻害。就“崖”的环境特质来说，显然野生茶树更符合这些客观要求。

一阴一阳之谓道。茶树的喜忌，总的来说要顺从阴阳中和的道理。宋徽宗就深谙其道，他在《大观茶论》中说：

> 植产之地，崖必阳，圃必阴。盖石之性寒，其叶抑以瘠，其味疏以薄，必资阳和以发之；土之性敷，其叶疏以暴，其味强以肆，必资阴以节之。阴阳相济，则茶之滋长得其宜。

山崖上种茶要向阳，是因为山石性寒，需要阳光来催发中和山石之寒性，这样茶树就能得到较好的发育，茶味也不会失于寡淡；反之，山坡、平地的茶园，土层松厚肥沃，需要“阴荫”来抑制茶树过快生长，否则茶叶中的芳香物质以及蛋白质、氨基酸、维生素、咖啡碱、多酚类等营养物质蕴蓄不足，直接影响茶叶的色香味。今天，不少地方采用仿生态环境的方式，如种植遮荫树，建立人造防护林，实行茶园铺草、人工灌溉等等，这些对提高茶青的品质是有益的。

高燥而气湿只能在山崖之上，所以“高山云雾出好茶”。然而，“天下名山僧占多”，因寺庙得天独厚的条件，得以和茶结下不解之缘，寺院僧人常有种茶、制茶圣手，中国的历史名茶多有寺院茶的背书。且举三款名品绿茶为例：

蒙顶茶，又叫“蒙山茶”。古语“扬子江中水，蒙顶山上茶”，是说一泉一茶都是绝品，彼此互为绝配。蒙顶山位于今四川省雅安市境内，横亘于名山区城西北侧，常年细雨蒙蒙、云雾蒸腾，全年平均气温 14.5℃，年降水量 2000—2200 毫米。据古籍、古碑和清代《四川通志》载，西汉甘露三年（前 51），普惠妙济大师吴理真在上清峰栽了七株茶树，“携灵茗之种，植于五峰之中”，茶树“高不盈尺，不生不灭，迥异寻常”。传说中，该茶久饮益脾胃，延年益寿，被誉为“仙茶”。这是中国最早人工种植茶叶的记载。三国两晋南北朝时期，蒙顶茶扩大到蒙山全境，故而又称为“蒙山茶”。唐玄宗天宝元年(742)，成为皇家贡品。

西湖龙井，号称“绿茶之冠”。因产茶地有一口泉井，据说历干旱而泉水不竭，人以为其中有龙，遂称之为龙井。北宋乾祐二年(949)，当地百姓募缘在龙井附近建报国看经院，位于现在的浙江杭州龙井村西北落晖坞内。熙宁(1068—1077)中改称寿圣院。元丰年间(1078—1085)，高僧辩才法师驻锡讲经说法，治病救人，并率僧众在狮峰山麓开辟茶园。随着寺院香火日渐鼎盛，狮峰龙井茶也不胫而走，名扬天下。清乾隆皇帝雅好品泉论茶，下江南到杭州时，特到龙井村汲泉品茶，并敕封了狮峰山下的十八棵茶树。

径山茶，是日本“禅茶一味”的源头鼻祖。径山，位于天目山的东北峰。唐天宝元年(742)，江苏昆山行僧法钦(714—792)云游至径山开山结庵，并植下几株茶树。据《续余杭县志》记载，“开山祖钦师曾植茶树数株，采以供佛，逾年蔓延山谷”，“径山寺僧采谷雨茗，用小缶贮之以馈人”，因“其味鲜芳特异”，故有“径山香茗”之称。南宋到元代，径山寺都是皇家寺院，为江南五山十刹之首，号称“东南禅林之冠”。自唐代高僧百丈怀海制定《百丈清规》，将茶全面融入禅门的劳动、修行、待客、坐禅、说法等日常修行生活，创设禅门茶礼，作为“禅林之冠”的径山寺继承和发展了自唐以来的禅门茶礼，形成独具特色的“径山茶宴”。南宋淳祐元年(1241)，在径山拜师的日僧圆尔辨圆于学成归国之时，将径山寺的茶规茶礼以及茶种带到日本。日本寺院传承至今的“四头茶礼”是“径山茶宴”的活化石，也是日本“茶禅一味”的茶道渊源。

芽叶鉴定的三个维度

所谓“好茶要得地”，就是说，茶叶的品质把控要从土质、生态环境以及具体地理位置等各方面综合考量，最后，还是要回到茶叶本身来谈品质问题。事实上，正如同一棵果树上的果子滋味各有不同，且早采晚采更是影响甚大，茶树的叶子也不例外。陆羽从味觉效应出发对此进行阐述：

紫者上，绿者次；笋者上，牙者次；叶卷上，叶舒次。

这句话包含鉴定茶叶的三个维度，即色差、老嫩和形态。

首先，以微紫胜鲜绿。陆羽认为紫色最佳，其次是绿色。茶树长在阳崖阴林，刚刚生长出来的茶芽得轻阳之和气，儿茶素、多酚类营养物质以及芳香物质蓄积充分，叶绿素相对减少而花青素增多，形成绿中带紫的色泽。普通绿茶中的花青素含量占 0.01%，而紫芽可高达 0.5%—1%，是普通绿茶的 50—100 倍。通常紫茶只是在嫩芽初发时呈现紫红色，长到三四片叶芽后就会恢复绿色。

陆羽发现"顾渚紫笋"被宋代赵明诚记载在《金石录》卷二九《唐义兴县重修茶舍记》中。陆羽曾经在当地刺史李栖筠席上尝到阳羡茶，以为绝品，建议进贡朝廷。但随着访茶的深入，陆羽最后发现附近顾渚山明月峡（浙江省湖州市长兴县水口乡顾渚山一带）的野生紫笋茶更胜于阳羡茶，因为那里"绝壁峭立，大涧中流"，飞瀑的水雾之中"其茶所生尤为异品"（《浙江通志》卷十二）。陆羽著有《顾渚山记》一卷，记述了顾渚山茶事。晚唐皮日休在他的《茶中杂咏》组诗序中，曾说到自己有这本书的收藏，可惜今已散佚。

在陆羽时代及其身后数十年，紫茶的品质已经受到了爱茶人的高度重视。与陆羽同时代的诗人钱起在《与赵莒茶宴》一诗中，有：

竹下忘言对紫茶，全胜羽客醉流霞。

张籍在《和韦开州盛山十二首・茶岭》一诗中，有：

紫芽连白蕊，初向岭头生。

元稹在《贬江陵途中寄乐天、杓直，杓直以员外郎判盐铁，乐天以拾遗在翰林》一诗中，有：

紫芽嫩茗和枝采，朱橘香苞数瓣分。

当然，这也和"顾渚紫笋"继阳羡茶之后成为贡茶有关。据《元和郡县图志》记载，唐德宗"贞元（785—804）以后，每岁以进奉顾渚山紫笋茶，投工三万余人，累月方毕"。《唐国史补》记载："长兴贡，限清明日到京，谓之急程茶。"每年必须提前十日快马加鞭、日夜兼程三四千里，赶在宫廷清明宴之前送达长安。当时的吴兴太守张文规有《湖州贡焙新茶》一诗为证：

凤辇寻春半醉回，仙娥进水御帘开。
牡丹花笑金钿动，传奏吴兴紫笋来。

其次，以鲜嫩胜粗老。陆羽以紫色、笋状以及卷曲形态的茶叶为上品，这样的茶叶无疑较之绿色、芽状和舒展的茶叶形态更为鲜嫩。绿中带紫的茶叶更多地呈现在刚刚吐苞的嫩芽当中，而鲜绿与深绿基本可以用来判断茶叶的老嫩程度。

惊蛰之后，茶树到达一定的活动积温就在枝头萌发出点点新绿。刚刚萌发的芽苞还躲在保护它不受风吹雨打的小鳞片里面，微微探出头。所谓茶"笋"，也就是芽尖，是指茶芽从紧紧包裹着的鳞片里探出了头，但芽叶还紧裹在一起，尚未打开。这个时候如不采摘，茶叶就会进一步生长，等到芽、叶分开，形成一芽一叶、一芽两叶等。此时，曾经包裹它的鳞片也愈发明显，在颜色上和茶芽的颜色有区别，显得更白一些，古人把它叫做"白合"。白合会随着茶芽叶的成熟而自行脱落，但在此前采摘，就要注意去除，否则会影响茶味。

在鳞片之后长出来的第一片叶子，叫"鱼叶"，不算在芽叶范围之内，一般也不在采摘范围之内。再往下长，就是一芽两叶、一芽三叶、一芽四叶，通常以此作为茶青的等级分类标准。值得注意的是，这里的"等级"讲的是"嫩度"，并不等同于"品质"。由于现代制茶工艺的千差万别，对茶青的要求也各不相同。例如，普洱茶为了成品的后期陈化，一般都选择成熟度更高的鲜叶，很多茶品以选择一芽两叶或一芽三叶为原料。

最后还有一种对夹叶，是在茶叶顶芽已经停止生长之后，在枝条上长出来的嫩叶。通常采摘这类鲜叶很容易演变成晒青毛茶中的"黄片"，从而影响成品茶的美观，所以一般尽量避免采摘此类鲜叶。但也有例外。安徽的六安瓜片茶的采制就是去芽取叶，每一片叶子形如瓜子；新近的茶中"新贵"——依邦的"猫耳朵"，也是采摘乔木茶树上形如"猫耳朵"的对夹叶制成的茶。

第三，以叶卷胜叶舒。"叶卷"，是指幼嫩新梢上背卷的嫩叶，这种芽叶，嫩度好，持嫩性强；"叶舒"，是指幼嫩新梢上的嫩叶初展时即舒张挺拔，这种芽叶，持嫩性差，易硬化，叶质硬脆。叶卷、叶舒同样是茶树品种优劣的判断标准之一。按《茶经述评》的观点，“叶卷”是茶树良种标志之一。许多优良品种，如云南双江勐库种、祁门杨树林种等都有这种特征。此外，如果茶叶抽芽生长期恰逢雨水充沛，茶叶因为含水量的增加，也会出现舒而不卷的形态，这样的茶叶滋味失于淡薄；反之，因雨水不足茶叶生长受抑，因缺水而呈现卷曲的形态，这样的茶叶色深，但滋味厚重。

复习与思考

1. 工业化时代造成茶青品质衰退的原因有哪些？
2. “沃土”与烂石、栎壤对于茶树的生长发育会造成哪些有利和不利因素？
3. 在采摘茶叶上如何体现一个“和”字？

【一之源】下

从茶的性味说起

茶之为用，味至寒。为饮，最宜精行俭德之人。若热渴、凝闷、脑疼、目涩、四支烦、百节不舒，聊四五啜，与醍醐、甘露抗衡也。

采不时，造不精，杂以卉、莽，饮之成疾。

茶为累也，亦犹人参，上者生上党，中者生百济、新罗，下者生高丽。有生泽州、易州、幽州、檀州者，为药无效，况非此者！设服荠苨，使六疾不瘳[chōu]。知人参为累，则茶累尽矣。

茶的药食功效

在中国“药食同源”的文化传统中，茶和许多物料一样，既是食物也是药物，区别只是性味的偏倚，并没有绝对的分界线。“性味”是从“阴阳”生发出来的概念，寒、凉、温、热“四性”以及甘、酸、苦、辛、咸的“五味”如一年之四季，其背后都是阴阳的消长。中国文化同样用这个“一阴一阳之谓道”来解释和观察人体生命本身。如人体脏腑，以脏为阳，以腑为阴。其中“五脏”就是阴阳在不同脏器的“量”的分布和升降的不同，如肝为“少阳”，对应春天；肺为“少阴”，对应秋天；心为“太阳”，对应夏天；肾为“太阴”，对应冬天；脾为“阴中之至阴”，所谓“物极必反”，故对应每个季节过渡转换到下一个季节的最后18天，为各季之“中”。中国人的养生、治病，都是以“中”（正、常）为准绳，以调和阴阳为实践运用的。就茶叶而言，气味清苦，则性寒凉。与中药的炮制方法一样，只要得法就可改变性味，有利于中和养生——这正是陆羽煎茶道“体均五行去百疾”的出发点。

此前，陆羽就对茶叶的采摘特别强调“阳崖阴林”，告诫“阴山坡谷者，不堪采掇，性凝滞，结瘕疾”。在这里又说：

茶之为用，味至寒……若热渴、凝闷、脑疼、目涩、四支烦、百节不舒，聊四五啜，与醍醐、甘露抗衡也。

茶，为天生地育之物，五行属木，纳水土之气，性寒，喜湿。寒气，即指阳气不足。性寒则味苦，此类性味的药食一般都有清热、利水、解毒的功效，而茶所富含的咖啡因又有醒神、解烦闷等独特功效。从中医角度来讲，人身体产生的烦闷、滞涩、身重、头晕、恶心等症状，很多是因为体内气郁、停水、湿气、痰饮等所致。

中国人很早就注意到茶的药食保健功效，没有特别重视单味茶的味觉效应。陆羽是重视单一茶味的第一人，他将“中和纯粹”的目标价值贯穿茶事始终，通过创制一整套茶器、茶艺，来成就一碗茶汤的“真味”“至味”。在采制方面，他强调：

采不时，造不精，杂以卉、莽，饮之成疾。

因茶性至寒，采摘和制作都要十分讲究，要按照时令采摘，如在夏季、秋季进行采摘，茶的性味也会随着节气发生变化，需要仔细了解；另外不能随意与其他性状不明的花卉、植物拼配烹煮，如性味冲突，或寒上加寒，则不仅不能起到中和养生的功效，反而喝出毛病。明代张源《茶录》就强调：

造时精，藏时燥，泡时洁。精、燥、洁，茶道尽矣。

陆羽在其后的“六之饮”中也有进一步的阐释说明。

别茶是一个鉴物显理的过程，对茶的性味停留于普遍性、同一性的认知是不够的。陆羽说，别茶就像辨识人参这一味药材，需要专业的知识和经验的积累：

茶为累也，亦犹人参。上者生上党，中者生百济、新罗，下者生高丽。有生泽州、易州、幽州、檀州者，为药无效，况非此者！设服荠苨，使六疾不瘳。知人参为累，则茶累尽矣。

陆羽以“人参”为例，从一个大的地理概念来说明茶的差异性，及其对人体功效的差别。中国最好的人参很早以前产自山西的上党，后因过度开采以及地理环境的变化，中医本草记载的上党人参今天已经不可见，在明末之后开始采用东北长白山一带的野山参。同样的原因，长白山几十年的野山参也已难觅踪影，基本依靠与东北接壤的俄罗斯进口。上党地区至今仍然产参，且因地得名“党参”，却已不是陆羽所说的人参了。陆羽的时代，产自朝鲜半岛的百济、新罗人参属于中等，下等的人参产自朝鲜半岛的高丽。泽州在今天的山西省晋城，易州在今天的河北省易县，幽州在今天北京大兴地区，檀州在北京密云地区，这些地区的人参基本没有什么药效。更何况那些与人参看起来很像实际不是人参的，比如误服了看起来像人参实际上是桔梗科的荠苨，反而耽误了病情。不了解茶的性味有别，就好比分不清人参的性味差别一样，不仅达不到你想要的养生治病的功效，甚至可能造成相反的结果。陆羽说，知道人参性味的复杂性，那么对茶性的复杂性也就差不多了解了。

以上是陆羽从品种和产地等方面来说明茶性的千差万别，以及由此带来茶汤滋味和功效方面的毫厘与千里之谬。唐代以蒸青为茶叶杀青的主流方式，能较好地中和茶的寒性。现代的黄茶、青茶、红茶、黑茶等发酵茶工艺，则是在制茶阶段就对茶的性状进行多样性的转化，茶的寒性随着发酵程度的提高得到不同程度的中和，同时也给茶汤带来更加丰富多样的味觉体验。陆羽之后，茶树又经过了1500年的驯化选育，被陆羽打上“至寒”标签的茶，恐怕也与唐时有所不同。当然，野生古茶树需另当别论，云南至今仍有大片未被开发的茶山，这些深藏于人迹罕至的深山老林中的古茶树，因缺乏采摘疏通，也如陆羽所说“不堪采掇，性凝滞，结瘕疾”。

“体均五行去百疾”是陆羽的茶道精神之一。以饮茶来调和五内，既要考虑不同茶叶的性味特点，了解不同制作工艺对茶之寒性的调和程度，还要充分考虑个人的体质，才能去强补弱、协调中和。

以茶品通人品

中国人对于人格美的品鉴极早，在汉末已盛行，到两晋可谓登峰造极。宗白华在《论〈世说新语〉和晋人的美》一文中说：

> 《世说新语》上第六篇《雅量》、第七篇《识鉴》、第八篇《赏誉》、第九篇《品藻》、第十篇《容止》，都系鉴赏和形容“人格个性之美”的。

中国人以自然之美来接通人物风仪、品格之美，如《世说新语·嵇康有风仪》就记载了时人以及“竹林七贤”之首山涛，均以自然风物之美比拟嵇康之风姿：

> 嵇康身长七尺八寸，风姿特秀。见者叹曰：“萧萧肃肃，爽朗清举。”或云：“肃肃如松下风，高而徐引。”山公曰：“嵇叔夜之为人也。岩岩若孤松之独立；其醉也，傀俄若玉山之将崩。”

以“萧萧如松下风”“岩岩如孤松之独立”“傀俄如玉山之将崩”等等状写嵇康风度之美。《世说新语》中还有诸如“轩轩如朝霞举”“濯濯如春月柳”“朗朗如日月之入怀”以及芝兰玉树、清风松竹、香草珠玉等等，无不可拟写人品风姿。在中国追求“天人合一”的文化传统中，“美”的背后是“善”与“真”，对自然意象的审美寄托了中国人对“道”的追求和信仰。陆羽在《茶经》中也以茶品通人品——以清寒之茶喻清寒之士：

> **茶之为用，味至寒。为饮，最宜精行俭德之人。**

他以“茶性寒”的物理接通伦理，在一碗茶汤中注入清高、孤寒的人格意象。清寒之士即为陆羽所说的“精行俭德”之人，有着以下几种特征：

第一，是一种亲近自然、淡泊名利的心性。

中国人历来以梅、兰、竹、菊为“四君子”，或以松、竹、梅为“岁寒三友”。孔子说："岁寒，然后知松柏之后凋也。"（《论语·子罕》）又说："芝兰生于深林，不以无人而不芳。"（《孔子家语·在厄》）这些花草树木都以其傲骨迎风、凌霜欺雪的自然之姿接通君子洁身自好、超凡脱俗的精神品格。中国人往往将心中的千古玄思、诗情画意寄托于自然山水。菖蒲、青苔、高山、白云、幽泉、白石、烟霞等等，都因地处清寒之所，远离尘浊，而被传统文人士夫引以为知己，用以表达自己的生命情怀和精神追求。茶性寒、味清，又最宜生长于烂石、栎壤等远离人境的高山、野地，与白云、幽泉、白石、烟霞为伍，正如那超脱尘俗、淡泊名利的清寒高士。而生活中的茶事活动，无论是挹泉、摘叶、拾薪、别茶、辨水，还是竹炉、茶灶、绳床……无不与烟霞、云石、山水为侣。借由茶事，人建立起与自然的亲密联系。

将茶德（性）喻人德，以茶品通人品，是传统"天人合一"生命哲学观照下的思维方式，并非陆羽首创。同时代的韦应物在《喜园中茶生》一诗中就表达了同样的思想：

洁性不可污，为饮涤尘烦。
此物信灵味，本自出山原。
聊因理郡余，率尔植荒园。
喜随众草长，得与幽人言。

茶出自山原，其性高洁，味得山水之灵，喜与野草相伴共生，唯有清寒超逸的"幽人"能领略"灵味"这一茶中的精神意味。柳宗元在《巽上人以竹间自采新茶见赠酬之以诗》中，写亲身采茶烹茶：

芳丛翳湘竹，零露凝清华。
复此雪山客，晨朝掇灵芽。
蒸烟俯石濑，咫尺凌丹崖。
圆方丽奇色，圭璧无纤瑕。
呼儿爨金鼎，余馥延幽遐。
涤虑发真照，还源荡昏邪。
犹同甘露饭，佛事薰毗耶。
咄此蓬瀛侣，无乃贵流霞。

"蒸烟俯石濑,咫尺凌丹崖"是茶树的生长环境,"涤虑发真照,还源荡昏邪"是茶的功效,"咄此蓬瀛侣,无乃贵流霞"是诗人飘逸洒脱、超凡脱俗的情怀和精神。芳丛、湘竹、朝露、雪山、灵芽、蒸烟、石濑、丹崖、圭璧、童仆、金鼎……将这些茶事活动的所有元素绘制出来,就是一幅寄情天地、飘逸冲淡的水墨山水。

第二,是一种妻山侣石的精神修炼。

陆羽以"精行俭德"四个字来概括这样一种超越物欲尘俗的精神修炼。"精行",即凝精会神的修行方式;"俭"通"敛",如《道德经》中"我有三宝,持而保之。一曰慈,二曰俭,三曰不敢为天下先",为克己、自律、内敛之意,内涵与"精行"相匹配的超越物质、摆脱尘浊的精神。"精行俭德"是《黄帝内经》中所描述的"形体不敝,精神不散"的修真境界,也是儒道释三教共同塑造的精神理想。

中唐诗人元稹在宝塔诗《茶》中有:"茶,香叶,嫩芽。慕诗客,爱僧家。"寄情山水的诗人和超然物外的僧道都与茶"同气相求"。晚唐刘禹锡《西山兰若试茶歌》中有句"欲知花乳清泠味,须是眠云跂石人",可说深得"精行俭德"之三昧。眠云跂石、漱石枕流、白石烟霞、流泉竹影……常作为与政治、社会、现实的对立面,存在于传统文人的自在天地、武陵胜境,成为他们的精神栖居地、灵魂休歇处,成为中国山水永恒的精神意象,并经由传统文人之手注入一碗茶汤之中。

北宋诗人王禹偁来到号称天下第二泉的惠山古泉,写下《惠山寺留题》一诗:

吟入惠山山下寺,古泉闲挹味何嘉。
好抛此日陶潜米,学煮当年陆羽茶。
犹负片心眠水石,略开尘眼识烟霞。
劳生未了还东去,孤棹寒篷宿浪花。

惠山挹泉,"学煮当年陆羽茶",顿发"犹负片心眠水石,略开尘眼识烟霞"之慨,生出"劳生未了还东去,孤棹寒篷宿浪花"之心。

明代袁宏道在《答林下先生》中说:

大抵世间只有两种人,若能屏绝尘虑,妻山侣石,此为最上;如其不然,放情极意,抑其次也。若只求田问舍,挨排度日,此最世间不紧要人，不可为训。

“两种人”代表了价值追求的两端。第一种人即“精行俭德”之人，其内涵的也正是儒、释、道三家共通的生命修行和精神修炼方式。明代茶著以茶品喻人品的论述可谓连篇累牍：

凡鸾俦鹤侣，骚人羽客，皆能志绝尘境，栖神物外，不伍于世流，不污于时俗。（朱权《茶谱》）

自古名山，留以待羁人迁客，而茶以资高士，盖造物有深意。（沈周《书岕茶别论后》）

煎茶非漫浪，要须其人与茶品相得。故其法每传于高流隐逸，有云霞泉石磊块胸次间者。（《煎茶七类·一人品》）

翰卿墨客，缁流羽士，逸老散人，或轩冕之徒，超轶世味。（《煎茶七类·六茶侣》）

饮茶须择清癯韵士为侣，始与茶理相契，若腯汉肥伧，满身垢气，大损香味，不可与作缘。（徐惟起《茗谭》）

其中的“鸾俦鹤侣，骚人羽客”“羁人迁客”“高流隐逸”“清癯韵士”，以及“翰卿墨客，缁流羽士，逸老散人，或轩冕之徒，超轶世味”者，都属“精行俭德之人”，是与茶的清寒品德相匹配的理想人品。

明代董其昌为夏树芳所辑《茶董》题词曰：

水源之轻重，办若淄渑；火候之文武，调若丹鼎。非枕漱之侣不亲，非文字之饮不比者也。

一碗“精行俭德”的茶汤，照见的是佛家的青灯孤寂、明心见性，道家的超然物外、空灵虚静；儒家的修身克己、俭以养德，成为中国茶文化一脉相承的精神延续。

第三，是宇宙人生的空寂境味。

东方哲学总是将人的思想和灵魂引向不可思议之处，并在生命的行走中时时体察到宇宙洪荒中个体生命的渺小与寂寞，从而滋生“坐看苍苔色，欲上人衣来”的幽寂滋味，以及苏东坡“枯肠未易禁三碗，坐听荒城长短更”的空漠境味，这是诗人对生命的自怜与抚慰。

中国的一碗茶汤既有“尝茗议空经不夜”（唐代喻凫《蒋处士宅喜闲公至》）的谈玄论道、怡情悦志，也有“僧言灵味宜幽寂”（唐代刘禹锡《西山兰若试茶歌》）的意境和道境。喻凫以一首《冬日题无可上人院》，营造出诗、禅、茶之间共通的幽寂境味：

入户道心生，茶间踏叶行。
泻风瓶水涩，承露鹤巢轻。
阁北长河气，窗东一桧声。
诗言与禅味，语默此皆清。

敏感而多情的诗人渴望天下人听到他的感叹赞美，可是越是在毫厘之别的微妙之处，人与人之间的距离又何止于天壤？孤寂的诗人选择与无言的僧人共饮，诗言、禅味都在默然品啜的茶味之中，化作浓腴而幽寂、难以言说的丰富意味。

从茶的性味出发，以茶德接通人德，后世各抒己见，于“茶德”多有阐发。禅宗认为茶有“三德”：去睡、化食、助入定。刘贞亮列出茶有“十德”，包括散郁气、驱睡气、养生气、除病气、利礼仁、表敬意、尝滋味、养身体、可雅志、可行道等等。这里的“德”显然说的是茶的特性，以及由此衍生的社会文化属性等，不一而足。

复习与思考

1. 如何调和茶之寒性，发挥茶的药食功效？
2. 中国人赋予“清寒”之茶什么样的人格意象？

【二之具】

蒸青茶饼的工序与工具

籯[yíng],一曰篮,一曰笼,一曰筥。以竹织之,受五升,或一斗、二斗、三斗者,茶人负以采茶也。籯,音盈。《汉书》所谓"黄金满籯,不如一经。"颜师古云:"籯,竹器也,容四升耳。"

灶,无用突者;釜,用唇口者。

甑,或木或瓦,匪腰而泥,篮以箄[bǐ]之,篾以系之。始其蒸也,入乎箄;既其熟也,出乎箄。釜涸,注于甑中,甑,不带而泥之。又以榖木枝三亚者制之,散所蒸牙笋并叶,畏流其膏。

杵臼,一曰碓[duì],惟恒用者佳。

规,一曰模,一曰棬[quān]。以铁制之,或圆或方或花。

承,一曰台,一曰砧。以石为之,不然以槐、桑木半埋地中,遣无所摇动。

檐,一曰衣。以油绢或雨衫单服败者为之,以檐置承上,又以规置檐上,以造茶也。茶成,举而易之。

芘莉,一曰籯子,一曰篣筤[páng láng]。以二小竹长三赤,躯二赤五寸,柄五寸,以篾织,方眼,如圃人土罗。阔二赤,以列茶也。

棨[qǐ],一曰锥刀,柄以坚木为之,用穿茶也。

扑,一曰鞭。以竹为之,穿茶以解茶也。

焙，凿地深二尺，阔二尺五寸，长一丈，上作短墙，高二尺，泥之。

贯，削竹为之，长二尺五寸，以贯茶焙之。

棚，一曰栈，以木构于焙上，编木两层，高一尺，以焙茶也。茶之半干升下棚，全干升上棚。

穿，江东淮南剖竹为之，巴川峡山纫谷皮为之。江东以一斤为上穿，半斤为中穿，四两五两为小穿。峡中以一百二十斤为上，八十斤为中穿，五十斤为小穿。字旧作钗钏之"钏"字，或作贯串。今则不然，如磨、扇、弹、钻、缝五字，文以平声书之，义以去声呼之，其字以"穿"名之。

育，以木制之，以竹编之，以纸糊之，中有隔，上有覆，下有床，傍有门，掩一扇。中置一器，贮煻煨火，令煴[yūn]煴然，江南梅雨时焚之以火。育者，以其藏养为名。

茶具还是茶器?

"二之具"介绍了十六种工具，涉及唐代蒸青茶饼从采制到封藏的七道工序。《茶经》在其后的"四之器"中又介绍了涉及炙茶、煎饮、品饮、清洁、收藏等功能的二十四茶器，可见《茶经》中的茶具与茶器是有区分的。在现代的语言习惯中，常常"器具"合用，器、具不分。从词源上来看，东汉许慎《说文解字》说："器，皿也。象器之口，犬所以守之。""器，皿也。""皿，饭食之用器也。象形。与豆同意。"说的是，"器"是饭食的器皿，且主要用于祭祀。《周易・系辞》谓"形乃谓之器"，是将"器"作为"道"的物质形态，即所谓"道器合一"。"具"的甲骨文字形，上面是"鼎"，下面是双手，表示双手捧着盛有食物的鼎器，本义为准备饭食或酒席，故而又引申为工具、具备、具有等意。《说文解字》说："具，共置也。从廾[gong]，从贝省，古以贝为货。"

"茶具"一词最早出现在西汉辞赋家王褒《僮约》中，文中有"烹茶尽具，酺已盖藏"，其中的"具"，就有工具以及完备、周全的本义。陆羽创设茶器之前，茶具、茶器不分。陆羽特别创设“二十四茶器”，其本义就是赋予煎茶工序以形而上的“道意”，故而特辟“四之器”一章，与“二之具”加以分别。《茶经》将“二之具”置于“四之器”前，也是以“具”内涵治茶前置准备工作的本义。

然而，茶的“器具”不分并非现代才有的毛病。比陆羽晚出生二十几年的封演著《封氏闻见记》，在卷六“饮茶”中就已经“器具”不分：

> 楚人陆鸿渐为茶论，说茶之功效并煎茶炙茶之法，造茶具二十四式，以都统笼贮之，远近倾慕，好事者家藏一副。

直接把陆羽刻意强调的“二十四器”唤做“茶具二十四式”。一百年后，晚唐诗人皮日休和陆龟蒙尽管十分尊崇《茶经》，但在他们的唱和组诗《茶具十咏》中也是“器具”混淆。诗中所列茶坞、茶人、茶笋、茶籝、茶舍、茶灶、茶焙、茶鼎、茶瓯、煮茶，囊括了制茶、烹茶、饮茶之相关茶器、具，这显然有违《茶经》的本意，以及陆羽赋予茶器的“道意”。

蒸青茶饼的采造工序与用具

《茶经・六之饮》中说“饮有粗茶、散茶、末茶、饼茶者”，可见在当时存在多种形制的茶叶成品。陆羽独推蒸青饼茶。在《茶经・三之造》中讲到这种茶品的采造工序须“自采至于封，七经目”，即“采之、蒸之、捣之、拍之、焙之、穿之、封之”七道程序。结合这七道工序能更好地理解这十六种茶具的功能与使用方法。

第一道工序：采茶

籝，又叫做篮、笼、筥，是用竹篾制作的筐笼，用来装茶鲜叶的茶具。陆羽在原注中引《汉书・韦贤传》“黄金满籝，不如一经”，意思是留给儿孙满箱黄金，不如一本经书，赋予“籝”以深刻的历史文化内涵；又引唐初经学家颜师古的《汉书》注：“籝，竹器也，容四升耳。”可见汉代作为收纳之用的“籝”，容量大小设计都有规制。作为茶具的“籝”设有从五升到一斗、二斗、三斗等各种容量规格，供采茶人选择。采茶时背负在身上，既解放了双手方便摘茶，也方便携带。

陆龟蒙《茶具十咏》之《茶籝》中有“金刀劈翠筠，织似波纹斜”，描写“茶籝”的材料和制作工艺。

第二道工序：蒸青

蒸青是唐代制作饼茶前的一道杀青工艺，要用到“灶”“釜”“甑”三种主要茶具。其中：

灶，是用来生火的，为使火力集中于锅底不至于受热不均，避免用有烟囱的灶。

釜，一种圆底、圆口、无足的锅具，方便搁置在炉灶之上用来熬煮食物。为端起来方便，一般用釜口有唇边的。

甑，一般为木制或陶制品，腰部用泥封好，甑外用竹篾捆结实。甑一般为梯形，里面放置“箄”以隔水蒸物。蒸茶时，要以一个竹篾制的篮子作为箄，方便取出茶叶。甑放在加了水的釜上，釜搁置在烧了火的灶上，蒸汽上升时，将装了茶叶的箄放入甑内。待茶叶蒸熟，揭开甑盖直接将箄取出，随即用一个开有三叉的穀木枝翻动蒸熟的茶青，以快速散热，避免茶膏流失而有损茶味。蒸茶的时候，如果釜里的水煮干了，要从甑中加水进去。

陆羽煮茶用“炉”，蒸茶用“灶”。到后来茶炉、茶灶也不分了，文人笔下的“茶灶”，不再是蒸制茶青时的用具，而是演变成煮茶煎水的“茶炉”了。《唐书·陆龟蒙传》说陆龟蒙居住松江甫里，不喜与流俗交往，过着“设蓬席斋，束书茶灶”的江湖散人生活。唐代陈陶《题僧院紫竹》诗有“幽香入茶灶，静翠直棋局”句，宋代杨万里《压波堂赋》有“笔床茶灶，瓦盆藤尊”之句。唐宋文人读书、对弈多与“茶灶”相傍，与瓦盆藤花共同营造出一个清雅静谧的茶境。

其实，唐代已经出现了炒青茶，但非主流。见晚唐刘禹锡的《西山兰若寺试茶歌》：

> 宛然为客振衣起，自傍芳丛摘鹰嘴。
> 斯须炒成满室香，便酌砌下金沙水。
> …………
> 新芽连拳半未舒，自摘至煎俄顷余。

从文字表述来看，为炒青茶无疑。就杀青工艺来讲，蒸青较之炒青，炒青较之晒青，能更有效地中和寒凉的茶性。蒸青之后的焙茶、封茶、炙茶等工艺，也都有中和寒性的考虑。

第三道工序：捣茶

杵臼，是将蒸熟散热后的茶叶捣烂成泥，需要用到的茶具。又叫做碓，是用于舂捣粮食或药物的工具，又叫做研钵、擂钵、乳钵，民间称之为舂米桶、捣药罐、蒜臼子等等。杵，是一头粗一头细的圆木或金属棒；臼，一般用石头或木头制成，中间挖出一个凹槽，故也有将“茶臼”叫做“茶槽”的。做杵臼的材质要选经久耐用的。蒸好的茶叶就放在杵臼中捣烂，捣得愈烂愈好。

第四道工序：拍茶

捣烂后的茶泥要压模成型，还要用到规、承、檐等几种主要茶具。

规，又叫模、棬，也就是我们今天说的茶模，用以将茶压制成型。茶模一般为铁制，有圆形、方形或花形。因此，所谓的团饼茶其实并不限于圆形。

承，又叫台，也叫砧，一般为石制。如果是用槐木、桑木制的承，则要一半埋入土中，使模固定而不摇晃。

檐，又叫衣，用油绢之类表面光滑能防水的绸布或穿坏了的防水雨衣、单衣做成。

具体用法是，将檐布放在承上；再将捣烂的茶泥倒在檐布上并裹紧，然后将茶模压在檐布上，通过用力拍击，使茶泥与茶模紧密契合不留有缝隙，等茶完全凝固成型，揭起茶模拉起檐布取出茶饼即可。如此反复。

芘莉，又叫籝子或篣筤，用以晾晒茶。出模的茶先要晾干，用两根各长三尺的小竹竿，制成身长二尺五寸，手柄长五寸，宽二尺的工具，当中用篾织成方眼，好像种菜人用的土筛，用来放置出模的茶饼。

唐代的尺寸单位与今天的略有出入。根据日本正仓院所藏唐尺，1尺大约为29.4—31.7厘米之间。1976年西安郭家滩78号唐墓出土的尺，其长度为30.09厘米，那么，1米为3尺，大约为90厘米；1尺为10寸，那么，1寸约3厘米。

第五道工序：焙茶

刚刚做成的饼茶水分未干，经过初步晾干就进入焙茶程序。这个过程需要把“茶饼”串起来烘干，有点像今天的烤羊肉串，需要用到以下几种茶具：

棨，又叫做锥刀，用坚实的木料作手柄。初步晾干的茶要用棨在团饼茶中间凿个洞，方便将茶饼串起来烘焙。

扑，也叫做鞭。用竹条编制而成，用来贯穿茶饼，方便搬运。

焙，是直接在地上挖出一个二尺深、二尺五寸宽、一丈长的坑，坑上砌二尺高的短墙糊上泥，用来焙干茶饼。

贯，是用竹子削成长二尺五寸的竹条，用以将茶饼串起来，放在茶焙的棚上烘焙。

棚，也叫做栈，用木料做成微缩版栈道的样子架在茶焙上，分上、下两层，高一尺，用“贯”穿好的茶饼就搁在棚上焙干。焙茶时，先放在火温高的下棚，基本焙干的茶饼就升到上棚。

第六道工序：穿茶

出于焙茶、运输的便利，都需要将茶饼当中打个眼。焙好的茶饼要“穿”起来，方便计数和交易。

穿，江东淮南劈篾做成竹条，巴山峡川以挫捻榖树皮做成绳索，用来将制好的茶饼穿成一串。因此，这个“穿”也成为茶饼的计件单位。上穿、中穿、小穿代表不同重量或数量的茶，且地方差异很大。江东把一斤称“上穿”，半斤称“中穿”，四两、五两（十六两制）称“小穿”。峡中则称一百二十斤为“上穿”，八十斤为“中穿”，五十斤为“小穿”。

陆羽原注中说，“穿”字旧时作钗钏的“钏”字，或作贯串。到陆羽的时代已经不同，以“磨、扇、弹、钻、缝”五字为例，表义的时候都读作平声，作名称称呼的时候则读作去声。所以，以“穿”字来命名，兼顾了两种声调及其所代表的意义。

第七道工序：封茶

育，是贮藏茶饼需要用到的工具。藏茶是确保茶品质持续稳定的重要环节，陆羽专门设计这一款藏养茶的工具，为木制竹编结构，四周糊上纸，上有盖，中间有隔断，下有底托，旁边设两扇门，用时只要打开一扇即可。中间放一个装有炭火热灰的火煻，以保持温热、除湿防霉。在梅雨季节，才焚烧明火以加大防潮除湿的力度。

北宋蔡襄《茶录》中的“茶焙”，以及南宋《十二茶具图赞》中的“韦鸿胪”，实际就是陆羽藏养茶的“育”，其形制为竹编外裹箬叶，中间设有隔层。

复习与思考

1. 唐代茶的形制分别有哪些？
2. 团饼茶在唐宋成为主流有何现实方面的原因？
3. 唐代团饼茶有哪几道程序可以中和茶的寒性？

【三之造】上

好茶要得时

凡采茶，在二月三月四月之间。茶之笋者生烂石沃土，长四五寸，若薇蕨始抽，凌露采焉；茶之牙者，发于藂薄之上，有三枝四枝五枝者，选其中枝颖拔者采焉。

其日：有雨不采，晴有云不采。晴采之，蒸之，捣之，拍之，焙之，穿之，封之，茶之干矣。

采造的时令

令，即命令、法度——“律也，法也，告戒也”（《集韵》《正韵》）。如时令、月令，即是与十二个月相关的政治社会农业等方面的制度安排、政策号令——“所以纪十二月之政”（《康熙字典》）。五行周游于四时，旺相休囚，循环往复。茶在十二月甚至十二个时辰中受阴阳变化的影响，发生周期性、规律性变化。好茶除了要得地，还要得时，即遵循时间的律令来采制。

我国大部分茶区，季节分界明显，惊蛰之后，万物萌发。

凡采茶，在二月三月四月之间。

陆羽说，最宜采摘的时节在农历二、三、四月，即卯、辰、巳月。卯月木气旺盛，辰月是向夏火过渡的季春，巳月已进入火气旺盛的初夏。实际上，农历四月开采的茶已属夏茶。这三个月温度适中，跨惊蛰（3月5—6日）、春分（3月20—21日）、清明（4月4—6日）、谷雨（4月19—20日）、立夏（5月5—6日）、小满（5月20—22日）六个节气。茶树经过一个冬季的休养生息，积蓄了丰富的养分，适逢春雨如绵，又得清阳而发。春天的头拨茶芽可谓得天独厚，维生素、可溶性果胶，特别是氨基酸和芳香油等含量富集，茶汤口感最富层次感。

茶树一年四季常青，只要温度适宜就能抽枝发芽，所以，别茶先分四季节气。

春茶，一般指惊蛰到立夏之间采制的茶叶，有“明前茶”“雨前茶”“春尾茶”之分。同是春茶，因茶叶的品种、地域、气候的差别，最适宜采摘的时日多不相同，甚至同一块地的茶树在不同的年份，适宜采摘的日子也不尽相同，通常以春天头拨采摘的茶叶为最佳，而不能单纯以“明前”“明后”来界定茶叶品质。如，在福建一带的茶叶基本在春分之后就可以开始采摘；在江南一带，则要到清明前后。

随着气候变暖以及“物以稀为贵”的消费心理，近几十年来，“明前茶”成为市场宠儿，各种茶叶研究所、农科所也争相开发早芽品种，以求夺得市场先机，有的特早芽种在惊蛰之后春分之前就可开采。相对于绿茶，发酵或半发酵茶对茶芽嫩度没有特别高的要求，通常采摘时间要相对偏后一点。一般来说，稍老一些的芽叶更有利于后期的制作加工，茶叶中充分积聚的茶多酚等物质通过发酵转化，更有利于提升发酵茶的汤色和口感。

夏茶，为立夏（5月5—6日）至立秋（8月6—9日）之前采制的茶叶。夏火当令，天气炎热，光照强，茶芽叶生长迅速，有“茶到立夏一夜粗”之说。茶叶生长过快导致其水浸出物含量相对蓄积较少，特别是氨基酸等物质减少，使茶汤滋味不如春茶醇厚。加之日照强和高温促进茶叶碳的代谢，使茶叶中生成大量带苦涩味的茶多酚、咖啡因等，茶汤味苦、涩重、不够细腻，茶气淡薄。但如果制成红茶、青茶以及黑茶，茶多酚通过发酵转换为茶黄素、茶红素和茶褐素，则茶汤清透红亮，滋味甘甜。

秋茶，为立秋到立冬（11 月 7—8 日）之前采制的茶叶。在秋稻开花时节采制的茶叶，又叫做“谷花茶”；若是在白露这个节气间采制的茶，又叫做“白露茶”。秋金当令，气主收敛，天高气燥，在茶叶的长成、采摘和制作过程中能最大程度保持茶叶的香气。因此，秋茶通常具有季节性高香，茶汤较之春茶别有一番风味。

但总体来说，茶树经春夏二季，茶芽叶的精华物质相对递减，茶叶叶底发脆，颜色偏黄，香气不如春茶馥郁醇厚持久，滋味不若夏茶苦涩，口感较为平和，缺点是茶气相对淡薄，汤味缺乏层次感。

冬茶，为立冬至来年立春（2 月 3—4 日）之前采制的茶叶。冬茶有秋芽冬采，也有冬芽冬采。纯正的冬茶也称冬片，属冬芽冬采。我国华南一带四季不分明，冬天气候温暖，拥有冬茶生长的气候环境。在台湾，茶叶一年四季都有采收，一般秋芽冬采之后，茶叶就进入休眠期，但有时会因暖冬的关系，在冬至前再发一次茶芽，这就是“冬片茶”，又叫“不知春茶”，如台湾高山产的冻顶乌龙。冬主藏，冬茶梢芽生长缓慢，内含物质蓄积充分，茶汤滋味醇厚，香气浓烈，别有风味。

冬茶的生产对气候条件的要求十分苛刻，要适逢暖冬，而且整个采制过程必须在温暖干燥的气候环境中进行。如此，冬茶的生产及产量基本上要看天吃饭。

唐代没有发酵茶工艺，几乎是蒸青茶一统天下。从蒸青茶饼的品质掌控出发，陆羽只采摘农历“二月三月四月之间”的茶叶。在实际采摘过程中，也有选择：

茶之笋者生烂石沃土，长四五寸，若薇蕨始抽，凌露采焉；茶之牙者，发于藂薄之上，有三枝四枝五枝者，选其中枝颖拔者采焉。

茶树抽芽，刚开始茶芽还未舒展开，形态就像笋，长度可达四五寸。将唐尺换算成今天的度量单位，那么，四五寸相当于 12—15 厘米。茶笋的叶子就像薇蕨类植物刚刚开始抽芽，略略卷曲，此时就要趁着晨露未干时采摘。茶芽就长在那灌木、杂草丛生的地方，通常一丛之中会萌发三、四、五枝新梢，要挑选其间枝芽挺拔的茶芽采摘。

“凌露”，是陆羽给出的具体采摘时辰。一年分四季，古人把一天也看作一年的浓缩，农历二月、三月、四月分别对应卯（5—7 点）、辰（7—9 点）、巳（9—11 点），是木气旺相的日春向火气上升的日夏过渡的时辰。卯、辰两个时辰采摘的茶叶最佳，而进入巳时，木气退而火气上升，此时就要具体情况具体分析了——如果采摘的是极嫩的笋茶，就要考虑气温的因素，若当地气温高，品质鲜嫩的茶笋就很容易脱水凋萎。

宋代曾制作龙团胜雪作为贡茶，为保证茶芽的鲜嫩，采茶人将摘取的茶芽放在背着的水囊中，以防脱水凋萎。现代茶叶制作工艺对茶青的要求各不相同，绿茶追求口感的鲜爽，发酵茶工艺本身有一道对茶叶进行脱水凋萎的工序，其工艺要求也必须基于茶青的鲜嫩。所以，陆羽说对于刚刚抽绿长出的极嫩茶笋、茶芽，要带露采摘，这个时间大概在太阳出来之前。虽则茶叶的大规模商品化导致其制作工艺很难真正做到精益求精，但“过午不采”仍然是行业内默认的规则。

采摘茶叶除了讲究具体的时辰，还要充分考虑天气因素。

其曰：有雨不采，晴有云不采。晴采之，蒸之，捣之，拍之，焙之，穿之，封之，茶之干矣。

茶叶的含水量以及空气的湿度、温度等等，是影响茶品质的重要变量。下雨天采摘的茶叶由于饱吸雨水，茶味会相对寡淡；晴天有云也不采摘，主要考虑茶叶要当天制作不可过夜，只有在大晴天采摘的茶叶才能借天时，一鼓作气“蒸之，捣之，拍之，焙之，穿之，封之，茶之干矣”，否则，阴雨天气采摘的茶叶，由于水分充足，且空气中的湿度又大，又不能以太阳真火晾晒，鲜叶就极易变质。按照唐代制作工艺，隔夜的茶会直接影响到茶饼的品质。陆羽在其后讲到茶饼的品质鉴别，其中茶饼表面色黑，即为隔夜的茶叶，因“宿制者则黑”。

陆羽关于茶叶采摘的这一段经文，内涵一些基本原则：

及时采摘。所谓“早采三天是宝，晚采三天是草”。在茶叶还是“笋”“芽”的时候，就应及时采摘，一方面，确保茶叶等级；另一方面，也有利于后续批次的茶叶尽快萌发，增加采摘轮次，促进增产增收。此外，及时采摘还有利于控制茶园病虫害，以及促进优质丰产型树冠的培养。

分级采摘。“笋”“芽”“叶”都是茶叶的嫩度等级分类。在采摘时，鲜叶要按照分期、分批、分级采收，以便于后期茶叶产品的分级与加工。

留叶采摘。茶树属四季常青、交替落叶的植物，不宜采摘过度，也不宜留叶过盛。“有三枝四枝五枝者，选其中枝颖拔者采焉”，就是说要选择性采摘，保留一定的鲜叶以利茶树的生长发育。

茶树品类多而分布广，影响茶叶品质的因素也非常多，存在毫厘与千里之谬，由此对茶叶优劣的辨识也十分困难。用陆羽的话说，就像对人参的辨识一样——“知人参为累，则茶累尽矣”。

陆羽虽一生致力于访泉问茶，但终不可能走遍茶山尝遍茗茶。在《茶经·八之出》中虽列举各地茗茶并品评等级，但数量终究有限。然而，经文总结的得地、得时的别茶之理，却是放之四海而皆准的经义。陆羽之后不断有名山好茶被发现，如，宋代御贡武夷岩茶、双井茶、日铸茶，明代推崇的罗岕茶、松萝茶、虎丘茶、龙井茶，清代贡品洞庭碧螺春等等，这些名茶莫不暗合《茶经》总结的天时与地利。

茶叶得地利、得天时，还需要得“人和”。即人居中调理，也就是好的制作工艺。

“意外”的惊喜：发酵茶的工艺演变

茶圣距今已一千二百多年。其间，制茶的工艺无论是杀青方式还是后期制作都发生了很大变化，特别是随着杀青方式的变化，使得“发酵”这个工艺有意无意进入制茶程序，并因其带来的变化多端的味觉效应，成为近现代制茶工艺发展的主题。

说起发酵茶，要从茶叶的杀青工艺说起。

杀青在茶叶制作中是一个非常重要的制茶工序。茶树鲜叶与其他很多植物的叶片一样，既有着植物的清香，也有一股草青气，通常又叫做青臭气、生青气。杀青，通俗地说就是“杀掉”这股子令人不那么舒服的青气，转化和调动茶叶的香气，并控制其氧化。杀青的方法或蒸，或炒，或烘，或晒，或晾，或捞（即过沸水后捞起）等等，目的都是通过高温、脱水等处理，破坏和钝化鲜叶中的氧化酶活性，抑制青叶的快速氧化。

《茶经》介绍的是蒸青法，即对刚刚采摘的茶叶进行蒸汽杀青。这种杀青方式较之炒青、晒青、烘青等，在终止茶叶进一步发酵方面更加有效而彻底。陆羽要求一气呵成的蒸青制茶确保了茶叶品质的稳定性，但反过来，也将茶叶后期变化的种种可能性降到最低。在某种意义上，最开始的发酵茶其实是终止氧化失败的产物。在一定的温、湿环境中，茶叶中无色的茶多酚在氧化酶和氧气的作用下，会被氧化为一种叫做“茶色素”的红色物质，与此同时，茶叶中的蛋白质、多糖等物质发生水解，并转化成某种芳香气味。这些都促成茶汤在色、香、味方面的全面转化。

根据杀青前后的过程分类，可分为前发酵茶和后发酵茶两种。

茶叶制作成干毛茶前的发酵，主要受温度、湿度以及茶叶本身的含水量影响。就发酵茶制作来说，前期处理鲜叶的工艺更加细腻、多样。因茶叶细胞壁破损可以有效促进氧化作用，前期工艺中的摇青、撞青、碰青、揉捻等工序，就是基于这一原理产生的轻发酵工艺，目的是促进青气发散、香气提升。这些工艺算不上严格意义上的“杀青”工艺，而只能称之为“做青”。

中国发酵茶工艺发展之路上，充满了各种偶然性，就像酒以及臭豆腐一样，是大自然给予人类的“惊喜”。如在乌龙茶的采摘过程中，因采茶路途遥远，采茶人带着满筐的茶叶长途奔走，茶叶在茶篓内十分闷热，且长时间相互碰撞产生破损并轻微发酵，从而散发出特殊的茶香，茶人受此启发，创设了撞青、碰青、摇青、揉捻等前发酵制作工艺。原名“吓煞人香”的碧螺春，其制茶工艺据说也与采茶人将筐里放不下的茶芽揣入衣兜里有关。茶芽因人体体温产生轻度发酵而产生浓郁的香气，茶农受此启发而开发出新的制茶工艺。

与蒸青相比，晒青、炒青、烘青等杀青方式无疑为茶叶后期变化留下了空间。

后发酵茶，是指茶叶经过杀青制成干茶后的发酵，是茶叶内部的有氧和无氧作用，以及微生物参与产生的综合变化。普洱熟茶就属于后发酵茶，经过或晒，或晾，或烘的干毛茶，其发酵的方式有两种：一种是自然醇化，即生茶（干毛茶或压制成的生茶砖饼）在温暖干燥、洁净通风的环境下自然氧化、历久而成。类似的还有白茶。另一种是人工催化发酵，即经渥堆加速茶叶发酵。“渥”指洒水，“渥堆”即对茶叶堆洒水，然后覆上麻布，使茶叶在湿热和微生物的作用下发生一系列复杂反应，最后茶叶变得乌黑油润，茶汤也更加滋味醇和。类似的还有湖南安化黑茶（茯茶、千两茶、黑砖茶、三尖等）、湖北青砖茶、四川藏茶（边茶）、安徽古黟黑茶（安茶）、广西六堡茶及陕西黑茶（茯茶）等。

和前发酵茶一样，后发酵茶的制作工艺很多也出于偶然。如黄茶的“闷黄”制作工艺，就是因茶叶杀青后遇天气或别的原因受潮，使毛茶在水热作用下自动氧化变黄，茶农不舍得扔，便继续将闷黄的茶叶进行干燥处理，于是“黄叶黄汤”的黄茶借此诞生。

事实上，前发酵和后发酵并不能截然分开，因为无论是哪一种工艺，都不能做到绝对终止茶的后期氧化发酵，区别只是程度而已。现代人对自然醇化的后发酵茶有着莫大的兴趣，且不说黑茶、白茶越陈越贵，红茶、青茶也是三五年后燥火之气内敛，口感更醇厚温滑。即便是以“鲜”为贵的绿茶，一旦在铁罐子里密封搁置上几十年，这样的“老绿茶”自有一股独特的陈香味。

根据发酵程度分类，一般分为轻发酵茶、半发酵茶、全发酵茶。

从茶色来说，未经发酵的茶叶是绿色的，茶汤呈淡黄绿色；发酵后的茶叶与汤色会呈现不同程度的黄、褐、红色，且发酵度越高颜色越深。所以，查看成品茶叶、汤色以及茶底的颜色，基本可以判断茶的发酵程度。

从香气来说，未经发酵的茶，一般为清香型；20％—30％的轻度发酵，茶汤会呈现花果、木质香；发酵度达到60％左右，会呈现成熟果香型；全发酵的茶则会呈现焦糖香、蜜香、薯香、桂圆香等复合香型；普洱茶、白茶经过较长时间自然醇化，达到一定的成熟度，还会呈现独特的药香、陈香。其中，君山银针、白牡丹等老白茶有较明显的蜜糖甜，以及毫香、枣香。

从滋味上来说，发酵程度越低的茶，越接近茶叶本身的自然风味。茶叶发酵过程中，茶多酚氧化会大大降低茶叶的苦涩感。茶叶的寒性经过发酵得到中和，对肠胃的刺激性降低，同时，多糖和蛋白质水解，使茶叶中的小分子甜味糖和氨基酸含量增加，茶汤的甜度会提高，口感会更加饱满、温润、醇和、甘甜。

一般来说，六大茶系的“色谱”与发酵程度呈正比。

中国六大茶系是按照茶汤的色系来命名的，而汤色深浅与其发酵程度成正比。其中：

绿茶，为不发酵茶，茶汤呈浅淡的黄绿色，气味天然，滋味甘鲜、清爽。绿茶性寒，茶中的多酚类、醛类及醇类等物质，对肠胃功能较差的人有一定的刺激作用。另外，茶中的咖啡因、活性生物碱及多种芳香物质，也会对人的中枢神经系统有兴奋作用，一般不宜多喝，尤其不宜在睡前或空腹时饮用。陈年老绿茶经过长时间的自然醇化，汤色红亮，要另当别论。

白茶，经过晾晒或轻微焙干，可以说是制作工作最简单的茶叶，保持了茶叶最原始、自然的样态。刚刚做好的白茶性寒，不宜饮，一般要经过至少 3—5 年的自然醇化，茶汤颜色较之绿茶略深，并随收藏年份增加而加深。

黄茶，为轻发酵茶，特点是黄芽黄汤。茶叶黄变的过程受湿度、温度影响，“闷黄”是黄茶的关键工序。从杀青到茶叶干燥的整个过程，都可以为茶叶的黄变制造湿热条件。因此，有的黄茶是在杀青后闷黄，有的则在毛火后闷黄，有的闷炒交替进行，虽方法不一，但殊途同归。产于湖南岳阳洞庭湖中的君山银针，就是以闷、烘交替的制黄工艺，历经 70 多小时形成“芽身黄似金，芽尖白如玉”的工艺特点，被誉为茶中的“金镶玉”。

青茶，又称乌龙茶，为半发酵茶，发酵程度在 30％—70％之间，茶汤呈黄褐色。青茶的萎凋与发酵工序相互配合进行，通过“做青”将茶叶的叶绿素破坏，直至鲜叶部分发酵红变，最后经过杀青、揉捻、烘焙干燥制成成品。大红袍、肉桂、水仙等各种武夷岩茶，潮汕的鸭屎香，以及台湾的高山乌龙等，均属于青茶系列。

红茶，为高（全）发酵茶，发酵程度一般在 75％以上。通常经过萎凋、揉捻、加湿发酵、干燥等工艺过程，茶汤红亮，呈现蜜香、花香、木质香等复合多变的香气。正山小种、滇红、祁门红是我国三大红茶系列。其中，正山小种在干燥工艺中用桐木关松柴明火熏焙、烘焙，茶叶在干燥的过程中不断吸附松香，使成品红茶和茶汤吸附了独特的松脂香味；祁门红茶在发酵过程中是以日光暴晒促进茶叶发酵，又以日光暴晒进行干燥，形成独具魅力的“祁门香”——一种“砂糖香”或“苹果香”夹杂兰花幽香的复合茶香气，并因此而名列高香红茶之首；滇红茶多以云南乔木茶为原料，发酵程度在 70％—100％之间，在干燥工艺环节一般采用日晒，没有全发酵的茶在存放中会持续醇化。滇红茶汤红亮透彻，是一种较为纯净的花蜜香。

黑茶，为高发酵茶。普洱生茶和白茶实际上都属于绿茶或者说晒（烘、晾）青毛茶，新茶的鲜爽度高，只是随着时间自然醇化，其发酵程度与时间成正相关，要接近“黑茶”的醇厚的口感，通常需要二十年以上的醇化时间。经“渥堆”发酵的普洱熟茶一般也是将发酵度控制在六至七成，甚至更低，给后期自然醇化预留空间。除了云南熟普，还有湖南安化黑茶（茯茶、千两茶、黑砖茶、三尖等）、湖北青砖茶、四川藏茶（边茶）、安徽古黟黑茶（安茶）、广西六堡茶及陕西黑茶（茯茶）等各地名茶。

发酵工艺使茶汤滋味更加丰富多样，其工艺演进成为近现代茶叶工艺发展的主题。

尽管蒸青茶是唐宋茶品主流，但正如中国人晾晒食物以方便储存，晒青或焙干毛茶应该是更原始的工艺，或者说是一种方便茶叶储藏的加工方法。晾晒白茶应该看作是一种返璞归真的工艺，而发酵茶如黄茶、红茶、黑茶等，集中出现于16—17世纪。其中：

白茶。据《福建地方志》和《福建白茶的调查研究》中记载，现代白茶作为一种制作工艺起源于清嘉庆初年（1796）。据福建茶史记载，晾晒和微焙制作白茶的起因是茶叶滞销，政和县的茶农只能采取不揉捻、不炒制，通过自然萎凋或文火微焙，以最大限度地保持茶叶“初级农产品”的原始自然样态，以便来年出售。白茶的毛茶形式给后期醇化留下空间，随着收藏存储年份递增，茶的寒性和植物的青气逐渐得到中和、醇化，茶汤色从银绿到棕黄，滋味逐渐甘醇并散发药香。自此，无意的粗加工发展成为一种有意的、独特的白茶制茶工艺，先有银针，后有白牡丹、贡眉、寿眉，品种丰富。白茶效仿普洱压制成饼大约始于2006年，几年后随着白茶制饼技术逐步成熟而流行起来。

黄茶。明代闻龙的《茶笺》最早记载了茶叶制作的“黄变”问题，即在茶叶制作过程中，因湿热条件导致茶叶色泽黄变的现象：“炒时，须一人从傍扇之，以祛湿热，否则色黄，香味俱减。扇者色翠，不扇色黄。炒起出铛时，置大瓮盘中，仍须急扇，令热气稍退……”到明末清初，人们基本掌握如何利用湿、热条件引起的“黄变”来转化茶叶的滋味和香气，包括杀青后闷黄、揉捻后闷堆2—3小时，或将初干后的茶叶堆放20多天闷黄等等，标志着轻度发酵的黄茶制作工艺的成熟。

红茶。明朝中后期出现的“正山小种”是红茶鼻祖。红茶的出现同样充满了偶然性。据说，在公元1568年的采茶之季，有一支军队路过并驻扎于今天的桐木村过夜，当地茶农纷纷离家避祸。等几日后回到家中，发现还没有来得及炒制的茶青已经氧化、发酵。无奈之下，茶农只好想办法以马尾松干柴进行炭焙烘干，这样制作出来茶汤色泽红亮，成为红茶的前身。另有一则关于红茶的渊源是来自官方的地方志记载，由于明代改贡散茶，明末崇安县令为重振武夷茶，“招黄山僧以松萝法制建茶”（在明代，黄山僧人制作的松萝茶是风靡天下的名茶）。其间，由于采摘来的大批量武夷茶青来不及按照新工艺全部加工，导致大量堆积，在自然萎凋后又因堆积导致自然发酵，此时再将这些堆放的茶青进行炒制、烘干，就出现茶汤色变红的现象。在种种的巧合中，人们逐渐认识并掌握了其中规律，进而发明了深度发酵的红茶工艺。

黑茶。黑茶最初是用作边销，出于运输的便利制成紧压的饼茶、砖茶、团茶，其生产历史可追溯到唐代茶马交易的中早期。在漫长的运输和存放过程中，茶叶在空气和微生物作用下逐步醇化，茶叶变得油亮发黑，茶汤也更加甘醇。人工“黑化”的黑茶大约出现在16世纪以后，制作过程中，将毛茶进行时间不等的湿堆，使得茶叶发酵变黑成为黑毛茶，然后再压制成团饼茶，方便长途运输。湖南安化黑毛茶就在揉捻后继续渥堆20多小时，使叶色变成褐绿带黑，而后烘干。在观察自然醇化以及总结人工醇化黑茶的经验基础上，1975年，昆明茶厂试制成功现代“渥堆”发酵工艺，标志着普洱熟茶制作工艺的诞生。

青茶。最早的乌龙茶创制于清雍正年间。据福建《安溪县志》记载，安溪人于清雍正三年（1725）首先发明乌龙茶做法，以后传入闽北和台湾。曾在崇安县（1989年改名武夷山市）为县令的陆廷灿在《续茶经》中，辑入了清代王草堂《茶说》中有关青茶的工艺记载：

> （武夷茶）采后，以竹筐（当为筛字）匀铺，架于风日中，名曰晒青，俟其青色渐收，然后再加炒焙。阳羡山片，只蒸不炒，火焙以成。松罗、龙井皆炒而不焙，故其色纯。独武夷炒焙兼施，烹出之时，半青半红。青者乃炒色，红者乃焙色也。茶采而摊，摊而摝（摇之意），香气发越即炒，过时不及皆不可。既炒既焙，复拣去其中老叶、枝蒂，使之一色。

文中对当时主流茶品的制作工艺进行了比较，其中有关青茶的炒制尤为详尽，可见青茶工艺在当时已经十分成熟。

复习与思考

1．茶叶的采摘如何体现天时、地利？

2．以一款发酵茶为例，试阐述制茶工艺中的“调和”之道。

【三之造】下

别茶，舌尖上的物理

茶有千万状，卤莽而言，如胡人靴者，蹙缩然；京锥文也。犎牛臆者，廉襜然；犎，音朋，野牛也。浮云出山者，轮囷[qun]然；轻飙拂水者，涵澹然。有如陶家之子罗膏土，以水澄泚[cǐ]之；又如新治地者，遇暴雨流潦之所经，此皆茶之精腴。有如竹箨[tuò]者，枝干坚实，艰于蒸捣，故其形籭簁[shāi shāi]然；有如霜荷者，至叶凋沮，易其状貌，故厥状委萃然，此皆茶之瘠老者也。

自采至于封七经目，自胡靴至于霜荷八等。或以光黑平正言嘉者，斯鉴之下也；以皱黄坳垤[dié]言佳者，鉴之次也；若皆言嘉及皆言不嘉者，鉴之上也。何者？出膏者光，含膏者皱；宿制者则黑，日成者则黄；蒸压则平正，纵之则坳垤。此茶与草木叶一也。茶之否臧，存于口诀。

“以貌取茶”：自胡靴至霜荷

茶饼制成之后，因茶叶本身的质地、工艺等差异，会呈现千姿百态的纹理形态。陆羽概括为八种形貌，前六种为上品。

第一种像胡人的靴子，呈紧皱蜷缩的形状。

唐代胡人穿的靴子是皮质的，皮靴子穿久后会在弯折处形成细密的褶皱，也就是“蹙缩”样子的纹路。时至今日，皮靴、皮鞋已成为大众消费，在穿过的软质皮鞋、皮靴上通常能看到这种褶皱纹理。

第二种像犎牛胸颈部一圈又一圈松垂的“双下巴”。

犎，是一种胸颈部皮肉松垂的野牛，松垂的纹路看上去就像从边侧撩起的垂幕。在唐代画家韩滉的《五牛图》中，可以非常直观地看到这种“犎牛臆”如布幔下垂般的一圈圈纹路。

第三种像浮云出山时层层叠叠的云纹。

浮云出山很有诗画感，但也很抽象，陆羽用“轮囷”来描述其形状。轮是车轮，表示圆形，也有轮替接续的意思；囷，是古代一种圆形的谷仓。因此，“浮云出山”在这里可以理解为层层叠叠的圆形纹理，就像是天边层层排列的鱼鳞状云纹。

第四种像轻飙拂水，水波荡漾形成一轮一轮的水纹。

飙，吹动水面荡漾的风。轻飙拂过水面，水波粼粼。“涵澹”，就是水面激荡，呈涟漪状的波纹。

第五种像陶工筛出的细土经水沉淀后的泥膏，看上去平整、细腻而光滑。

陶工经过不断筛选、淘洗后沉淀下来的细泥，是一种光滑平整、略有水波遗留的弧度和痕迹。海浪冲刷的沙滩也会留下这样一种形貌。

第六种像新犁的土地遭遇暴雨急流冲刷后，呈现圆润、坍塌的样子。

新翻耕的土地高高耸立，还保留着“犁”锋锐的线条，然而一旦被雨水浸润、侵蚀，高耸的土堆坍塌，尖锐的线条也变得圆润，远远看去，就是一个个软趴的小小土堆。

陆羽将这六种样子的茶称为“茶之精腴”，也就是茶中精品。精，是指工艺精到，也指茶叶富含的精华物质；腴，是茶饼内含膏脂，看上去油润有光泽。《茶经·二之具》谈到蒸茶时，就有“畏流其膏”之说，也就是要把握好时间和温度，不能让茶叶的丰富膏汁流失。此外，陆羽还介绍了劣等茶饼的两种形貌：

一种因茶叶本身过老，就像僵硬的竹笋外壳，茎叶坚硬，蒸不软、捣不烂，所以制成的茶饼表面就如箩筛，看上去粗糙而干枯。

一种像霜打过的荷叶，“凋沮”“委萃”，形容枯槁，缺乏油润感。

陆羽将这最后两种样子的茶称为“茶之瘠老者”，意思是茶饼不含膏腴物质，其表面形态呈现干枯衰败的样子，属于粗制滥造的下等茶。这种情况通常是因为用来制作茶饼的毛茶就极为粗老，茶叶已经木质化，内含的膏汁少，制作出来的茶饼就会形貌干枯、瘠老。

陆羽对茶饼的形貌都是以象比类，很有画面感，并且画面还有一个共同的特点，即中国书画艺术的线条感，皮纹、云纹、水纹、垂幔纹等等在中国古代画作中都有相对格式化的表现方式，和膏土、雨水冲刷过的小土堆一样，都是中锋用笔形成的圆润、光滑、柔和、流畅的线条。而后两种劣质茶，犹如竹叶、笋壳、秋荷，则是侧锋用笔形成的锋利、干枯的线条。陆羽对八种茶的描述，充满了中国书画的笔墨意趣，前六种茶可以概括为“光润”二字，后两类可以概括为“干枯”二字。

唐代的蒸青茶饼要经过“采之，蒸之，捣之，拍之，焙之，穿之，封之”七道工序，每一道工序能否把握得当都会影响茶饼品质，进而形成或胡靴，或霜荷等不同样态。不了解茶的工序和原理的人，只能从茶饼表面观察，区分其好坏。如，有人将茶饼的光亮、颜色的深黑、表面的平整作为好茶的标准，这是低级的鉴别方法；也有人把茶饼表面皱缩、色黄、凸凹不平，作为好茶的标准，这是次等的鉴别方法。只有“知其然，并知其所以然”，才能真正鉴别出茶的优缺点到底在什么地方——**“若皆言嘉及皆言不嘉者，鉴之上也”**。为什么呢？比如，因为过火而导致膏脂流失，这样制出的茶饼在表面就会有一层油润的光泽；而茶膏没有流失的茶饼，其表面就会皱缩。隔夜制成的茶饼因为茶叶氧化的关系，制成的茶饼颜色会发黑；而当天制成的茶饼则表面呈黄色。蒸后压模压得紧的茶饼就平整；压得随意的，则茶饼表面就凸凹不平。这些其实是茶和其他草木叶子共同的特点。茶的好坏鉴别标准，就在这些由实际经验总结出的口诀之中。

今天的制茶工艺发展极大丰富了茶品。然而，所谓“万变不离其宗”，别茶的妙理还是在“若皆言嘉及皆言不嘉者，鉴之上也”这句经义之中，即，不能单纯看表面形貌，还必须深入了解每一款茶的茶性，结合其制茶工艺、原理，才能真正说出茶的优劣所在。还是那句话，要知“其然”，还要知其“所以然”。

“四觉”识茶：色香味形

正如之前所说，自陆羽至今，因杀青方式以及“发酵”工艺的加入，制茶工艺有了很大的发展。发酵茶，一方面能通过发酵有效中和茶的寒性、涩味，另一方面，不同的发酵工艺和发酵程度带给茶品千差万别的视觉和味觉效应；而绿茶采用炒青、晒青、烘青等不同杀青方式，以及不同的揉制方法来制作，如龙井是煸炒，龙顶是揉制，珠茶是捻制等等，这些都形成绿茶丰富多样的色、香、味、形。

别茶，是一门综合茶植物学、茶工艺学与茶文化等知识结构与味觉经验的学问。知识或可以速成，这些速成的知识最终仍要转化为由舌至心的味觉体验，而这需要长期的、大量的个体感知与样本分析。茶品如人品。苏东坡在《次韵曹辅寄壑源试焙新芽》一诗中说：

> ……
>
> 要知冰雪心肠好，不是膏油首面新。
>
> 戏作小诗君一笑，从来佳茗似佳人。

好茶如君子、似佳人，必须内外兼修。“文质彬彬”同样适用于茶品的鉴别，其中“文”，即茶的色、香、形皆要正；“质”，指茶品的内在本质要“正”，主要体现在“味正”，同时也包括不能有农药等品质方面。不同的茶叶以及制茶工艺都会造成茶品在色、香、味、形上的差别。换句话说，茶品的色、香、味、形内涵茶种、品质、工艺、藏养等全部信息。一般来说，审鉴一款茶品可从以下步骤着手：

第一，开汤前鉴茶品，以芽多、条齐、色润、气正为上。

一观。无论是散茶还是压制茶，均可从四个维度来观察：

一看芽头。一般以芽头多为上。也有例外，比如“六安瓜片”，就是舍弃芽头取用瓜子形状叶片而得名。

二看条索。幼嫩茶芽制成的成品比长大舒展后的大叶制成的成品，其形态更加紧结、厚实。

三看光色。以色泽自然光润、均匀为上品。

四看净度。条索匀整，无粗梗、碎末掺杂为上。

当然，茶叶因制作工艺不同，其成品茶的形态会有所不同，观芽头、条索之类的方法就不适用。如，唐宋制作茶饼要蒸后捣烂，成品茶就无芽头、条索可供观察。又如福建安溪铁观音、浙江嵊州泉岗煇白茶的成品茶盘花卷曲成圆珠状，只有冲泡开后才能观察到茶叶本身的形态。

二闻。茶有真香，一般来说以香气纯正、穿透力强的为上品，有草青气的为次。需要强调的是，并非好茶就一定很香，尤其是陈茶，原有的芳香物质经时间的沉淀而内敛，并转化为陈茶特有的醇厚气味。由于茶有容易吸味的特性，种植、制作、运输、存放的地方不对，茶的气味就极易被污染。所以，茶可以不香，但绝不能沾染杂气、异味。从古至今，也有以宜人之香以助茶香的。蔡襄《茶录》就记载，当时制茶多杂以异香。以各种花香、果香、陈皮等来制茶，或在冲泡茶时加入少许沉香末等等，给茶汤带来更加丰富的品味体验，至今令爱茶人士乐此不疲。

第二，开汤后鉴茶汤，以清、透、亮、香为上。

一看浮沫。茶叶在采摘、制作、储运、保存等过程中，要有严格的把控。高品质茶重视条索匀齐、干净，较少碎末。如以盖碗冲泡，注意看浮沫，以浮沫少、杯盖上基本没有杂质为上；反之，为下。

二闻杯盖。茶性易染，重点品鉴茶汤气有无酸、焦、霉等令人不悦的杂气或异味。热嗅盖碗的杯盖，以香气纯正、持久为上。

三察茶汤。一方面，要趁热观察。以刚冲泡好的茶汤为观察对象，一旦茶汤冷却或搁置过久，茶汤中的茶多酚与空气接触产生氧化，会导致茶汤色泽发生变化。另一方面，要选用白瓷或玻璃茶器，以便观察汤色。以白做底色较之玻璃器皿更容易观察到汤色的细微变化，而观察茶汤的清透度又以玻璃器皿为佳。观察的维度包括三个方面：

1. 色度。决定发酵茶口感、色泽的有茶黄素、茶红素、茶褐素，这三种物质都是茶多酚氧化的产物，具有调节血脂、预防心血管疾病的功效，其中“茶黄素”功效尤其卓著，被誉为茶叶中的“软黄金”。一般来说，轻发酵的茶，茶黄素含量偏高，茶汤呈橙黄色，口感鲜醇；中度发酵的茶，茶红素含量偏高，汤色红亮，口感甘醇；重发酵则茶褐素偏高，茶汤呈深褐色，口感厚重。

中国近现代六大茶系的分类实际就是从汤色由浅到深进行排列的。其中，绿茶汤色浅黄中略带绿色，黄茶汤色为黄色，白茶颜色略深为杏黄色，青茶汤色为浅褐色，红茶汤色为棕红色，黑茶则为棕褐色。当然，茶汤浓度不同也会导致汤色变化。茶叶的出汤呈现抛物线轨迹，通常头一两泡汤色浅，三泡、四泡汤色变深，之后再逐渐变浅。按照正确的手法进行冲泡，观察每一道汤色的变化可以鉴别茶叶的品质。其间要把握：第一，芽头越嫩，出汤也越快；第二，汤色滑坡不能太快；第三，耐泡、汤色稳定为上。六大茶的耐泡程度各不相同，相对来说，绿茶、黄茶耐泡程度较低；老树茶较新树茶更加耐泡；乔木茶较灌木茶更加耐泡。

2. 亮度。同样的汤色还有明亮与晦暗的差别。有的茶汤看起来清透油润，有的则暗沉无光。如，品质好的红茶，汤色十分艳丽如红酒透亮，且茶汤周边会有一道金黄油亮的“金圈”，品质越好，越是油亮。

3. 清澈度。这一指标主要用以判断发酵茶的茶汤品质，因优质绿茶冲泡时一般会有茶毫漂浮，故另当别论。茶汤的清澈与否关乎发酵的工艺品质，好比白酒的清澈度要明显高于矿泉水。以透明的玻璃公道杯从侧面观察最为清晰，发酵工艺良好的茶汤是清澈透明的，反之，则为褐黑、浑浊、有悬浮物等。需要了解的是，发酵茶有“冷后浑”的现象。茶黄素、茶红素、茶褐素是不安分的化合物，在温度高时会呈游离状态，溶于热水，使茶汤看上去红润透亮。但在低温时，会和茶中的咖啡碱结合，形成乳酪状的络合物，使茶汤变得浑浊。也就是说，“冷后浑”意味着茶多酚转化的茶黄素、茶红素、茶褐素等物质含量足够高。因此，“冷后浑”反而是判断发酵茶品质的一个重要参考。

第三，品茶汤辨滋味，以甘、香、重、滑为上。

啜茶入口，茶汤在口舌之间，滋味在心里明白晓畅，却无法用语言精确描述。宋徽宗在《大观茶论》中对武夷茶的评价用了“甘、香、重、滑”四个字来概括，可谓道尽好茶的滋味标准。好茶入喉顺滑，茶气醇厚，茶气香韵布满口腔与鼻腔，生津回甘；反之，茶气浅薄、滋味单薄、香韵淡薄，入口或酸涩，或有杂味，入喉无回甘，反映了茶品在物种、原料、制作、仓储等方面存在的诸多问题。

好的绿茶同样要符合“甘、香、重、滑”的标准。对大多数人来说，好的绿茶要鲜爽、甘香、润滑似乎好理解，但一个“重”字似乎就难以理解了。其实这个“重”，就是茶气的厚重，中国历史上的茶人喜欢用“饱太和之气”来形容这样一种中和纯正、不偏不倚的丰富滋味。比如上品的龙井，茶气厚重，饮后口腔茶气蕴氲，久久不散。清代陆次云在《湖壖杂记》中有对龙井茶味的品鉴：

> 啜之淡然，似乎无味。饮过之后，觉有一种太和之气，弥沦乎齿颊之间。此无味之味，乃至味也。为益于人不浅，故能疗疾……

品质次的绿茶草青气重，与“太和之气”相比，即为“偏”气，通常茶气香韵淡而薄，入喉无回甘。

第四，品饮后观茶渣，以芽多、叶韧、色匀、光润为上。

冲泡后的茶渣又叫做茶底。“洗尽铅华”的茶底会暴露更多的品质信息。好茶的茶底通常有以下几个特点：

1. 芽头多或叶片整齐。很多茶因为制作工艺的关系，不冲泡开来，很难辨别是否芽头，但泡开后就没有秘密了。“六安瓜片”以及云南依邦“猫耳朵”的茶底则不看芽头，而要观察茶底是否如瓜子片或猫耳朵一样形态，且大小均匀。

2. 舒展有弹性。观察茶渣可以用手轻轻展开，揉捻茶叶。一般来说，叶舒张自然，叶质柔软、肥嫩、有弹性为上；僵硬、脆烂、发黑、叶芽不舒展为下品。

3. 颜色均匀。茶叶冲泡后的茶底铺于碗底，颜色均匀、无明显色差为上品；颜色斑驳相间、深浅不一为下品。

4. 油润有光泽。将茶底自然晾干几分钟，表面始终保持油润光泽为上品；迅速失水、色泽暗淡无光为下品。

品茶最终都要归之于“味”。别茶，是舌尖上的物理和体验。在“色、香、味、形”的背后，隐藏着关乎茶的品种、生长环境、采摘时令、运输储存，以及制茶人对茶的理解及其心手合一的工艺呈现等等全部信息，所以，品鉴需要专业的知识和丰富的经验，陆羽所谓“若皆言嘉及皆言不嘉者，鉴之上也”，于品鉴一途，可谓天下通理。

复习与思考

1. 陆羽通过讲述八种鉴别蒸青茶饼的方法，试图传递什么样的核心思想？
2. 在冲泡茶汤的过程中，如何从“色香味形”四个维度品鉴茶叶品质？

【四之器】上

道器合一的思想表达

风炉：风炉以铜铁铸之，如古鼎形，厚三分，缘阔九分，令六分虚中，致其圬墁，凡三足。古文书二十一字，一足云“坎上巽下离于中”，一足云“体均五行去百疾”，一足云“圣唐灭胡明年铸”。其三足之间设三窗，底一窗，以为通飙漏烬之所，上并古文书六字：一窗之上书“伊公”二字，一窗之上书“羹陆”二字，一窗之上书“氏茶”二字，所谓“伊公羹，陆氏茶”也。置墆㙟于其内，设三格：其一格有翟焉，翟者，火禽也，画一卦曰离；其一格有彪焉，彪者，风兽也，画一卦曰巽；其一格有鱼焉，鱼者，水虫也，画一卦曰坎。巽主风，离主火，坎主水。风能兴火，火能熟水，故备其三卦焉。其饰以连葩、垂蔓、曲水、方文之类。其炉或锻铁为之，或运泥为之，其灰承作三足，铁柈台之。

风炉的“道”意：“天人合一”的宇宙生命观

道、器，是中国传统“天人合一”思想体系中的一对范畴。道，相当于宇宙本体；器，则相当于客观的物质世界。《周易・系辞上》说：

形而上者谓之道，形而下者谓之器。

器是道的载体，或者说是道的外在呈现形式，故而道器合一。老子《道德经》说："道生万物""朴（道）散则为器"。"朴散"的道在万物之中，所以，万物有道。

陆羽将茶器与茶具分列阐述，显然于"器"中寄托了形而上的"道"意。而"风炉"作为开篇第一器，其造型设计以及镌刻其上的"伊公羹，陆氏茶""坎上巽下离于中""体均五行去百疾"等字句与纹饰，表明其寄托于"器"的、超越工具意义的、形而上的"载道"意味，且这种"道"意与阴阳五行学说有关。陆羽创设茶器的思想上承易理，下接儒道佛诸家义理，其内涵之经义正是《茶经》的思想纲领。

第一，观物取象的器形设计。

观物取象，是"易经"思维，这是一个天人感应的觉知过程，也是一个道法自然的创造过程。"观"，是对客观物象的直接观察、感知，"取"，是在"观"的基础上进行的提炼、概括、创造，即，通过模仿自然界和社会生活中具体事物的感性形象，确立具有象征意义的卦象，使人能从这个卦象抽象、意会其"形而上"的、具有普遍性和规律性的"道"。《周易·系辞下》：

古者包牺氏之王天下也，仰则观象于天，俯则观法于地，观鸟兽之文与地之宜，近取诸身，远取诸物，于是始作八卦。

又曰：

象也者，像此者也。

指明八卦的卦象都是观物取象的过程、方法和结果。八卦是以阴阳消长来演绎事物发展变化的系统。"—"代表阳，"--"代表阴，用三个这样的符号，组成八种形式，叫做八卦。每一卦代表相应的事物，如"乾"代表天，"坤"代表地，"坎"代表水，"离"代表火，"震"代表雷，"艮"代表山，"巽"代表风，"兑"代表泽，八卦囊括宇宙自然社会万象。如果说八卦是八种分类法，那么八卦互相搭配产生的六十四卦，是自然社会万象发展变化的演绎。

观物取象者观察天地（阴阳）交感、聚散，并据此提炼、概括、创造出具有象征意义的物象，它不只是对外界物象的模拟，而是承载着深奥微妙的"道意"——涵盖那些普遍的、联系的、相类的全部物象(理)。陆羽创设风炉,开宗明义地表明其观物取象、道法自然的认识与创造过程。鼎形风炉设计有三足,三足之上以古文书二十一字,其中一足书"坎上巽下离于中"。风炉上面设计有支撑锅子用的垛(即"墆㙐"),也分三格:

其一格有翟焉,翟者,火禽也,画一卦曰离;其一格有彪焉,彪者,风兽也,画一卦曰巽;其一格有鱼焉,鱼者,水虫也,画一卦曰坎。巽主风,离主火,坎主水。风能兴火,火能熟水,故备其三卦焉。

其中,"坎"上"离"下,水性润下,火性上炎,形成水火调和的"既济"卦。水火本相克,在茶事活动中,由于人居中调节,使水火相交,各得其用。然水火相安终非长久,需时时把握症候,这就是候水、候火的"文武功夫"。

离卦之下是巽卦。"离"上"巽"下为"火风鼎卦"。巽,代表风,风助火势,在水火之间起着促进作用;巽,又代表木。《周易·象传》说:

木上有火,鼎,君子以正位凝命。

传说禹铸九鼎,夏商周三代视之为国宝。因此,鼎在中国文化中历来有"天下"的象征意义。《筮仪象解》说:

鼎,重器也。得之固难,保之亦不易。主鼎者则经纶调变,自可以凝天命,系人心,重器永保无虞矣。

历史上"楚王问鼎",即暴露楚王欲取代周天子坐拥天下的野心。《左传·宣公三年》有记载:

楚子伐陆浑之戎,遂至于雒,观兵于周疆。定王使王孙满劳楚子,楚子问鼎之大小轻重焉。

陆羽除了取"鼎"的象形来设计煮茶的风炉,还镌刻象征水、火、风的鱼、翟、彪以及坎、离、巽三卦,内涵煮茶一定要注意"水、火、风"的原理。

《易经》历来是周王朝王天下的不传之秘。"鼎,君子以正位凝命",陆羽将其思想渊源镌刻于“鼎”形风炉之上，表达了自己“经纶调变”以济天下的思想和情怀，以及对如鼎端方的君子人格的追求。于天下而言，如果政治清明，当然“可以凝天命，系人心”，让国之“重器”天长地久。

第二，阴阳和合、三生万物的思想。

三，在中国“天人合一”思想体系中并非单纯的计数，而是具有特殊意义的哲学符号。《说文》解：

> 三，天、地、人之道也，从三数。

三，是天、地、人三爻，是八卦图形中的三画，代表一个完整的“象”，表示事物发展的一个完整过程；而六爻则是象与象的交互关系，以演绎错综复杂的发展变化。三即“叁”，人居中参与天地的造化，故而“叁”又是“参”。在中国文化中，人被视为天地所生，是天地之外的第三个造物者。《荀子》说：

> 天有其时，地有其财，人有其治，夫是之谓能参。

人是天、地造物的“变数”，是给“两仪”（对立的双方）带来调节、中和的力量。《中庸》认为只有达到“天人合一”的至诚之人，方能“参赞天地”：

> 唯天下至诚，为能尽其性；能尽其性，则能尽人之性；能尽人之性，则能尽物之性；能尽物之性，则可以赞天地之化育；可以赞天地之化育，则可以与天地参矣。

能“参赞天地”者都是人道各个领域的杰出代表。陆羽通过将“三”这个数全面融入到茶器的设计之中，表达其思想和情怀。以风炉为例：

一是在形制设计中，除了以“坎”“巽”“离”三卦代表茶事活动，古鼎形风炉设计也处处可见数字“三”的运用，包括炉下三足，三足下开三个通风口，支撑锅子的垛间分三格并画三卦，灰承三只脚，炉壁厚三分，炉口边缘宽九（3×3）分等等。这些都不应该视作偶然或巧合，而是象征与暗喻。

二是在文化层面，体现“和而不同”的文化特质。这个“和”，就是一种文化与另外一种异质文化交融互补，从而产生的“二与一为三”的新生事物，就如阴阳和合诞生新的生命。风炉外形的“连葩”装饰就典型地反映了陆羽的这一思想：

置墆㙞于其内，设三格……其饰以连葩、垂蔓、曲水、方文之类。

这里所说的“连葩”即莲花。汉传佛教在汉代两晋南北朝开始盛行，到唐代，“莲花”甚至成为佛教的象征物，如莲界（佛国）、莲台（佛座）、莲龛（佛龛）、莲经（《法华经》）等。敦煌、龙门、克孜尔等石窟中的佛教壁画、雕塑中的莲花图案，足以反映唐时莲花与佛教的关系。莲花与佛教的渊源，正如陆羽与佛教的渊源，若说毫无关系，实在难以令人信服。

《茶经》对佛家文化的融合还体现在“漉水囊”这一净水用的茶器设计和运用上。佛说，一碗水有八万四千虫。僧人不能杀生，同时也出于清洁的考虑，故滤水而饮。《中国茶文化今古大观》一书分析说，从这个漉水囊上，能再次看到陆羽（茶）与僧家的渊源：

漉水囊，本为僧家“三衣六物”（三衣即僧伽梨、郁多罗僧、安陀会三种僧衣；六物指三衣之外加上铁多罗［钵］、尼师坛［坐具］、漉水囊）之一。皎然上人在《春夜赋得漉水囊歌送郑明府》一诗有云：“吴缣楚练何白皙，居士持来遗禅客。禅客能裁漉水囊，不用衣工秉刀尺。先师遗我式无缺，一滤一翻心敢赊。”这是皎然在退居的郑老县令送他一件漉水囊之后写的赠诗。这首诗说明，漉水囊早就是僧家的滤水用具了。由于陆羽在寺院里长大，一生几乎又同佛门结下了不解之缘，况且他倡导的煎茶法特别受到寺院禅师们的赞赏和支持，故将漉水囊这一佛门禅物作为茶器之一，是有颇深用意的。

陆羽通过漉水囊的设计和运用，将佛家仪轨融入茶文化中，既解决了水的清洁卫生问题，也给茶文化融入惜生慈悲的佛法深意。

一款风炉融合的异质文化元素，反映了唐代多元文化在一碗茶汤中的汇流共振与和谐共融。

第三，五行中和的养生思想。

“体均五行去百疾”书于风炉的一足。所谓“五行”，其实是对阴阳消长以及运动趋势作出的五种类型的分类。中国文化以阴阳学说建构了一整套关于宇宙自然万物生灭、运行及其相互关系的学说体系。在中国文化中，“阴阳五行”是世界观，也是方法论，五行对应五方、五情、五脏、五色、五音、五味、五谷、五菜、五畜、五官……它不仅是传统政治文化、个人道德修养的中心指导思想，还广泛运用于中医、堪舆、命理、相术、占卜、音乐、绘画、饮食、日常起居等方方面面，全面渗透于中国人的社会生活，达到“百姓日用而不自觉”的地步。在中医理论中，五行对应人的五脏，阴阳对应于寒热、燥湿、虚实、表里等等。根据中医“补气”理论，五谷、五菜、五禽……之所以滋养补益人，因为万物一气，而五味不过是五行之气在味觉上的分别。“体均五行去百疾”意思是说，五行流通、五内调和，则百疾不生。

茶，五行属木，性寒而味苦。寒气，指的就是阳气不足。中国素有“十病九寒”“百病寒为先”之说。中国人很早就发现茶的药食功能，陆羽在《茶经·一之源》作出总结：

若热渴、凝闷、脑疼、目涩、四支烦、百节不舒，聊四五啜，与醍醐、甘露抗衡也。

如何天天食用而不生病呢？在陆羽之前，先民针对茶性的寒凉，采用“浑饮”的方式，即以“葱、姜、枣、橘皮、茱萸、薄荷”等辛温发散之物中和茶的寒性，从而达到“调神和内”的养生保健功效。但这一切是以牺牲“茶味”为前提的。

陆羽反对这一民间流行的简单、粗糙的“浑饮”法，认为应该拿出人对衣、食、酒皆不厌精的“精益求精”的态度——“所庇者屋屋精极，所着者衣衣精极，所饱者饮食，食与酒皆精极之”（《茶经·六之饮》），来对待茶饮。基于此，陆羽在充分认识并尊重茶性的基础上，将中和之道贯穿于采摘、制作、烹煮、品饮等各个环节，全程以阳法治茶。如，山阴面的茶不宜采食，茶叶制作要历经蒸、焙、封、炙等多道工序去寒除湿。最后，在饮茶环节，也要避免过犹不及，一方面要常饮——“夏兴冬废非饮也”；另一方面要注意适量——“茶性俭，不宜广”。陆羽正是从茶性寒而不宜多饮这一物理出发，接通人伦，赋予茶“精行俭德”的品格形象。

《茶经》“体均五行去百疾”的中和思想在后人的茶学中屡屡被阐发。宋代黄儒可说是深得《茶经》三昧，其《品茶要录》列举治茶诸病，皆为过犹不及，不得中和之道。又在“后论”中，从正面阐述如何中和选茶、制茶：

尝论茶之精绝者，白合未开，其细如麦，盖得青阳之轻清者也。又其山多带砂石而号嘉品者，皆在山南，盖得朝阳之和者也。

昔者陆羽号为知茶，然羽之所知者，皆今之所谓草茶。何哉？如鸿渐所论“蒸笋并叶，畏流其膏”，盖草茶味短而淡，故常恐去膏；建茶力厚而甘，故惟欲去膏。

选茶的方法几乎是重复陆羽的思想，在制茶方面，表面是说陆羽不知建茶，实际上却是向“知”茶的茶圣致敬。茶不同，裁制方法不同，原则却只有一个“和”字，即多则克、泻、损、耗，少则补、济、增、益。最后，黄儒说，即使是建茶，其极致之处见天、地、人和：

然建安之茶，散天下者不为少，而得建安之精品不为多，盖有得之者亦不能辨，能辨矣，或不善于烹试，善烹试矣，或非其时，犹不善也，况非其宾乎？然未有主贤而宾愚者也。夫惟知此，然后尽茶之事。

有好茶，还要有能真正懂得好茶的人；有真正懂得好茶的人，还要有善于烹试的人，有好的时机、志趣相投的佳友……只有穷尽其妙，方能成就一场完美的茶事。明代许次纾在《茶疏》中专设“宜节”一章，说：

茶宜长饮，不宜多饮。常饮则心肺清凉，烦郁顿释；多饮则微伤脾肾，或泄或寒。盖脾土原润，肾又水乡，宜燥宜温，多或非利也。

但令色香味备，意已独至，何必过多，反失清冽乎。

且茶叶过多，亦损脾肾，与过饮同病。俗人知戒多饮，而不知慎多费，余故备论之。

从饮茶量、投茶量、味觉效应等诸多方面把控，可以说把“体均五行去百疾”这句言而未尽的话说得明明白白了。

陆羽之后，茶的制作工艺和饮法不断推陈出新，每一种饮法、制茶工艺的变革似乎都是对另一种的反动，然而万变不离其宗，实际上关于茶事的所有程序方法都不过是在一抑、一扬之间，解决“过”和“不及”两个问题，追求一个“和”字。

陆羽在一碗茶汤中，演绎了中国人关于“和”的生命哲学。

复习与思考

1. “和”文化的精神是如何体现在中国当下的饮茶习俗当中的？
2. 陆羽创制的茶鼎有哪些象征与暗喻？

【四之器】下

洁净精微的“道”意

筥：以竹织之，高一尺二寸，径阔七寸。或用藤，作木楦如筥形织之。六出圆眼，其底盖若莉箧，口铄之。

炭挝：以铁六棱制之，长一尺，锐上丰中，执细。头系一小镊，以饰挝也。若今之河陇军人木吾也。或作槌，或作斧，随其便也。

火筴：一名筯，若常用者，圆直，一尺三寸，顶平截，无葱薹勾鏁[suǒ]之属，以铁或熟铜制之。

鍑音辅，或作釜，或作鬴：以生铁为之，今人有业冶者，所谓急铁。其铁以耕刀之趄[jū]，炼而铸之。内抹土而外抹沙。土滑于内，易其摩涤；沙涩于外，吸其炎焰。方其耳，以令正也。广其缘，以务远也。长其脐，以守中也。脐长，则沸中；沸中，则末易扬；末易扬，则其味淳也。洪州以瓷为之，莱州以石为之。瓷与石皆雅器也，性非坚实，难可持久。用银为之，至洁，但涉于侈丽。雅则雅矣，洁亦洁矣，若用之恒，而卒归于铁也。

交床：以十字交之，剜中令虚，以支鍑也。

夹：以小青竹为之，长一尺二寸。令一寸有节，节以上剖之，以炙茶也。彼竹之筱，津润于火，假其香洁以益茶味，恐非林谷间莫之致。或用精铁、熟铜之类，取其久也。

纸囊：以剡藤纸白厚者，夹缝之。以贮所炙茶，使不泄其香也。

碾（拂末）：碾以橘木为之，次以梨、桑、桐、柘为之。内圆而外方。内圆，备于运行也；外方，制其倾危也。内容堕而外无余。木堕，形如车轮，不辐而轴焉，长九寸，阔一寸七分；堕径三寸八分，中厚一寸，边厚半寸；轴中方而执圆。其拂末，以鸟羽制之。

罗合：罗末，以合盖贮之，以则置合中。用巨竹剖而屈之，以纱绢衣之。其合以竹节为之，或屈杉以漆之。高三寸，盖一寸，底二寸，口径四寸。

则：以海贝、蛎蛤之属，或以铜、铁、竹匕、策之类。则者，量也，准也，度也。凡煮水一升，用末方寸匕，若好薄者，减之；嗜浓者，增之。故云“则”也。

水方：以椆木、音胄，木名也。槐、楸、梓等合之，其里并外缝漆之。受一斗。

漉水囊：若常用者，其格以生铜铸之，以备水湿，无有苔秽、腥涩意；以熟铜，苔秽；铁，腥涩也。林栖谷隐者，或用之竹木。木与竹非持久涉远之具，故用之生铜。其囊，织青竹以卷之，裁碧缣以缝之，纫翠钿以缀之。又作油绿囊以贮之。圆径五寸，柄一寸五分。

瓢：一曰牺杓。剖瓠为之，或刊木为之。晋人杜毓《荈赋》云：“酌之以匏。”匏，瓢也，口阔，胫薄，柄短。永嘉中，余姚人虞洪入瀑布山采茗，遇一道士云：“吾，丹丘子，祈子他日瓯牺之余，乞相遗也。”牺，木杓也。今常用以梨木为之。

竹筴：或以桃、柳、蒲葵木为之，或以柿心木为之。长一尺，银裹两头。

鹾簋[cuó guǐ]（揭）：以瓷为之，圆径四寸，若合形，或瓶，或罍，贮盐花也。其揭，竹制，长四寸一分，阔九分。揭，策也。

熟盂：以贮熟水。或瓷，或砂，受二升。

碗：越州上，鼎州次，婺州次。岳州上，寿州、洪州次。或以邢州处越州上，殊为不然。若邢瓷类银，越瓷类玉，邢不如越一也；若邢瓷类雪，则越瓷类冰，邢不如越二也；邢瓷白而茶色丹，越瓷青而茶色绿，邢不如越三也。晋杜毓《荈赋》所谓：“器择陶拣，出自东瓯。”瓯，越州也，瓯越上。口唇不卷，底卷而浅，受半升以下。越州瓷、岳瓷皆青，青则益茶。茶作白红之色。

邢州瓷白，茶色红；寿州瓷黄，茶色紫；洪州瓷褐，茶色黑；悉不宜茶。

畚[běn]：以白蒲卷而编之，可贮碗十枚，或用筥，其纸帊以剡纸夹缝令方，亦十之也。

札：缉栟榈皮，以茱萸木夹而缚之，或截竹束而管之，若巨笔形。

涤方：以贮洗涤之余，用楸木合之，制如水方，受八升。

滓方：以集诸滓，制如涤方，受五升。

巾：以絁[shī]布为之。长二尺，作二枚，互用之，以洁诸器。

具列：或作床，或作架。或纯木、纯竹而制之；或木或竹，黄黑可扃[jiōng]而漆者。长三尺，阔二尺，高六寸。具列者，悉敛诸器物，悉以陈列也。

都篮：以悉设诸器而名之。以竹篾，内作三角方眼，外以双篾阔者经之，以单篾纤者缚之，递压双经，作方眼，使玲珑。高一尺五寸，底阔一尺，高二寸，长二尺四寸，阔二尺。

唐代煎茶“二十四器”

器，道之形而下者。陆羽之前并没有专门的茶器，一般与饭碗、药碗或酒盏等混用，只是泛义上的茶具，如此也可见人对茶饮的日常和随意的态度。为追求一碗纯粹、至味的茶汤，陆羽特创煎茶道，并辅以二十四种工具承载其程序和仪轨，故而称为“器”。承载饮茶的复杂程序和仪轨的茶器，将茶饮从粗糙浅易的“俗饮”中解放出来，走向洁净精微的“清饮”，成为一碗从舌尖到心灵的茶汤。可以说，饮茶离不开工具，而饮茶的精神意味则离不开茶器。

陆羽创煎茶道并设二十四茶器，无非想要改变人们粗糙的对待茶的态度——“于戏！天育万物皆有至妙，人之所工，但猎浅易”。而“洁净精微”既是对茶的正确态度和方法，也是中国人寄托其中的精神与信仰。孔子以“六经”化民，其中“洁净精微”是《易》教教旨：

入其国其教可知也！……洁静精微，易教也。（《礼记·经解》）

“洁静”，即从正去邪的中正无邪之道。孔颖达《礼记正义》说：

易之于人，正则获吉，邪则获凶，不为淫道，是洁静。

“精微”，即事务变化发展的精深、微妙所在，也是关键所在。《周易·系辞上》说：

夫易，圣人之所以极深而研几也。唯深也，故能通天下之志；唯几也，故能成天下之务。

圣人，就是掌握了“易”的精深奥妙的道理，了解万事万物精微的变化，并把握了其中关键的人。圣人把“易理”用之于人道，就能通达天下人的情志；把握关键，就能治理天下的事务。这也是陆羽成圣的传统文化心理的底层逻辑。

洁净精微，即“致广大而尽精微，极高明而道中庸”（《中庸》），是方法论，也是中和平正、正大光明的价值观。如《中庸》所说：

能尽人之性，则能尽物之性；能尽物之性，则可以赞天地之化育；可以赞天地之化育，则可以与天地参焉。

尽人之性、尽物之性，就能掌握“万变不离其中”的道理，就能参赞天地、创新发展。于一碗茶汤，同样唯天、地、人合一（和），方能成就其至味——这正是一碗茶汤中的中国意味。

二十四茶器主要用于蒸青茶饼的养茶、炙茶、烹煮、品饮等主体环节。根据《茶经·五之煮》记载的煎茶道仪程，这些繁复的用器依次登场，并最终以一碗由舌至心的茶汤，诠释了整个茶事活动“洁净精微”的“道意”。

1. 生火用器。陆羽认为煮茶、煎水、炙茶的燃料以木炭为最佳。因此，围绕烧炭生火设置一系列茶器。其中：

风炉（灰承）。为鼎形设计，底部有孔用以通风漏烬。灰承，顾名思义就是承接炉灰，用以保持清洁，与风炉配套使用。

筥。是储放用品的工具，在这里是存放木炭的茶器。以竹篾编织而成。高一尺二寸，径阔七寸。也可以用木料加藤条编织，用做一个筥的框架。以竹篾或藤条编织出六角雪花形，中间留有一个圆眼的花纹，其底和盖要像带盖的竹箱一样，口盖能契合扣紧。

炭挝。用来将木炭砸碎成适用的大小。用铁制作成长一尺的六棱形铁棍，上面尖中间粗，手拿的地方也较细，方便使用，手柄的地方还系一小辗作为吊饰。陆羽说，炭挝的设计像当时河陇军人用的“木吾”。也可用“槌”“斧”来碎炭，看个人方便。

火筴。又名“筯”，即“箸”，也就是“筷子”。从耐用、清洁等实用角度考虑，通常以铁或熟铜制成一尺三寸的圆直设计，顶端平截就可以了，不需要做成葱薹的花形，或做成弯曲的钩状。主要是用来加炭、夹炭火、通炉膛等多种用途。民间又叫做“火钳”“火筷子”。

2. 煮茶用器。生火之后要用到的茶器，包括：

鍑。也就是锅，唐代也称作“釜”“鬴”，用来搁置在生好火的风炉上作为煮器。锅放在风炉上烧的时候，炉子内置墆埵自带三耳，可用作支锅的架子。根据陆羽“内抹土而外抹沙。土滑于内，易其摩涤；沙涩于外，吸其炎焰”的制作方法描述的，鍑这一煮器类似今天的砂锅。《中国茶文化》认为：

> 鍑字《茶经》以前很少使用，一般称釜。……陆羽造用此字，旨在强调此器与烹饪所用的器具判然有别。

“鍑”与“腹”同音同源，与“釜”的区别，在于强调这个锅必须像“腹”，也就是要有一定的深度，就能“长其脐，以守中也”，即，沸腾的中心在“鍑”的中部，也就是相当于人的肚脐眼位置，这样煮茶的时候，煮沸茶沫不容易喷溅出来，能较好地蕴育汤华，使茶汤滋味醇厚。和“方其耳，以令正也”“广其缘，以务远也”的设计一样，既从实用出发，也寄托器形之上“守中”“方、正”“广缘、务远”的道意。

唐代，江西洪州、山东莱州分别以瓷、石制作煮器，在当时都很有名。在陆羽看来，瓷器、石器虽然很雅致，但不耐用；而用银制作，虽然至洁，但又嫌奢侈华丽。可谓各有利弊。如果从经久耐用的角度考虑，陆羽还是推荐用生铁做的砂锅。

交床。是专门用来搁置煮器的搁架，用十字交叉的木头制成脚架，上面放一块中间剜空的木板，鍑就搁置在这个交床的空心圈里。

3. 炙茶用器。炉火生好，就开始炙茶。将茶饼切割下一小块，夹住放在火上炙烤以醒茶、提香并烤干水分，然后再碾成茶末。这是煎茶前的一道重要工序，要用到两种茶器：

夹。即夹烤茶饼用的竹夹。以小青竹制成长一尺二寸的竹竿，在最前端竹节留一寸竹身，将这一寸剖开，用来夹住茶块，以便在炭火上炙茶。用小青竹炙茶，竹子的津液也被炙烤出来，散发的清香会增益茶的香味。但用来炙茶的小青竹基本上是一次性用品，如果不是在唾手可得的竹林山谷之间，恐怕不容易获取。那么，也可以从经久耐用出发，选择用铁、熟铜制作茶夹。

纸囊。用来贮放刚刚炙好的茶饼。陆羽用剡县（今浙江嵊州）以藤为原料制成的纸，选择其中既洁白又厚实的，通过折叠的方式密闭缝隙制成纸袋。炙好的茶放在里面不会泄漏香气。

4. 碾末用器。炙好的茶要碾成茶末，碾好的茶末要用“罗”筛一遍，把不合格的茶末剔除出去，剩下的装入“合”。涉及的茶器包括：

碾（拂末）。炙好的茶饼冷却下来便开始脆化，此时就进入碾末程序。茶碾是用橘木做成内圆而外方的形制，次一等的可用梨、桑、桐、柘木制作。内圆，是因为要用“木堕”（即碾轮）在里面滚动以碾碎茶饼；而外方的造型比较稳定，在滚动碾压的时候不容易摇动倾覆。碾槽要刚好容下碾轮，不要有多余的空隙。陆羽将碾轮称作“木堕”，应指的是木制品。碾轮形同车轮，但并没有辐条，而是以一根长九寸、阔一寸七分的轴从中心穿过。碾轮的直径是三寸八分，中间的厚度有一寸，边上的厚度半寸。现代还有用“碾”来碾药，大型的药碾要用脚踩。茶碾的器型相对较小，轴的中间与碾轮连接的地方是方的，有利于两者的固定；轴的两端用来操作的地方是圆的，方便双手滚动操作。

与“碾”配套的茶器还有一个“拂末”，一般用单根的大羽毛（如鹅的翅羽）制成，用以清洁散逸出来的茶末。

罗合。罗与合，是两种器具。“罗”就是筛子，用大竹剖成的竹片弯成圆圈，蒙上筛网（纱）用来筛茶。碾好的茶末，要用罗筛筛一遍，筛选出大小均匀的茶末，然后再用“合”装起来。“合”即盒，就是装茶末用的茶罐、茶盒。茶末装合的同时，也将量取茶末用的茶“则”一起放进茶合。茶合用竹节制作，或用杉木制成圆盒再上漆。茶合为扁圆形，高三寸，盖一寸，底二寸，口径四寸。

则。是用来量取茶末的。通常直接利用海贝、蛎蛤的壳作为茶则，或以铜、铁、竹等材料做成取茶的匙、策之类。则，就是衡量、标准、法度的意思。基本上煮水一升，茶末的用量为一方寸茶匙。以此为基准，喜欢味道淡薄一点的，就减少一点茶末的量；而嗜好浓茶的，就增加。这就是“则”的准则本意。茶则一般与茶末一起放入茶合。煮茶时，打开茶合，取出茶则量取需要的茶量即可。

5. 烧水配套的用器。煮茶要用水，接下来就涉及储水用的水方，净水用的漉水囊，舀水用的水瓢。其中：

水方。是以椆、槐、楸、梓等木料合制成的方桶，里里外外都用油漆密封接缝，容量为一斗也就是十升。煮茶时，要在水方里贮存足够煮茶用的净水。

漉水囊。煮茶一定要用干净的水。漉水囊就是茶器中的净水设备，圈口直径五寸，有一个一寸五分的手柄，形状像一只用网兜替代锅底的平底锅。通常用生铜铸造圈口，不容易产生苔秽和腥涩味。如用熟铜，就容易生苔秽；用铁，则容易有腥涩味。栖居在山林幽谷中的隐者，也可以用竹木做圈口。但用木与竹做圈口不耐用且不方便携带远行，所以还是用生铜比较好。囊，用青篾丝编织卷在圈口之上，裁剪一块双丝编织的碧色细绢缝在上面，还可缝缀翠玉、螺钿作为装饰。最后再做一个油绿的布囊来贮放它。

瓢。又叫“牺杓”。将瓠一分为二，或者用木料掏空而成，作为舀水的茶器。晋人杜毓《荈赋》中就有：“酌之以匏。”其中的“匏”，就是瓢，口阔、壳薄、柄短。永嘉中，余姚人虞洪入瀑布山采茗，遇一道士说自己是丹丘子，希望日后煮茶，“瓯牺之余”（喝剩下的、有多的茶水），能惠赠给自己一些。瓯，即茶碗；牺，即木杓。陆羽说，唐代的时候“木杓”多用梨木制。

6. 烹煮、品饮用器。根据煎茶程序，在炉火出现明亮的焰火时，用瓢从储水的水方中舀水，放入搁在交床上的鍑中。根据经文中“脐长，则沸中”的说法，水量应该是半锅，如此，“沸中，则末易扬；末易扬，则其味淳也”。然后，把装了半肚子水的鍑放在风炉上，就进入煮茶中最重要的候汤、煎茶环节。此时，要用到环击汤心的竹筴、贮盐花用的鹾簋和量取盐花用的揭、贮熟水用的熟盂，以及饮茶用的碗。

其中：

竹筴。有的以桃、柳、蒲葵木制作，有的以柿心木制作。长度为一尺，用银包裹两头。

鹾簋（揭）。是装盐和取盐的器具。瓷制的，为直径四寸的圆盒，也有用瓶子、用陶盒来贮存细盐的。揭，与鹾簋配套使用，一般用竹片削成，形如汤勺，用来取盐，又名"策"，长四寸一分，阔九分。少量的盐具有提鲜的作用，这是陆羽唯一保留的"俗饮"习惯。

以"鹾簋"二字命名茶器，也有陆羽寄托的"道意"。名叫"鹾"的盐罐子，分上下二层，上层装盐，隔层有若干小孔，盐受潮会变成盐水流到下层，这就是卤，可用以点豆腐，或制作卤味。"簋"，是起源于商周时期的青铜或陶制器皿，圆口、圈足、带盖，无耳、两耳或四耳，用以盛放煮熟的黍、稷、稻、粱等饭食。簋一般与鼎配套，鼎单簋双，用于宴飨和祭祀，是身份等级的标志。其中，天子用九鼎八簋，诸侯七鼎六簋，卿大夫五鼎四簋，普通平民不得用。陆羽以簋命名带盖的盐盒，强调煎煮茶汤的庄敬态度。

熟盂。贮存热水用的。有的用瓷制，有的用砂土制，为二升的量。

碗。即饮茶用的茶碗。陆羽从"茶道审美"的角度，就唐代各地出产瓷碗进行比较。以越州（今浙江省余姚、上虞县、绍兴一带）出产的为上品，以鼎州（今陕西省泾阳三原一带）、婺州（今浙江省金华一带）为次等。岳州（今湖南岳阳）出产的茶碗也属上品，以寿州（今安徽寿县）、洪州（今江西南昌）为次等。有人认为邢州（河北邢台）的茶碗质高于越州，实际绝非如此。如果说邢瓷像白银，那么，越瓷就如同玉石，这是邢瓷不如越瓷的第一点；如果说邢瓷像雪，那么，越瓷就像冰，这是邢瓷不如越瓷的第二点；邢瓷色白，使茶水看起来颜色偏红，越碗色青，衬得茶水偏绿，这是邢瓷不如越瓷的第三点。陆羽引西晋杜毓的《荈赋》说："器择陶拣，出自东瓯。"瓯，就是指越州，可见很早以前越瓷就为上品。越瓯口沿不外翻，底卷而浅，能受半升不到的水量。越瓷和岳瓷都是青色，青色能增益茶色，使茶看上去青碧可爱。茶水呈白红之色。邢瓷白，茶水就呈现红色；寿州瓷黄，茶水呈现紫色；洪州瓷褐，茶水就呈现黑色；都不适合用来饮茶。

煮茶时，在水"一沸"的时候，加入少量的盐；在水"二沸"的时候，取出一瓢水，然后以竹筴环击汤心，同时往汤心投入适量的茶末。这个动作能使茶末迅速与热水融合，并出汤快速、均匀且口感鲜爽。如果茶沫饽喷溅外溢，则赶紧用取出的水倒入汤心，这个叫做“救沸”。随后，将鍑中的茶汤酌入茶碗，分茶待客。

7. 清洁、收纳用器。茶事结束，当清洁收纳，所涉及用器包括收纳茶碗的畚、清洗茶具的札、装废水的涤方、盛废弃物的滓方、擦拭茶器的巾、收储陈列茶器具的具列、收纳全部茶器具并方便携带的都篮。这些在陆羽的创设中都有规制：

畚。用白蒲草卷起编织而成，一般是存放十个茶碗的规格。或用筥来装茶碗，用剡藤纸做的纸帕夹在碗与碗的缝隙中，令茶碗在箱子内稳固不动，也是十只茶碗的规格。

札。即茶刷。收集一些棕榈皮剖成丝缕，用茱萸木夹住棕榈皮丝，再捆绑缚好。或截一小段竹子将棕榈皮丝绑成束塞入竹管，就像一只巨大的毛笔。

涤方。用以贮放洗涤后的废水，用楸木拼接合成，形制如水方，容量八升。

滓方。用以盛茶渣之类的废弃物，形制像涤方，容量五升。

巾。用粗绸布做成清洁用的茶巾。长二尺，作二条，轮换交替使用，以擦拭清洁茶器。

具列。有的制作成平放的置物床，有的制作成竖起来的置物架。有的用纯木，有的用纯竹制作。用木或用竹制作，颜色黄黑，设置了可以关锁的门，并上了油漆。规格为长三尺、阔二尺、高六寸。所谓“具列”，就是能将各种茶器全部收纳并陈列。

都篮。顾名思义就是能将所有茶器全部装入方便携带出行。用竹篾制，内作三角方眼，用双道宽竹篾作经，以细的单篾为纬，交替编成方眼，使之看起来玲珑剔透。规格为高一尺五寸，底阔一尺，高二寸，长二尺四寸，阔二尺。

陆羽创制的煎茶法，又叫做烹茶法、煮茶法。一场茶事下来，二十四器依照茶事进程依次轮替使用，并在茶事结束后洁净归位，纳入具列和都篮之中，而茶器之形而上的“道意”内涵也得以完整地呈现：

其一，洁净。二十四器中有一半起着收纳、整洁的作用，如承接炭灰的灰承，专门的装炭筥，筛好茶末之后装入的合，净化滤水的漉水囊，清理茶末的拂末，清理角落细微之处的札，装废水的涤方，装茶渣等废弃物的滓方，清洁用的茶巾，收纳茶碗用的畚，陈列或收纳二十四茶器用的具列、都篮等。通过这些茶器的使用，使饮茶各个环节以及空间随时保持洁净、整齐。为了一场“洁净”的茶事，陆羽在使用材质方面也充分考虑各种物性，不仅要严格把控炭火的品质，凡与茶、水直接接触，则多用竹、木、石、瓷等不易污染的天然物料，慎用容易生锈的铜铁。此外，储生水的水方和盛熟水的熟盂的生熟区分，火筴、夹、竹筴等的精细分工，以及为搁置茶鍑特设的交床等等，无不体现煎茶每一个环节都整洁有序，富有节奏感。

其二，精微。从外形来看，陆羽赋予每一种茶器特定的形制，以及严格的尺寸标准，使二十四器成为具有高度关联性和统一性的整体。从精神层面来看，通过大量使用竹、木、石、瓷等天然易得的物料，慎用金、银等“涉于侈丽”的贵金属，开辟了后世崇尚自然、素朴的茶道美学源流，同时也凸显了茶圣“致广大而尽精微，极高明而道中庸”的精神追求。儒家“内忠外恕”的修养功夫和“以天下风教为己任”的生命情怀，也在“鍑”的创制中得到充分地彰显——“**方其耳，以令正也。广其缘，以务远也。长其脐，以守中也**。”此外，二十四茶器中大量沿用了古朴的方形设计，如水方、涤方、滓方等等，和“鍑”的设计一样，象征儒家“君子端方”的理想人格。

陆羽从茶性出发，于辨茶、采摘、制茶、储茶、别水、用火、烹煮等各个方面无不穷尽物理，造设与之相应的茶器具及其配套的繁复仪轨，发展出迥异于民间饮茶习俗的“清饮”。陆羽赋予清饮的意义正在于——在一碗中和、纯粹的茶汤中，体会茶之性、物之理、人之情；在制茶、烹茶、饮茶各环节中，妙悟“人茶合一”“天人合一”的道境。煎茶二十四器所承载的程序、仪轨、美学思想，赋予茶事活动丰富的精神意味，使得品茶成为文人雅士生命哲学的表达与呈现。

可以说，陆羽于一碗“清饮”中寄托的“道济天下”的情怀以及师法自然、完善人格、净化心灵的社会功能和审美理想，是通过茶器来呈现的。

宋代点茶“十二先生”

煎茶法发展到宋代演变成简易版的点茶法，这种饮茶法在唐后期就已出现。1987 年法门寺地宫发现了系列精美的茶具文物，为唐僖宗（862—888）的御供，制成于咸通九年到十二年（868—871），其中一款鎏金伎乐纹银调达子，就是用来调和冲点茶末的茶器。唐代章孝标(791—873)在《方山寺松下泉》一诗中有"注瓶云母滑,漱齿茯苓香"句,其中的"注瓶"就是冲点的主要茶器。

尽管宋代打破饼茶一统天下的局面,出现了如日铸、双井等散茶名品,但这些散茶的杀青方式还是以蒸青为主,且炙茶、碾筛茶末的步骤与煎茶法是一样的,只是茶末要求更加细腻,如此只用热水冲点茶末,就能令茶末与水交融形成鲜美的茶汤。因此,宋代碾末除了茶碾,还要用到茶磨。碾茶只是粗加工,再经石磨加工,茶末就能细如粉尘。备好茶末,就开始生火煎水,此后的步骤有别于煎茶法。

1. 注(汤)瓶煮水。汤瓶是宋代的煮水器,一般兼顾煮水、冲点的功能,因此又叫做"注瓶",类似今天的电水壶。由于瓶壁是不透明的,所以看不见水的沸腾,只能凭经验听声辨水,加以判断。

2. 熁盏。在注汤前用沸水或炭火给茶盏加热,类似工夫茶道中的烫杯,主要目的是保持水的温度,以最大程度地促进茶、水交融。

3. 调膏。将磨好的茶末放在茶盏里,注入少量沸水调成黏稠糊状,这个过程和冲泡藕粉、葛粉等类似,特别要控制茶末与水的比例。

4. 冲点。左手执汤瓶往调好膏的碗中注沸水,右手运筅(茶夹、茶匙)击拂,茶筅围绕汤心快速旋转搅动,使茶、水融合,泡沫上浮。

最后,就进入品饮程序。点茶法所需茶器较之煎茶法大为精简,其中注水的汤瓶、碾末的茶碾或茶磨、筛茶的茶罗、击拂的茶筅、点茶的茶盏等,除了名称的差别,在功能上也多有改进。其中"竹筴"调匀茶汤的功能被"筅"所代替,蔡襄的《茶录》中用的是汤勺,也就是茶匙。筅,是以一段竹节辟丝制成的工具,民间至今用以灶台清扫,名"茶帚"。宋人发现以细竹辟丝做成的筅,比竹筴或汤勺能更好地调匀茶汤。

宋代茶文化十分发达,种茶、制茶、点茶技艺精进,文人大量参与茶学研究与著述,如蔡襄的《茶录》、赵佶的《大观茶论》、宋子安的《东溪试茶录》、黄儒的《品茶要录》、审安老人的《茶具图赞》等。宋元时期,以茶为主题的文人画更是中华茶文化的艺术瑰宝,如刘松年《卢仝烹茶图》、赵孟頫的《斗茶图》等。

《茶具图赞》可谓集宋代点茶用具之大成,书中以白描技法绘制十二件茶具图形,并按谐音冠以官职名称,以及名、字、号,美其名曰"十二先生",基本概括了点茶必备用器。图赞中所用官职、名、字、号以及赞语，皆双关歧义，可谓含蓄蕴藉、字字典丽。“十二先生”沿袭“二十四器”，遵循茶道秩序逐一介绍：

1. “韦鸿胪”，即茶焙。名文鼎，字景旸，号四窗间叟。

“韦”为姓，取其谐音“苇”“纬”。茶焙本是竹制品，之所以用“韦”，因“竹”姓要留给茶筅，而苇与竹较为相似，同时，“纬”也有以竹篾编制以成型的意思。

“鸿胪”冠为官名，取其谐音“烘炉”。唐代白居易《答友问》有句：“置铁在烘炉，铁消易如雪。”鸿胪，为官署名，相关职能在周代就有，掌传唤宾客之事，秦至汉初更名典客。汉武帝太初元年（前104），改称大鸿胪，其义为“传声赞导，故曰鸿胪”。东汉以后，主要主管朝祭赞导礼仪，也称“传胪”。北齐设置鸿胪寺，唐代的鸿胪寺主管外事接待、民族事务及凶丧之仪，隶属礼部。从图样和赞词来看，应指藏育茶的烘笼，内置火煻，主要用以除湿防霉、烘育茶饼。此处的“茶焙”不再是《茶经·二之具》中用以焙干茶饼的巨型炉灶，而是用以育藏茶的“育”：

育，以木制之，以竹编之，以纸糊之，中有隔，上有覆，下有床，傍有门，掩一扇。中置一器，贮煻煨火，令煴煴然，江南梅雨时焚之以火。

蔡襄《茶录》将“茶焙”作为点茶第一器：

茶焙，编竹为之，裹以箬叶，盖其上，以收火也；隔其中，以有容也。纳火其下，去茶尺许，常温温然，所以养茶色香味也。

描述的是一个竹编的密封藏茶的工具，细节方面有所改良，内设一个火煻，起到育茶、除湿、防霉的效果。

“文鼎”为名，其中“鼎”指其形制，相当于陆羽所设计的茶具“育”中内置的火煻——“中置一器，贮煻煨火”。宋代茶焙内置的火塘，大概是将“如古鼎形”的风炉直接搁置在茶焙里了。根据《茶经·四之器》的描述，鼎上镌刻文字、纹饰若干，故又得一“文”字。

“景旸”为字，景旸原指日光，引申为火光、火焰。其中，“景”为影、光之意；“旸”，即阳，亦通炀。古人以景阳为吉利，帝王宫室喜以景阳命名。唐陆龟蒙有《景阳宫井》一诗：

古堞烟埋宫井树，陈主吴姬堕泉处。

舜没苍梧万里云，却不闻将二妃去。

诗中写的是隋灭陈时，陈后主与张、孔二妃躲入景阳殿宫井之中。后人在鸡笼山鸡鸣寺（位于今南京市玄武区玄武湖南侧）立景阳井，又名“胭脂井”“辱井”，有警示、教训之意。

“四窗间叟”为号，取意于《茶经》风炉（鼎）“其三足之间设三窗，底一窗”的设计。火塘（风炉、茶鼎）内置于四窗之间，故得名。

最后，为“茶焙”写了一段赞词：

赞曰：祝融司夏，万物焦烁，火炎昆岗，玉石俱焚，尔无与焉。乃若不使山谷之英堕于涂炭，子与有力矣。上卿之号，颇著微称。

大意是说，祝融火神主管夏季，万物都烧焦了，当大火延烧至昆仑山岗的时候，美玉和石头也都被一道焚毁。但，韦鸿胪却不是这样的。可以说使这山谷之精华的茶免遭涂炭，正是因为它在其中起的作用。这个上卿的封号，可说名至实归。

“火炎昆岗，玉石俱焚”语出《尚书》中的《夏书·胤征》，其后两句“天吏逸德，烈于猛火”，意思是承载天命的官吏一旦失德，比大火造成的危害还要严重得多。

2.“木待制”，即茶臼。名利济，字忘机，号隔竹居人。

茶臼对应《茶经·二之具》中的“杵臼，一曰碓……”，不过陆羽用在将刚刚蒸好的茶叶捣成茶泥，而此处用于茶末的粗加工。

“木”为姓，表示木制品。

“待制”冠为官名，取其谐音“待炙”，以及轮流值班待命之意，暗喻茶臼的功能，即候炙好之茶，轮番碾茶为末。待制，本义为待皇帝之命，也指值班待命。唐太宗时，命京官五品以上，轮流在中书、门下两省值夜班待命，以备顾问。后成定制，并立官署，渐成官名。宋代沿用此制，于殿、阁均设待制之官，有“保和殿待制”“龙图阁待制”等。

“利济”为名，是从五行生克制化中取意。木，在水火之间主流通，能泄水以生火，使水火既济。

“忘机”为字，取其谐音“望畜”，因茶臼的功能就是把茶捣成畜粉。

“隔竹居人”为号，典出柳宗元《夏昼偶作》“日午独觉无余声，山童隔竹敲茶臼”一句。

最后，为“茶臼”写了一段赞词：

赞曰：上应列宿，万民以济，禀性刚直，摧折强梗，使随方逐圆之徒，不能保其身。善则善矣，然非佐以法曹、资之枢密，亦莫能成厥功。

大意是说，木是天上五星之一，德济万民。木性禀性刚直，不仅摧折那些顽固分子，也使那些随方逐圆、毫无原则之人不能全身而退。这样的禀性固然是好的，但如果没有法曹（茶碾）、枢密（茶筛）来辅佐，也是难以成其事功。

3. “金法曹”，即茶碾。名研古、轹古，字符锴、仲铿，号雍之旧民、和琴先生。

这款茶器就是《茶经·四之器》中的“碾”，用作茶末加工。

“金”为姓，表示金属制品。点茶用的茶末要细如粉尘，因此，茶碾的材质与“二十四器”中的木碾不同，用的是金属制品。

“法曹”冠为官名，取其谐音“槽”。茶碾底座中间凹陷，碾如车轮在槽间滚动碾末。“法曹”，据《汉书·百官志》载“法曹，主邮驿科程事”，主要掌管邮政、驿站等信息传递系统。到了唐代，演变成为掌管司法的官员称谓。日本至今保留唐传入的称谓，将司法系统称作“法曹”。

“研古”为名，取“研”谐音“碾”；**“轹古”**为名，取“轹”之车轮滚压之意。《说文》解“轹”为车辙——“车所践也”。喻茶碾来回碾压的轨道。“研古”“轹古”中都有一个“古”字，取破旧更新之义。

“符锴”为字，取“锴”谐音“铁”，暗指碾的材质；**“仲铿”**为字，因“铿”为金属模拟之声，暗喻金属材质的茶碾来回滚动发出的金属撞击之声。“符”即符合，“仲”意为排行第二。二字均暗喻碾与轨道要配合使用，非独立可成事。

“雍之旧民”为号，取“雍”谐音“壅”。壅，《禹贡》记载为古九州之一，呈周边高而中间凹，象同碾槽；**“和琴先生”**为号，是从“铿”引申而来。典出《论语·先进》中曾点“鼓瑟希，铿尔，舍瑟而作”，以“铿”代指瑟，取意于“琴瑟和鸣”。

最后，为“茶碾”写了一段赞词：

赞曰：柔亦不茹，刚亦不吐。圆机运用，一皆有法，使强梗者不得殊轨乱辙，岂不韪欤？

“法曹”一职，掌管司法，不畏强权，依法执法。茶碾就像“法曹”一样，不欺软怕硬，一旦纳入槽内，便熟练而颇有技巧地来回碾压操作，一举一动都有法度，使强硬作乱分子不至越轨而乱了法规（碾槽的运行轨迹），事理可不就是这样的吗？

4. “石转运”，即茶磨。名凿齿，字遄行，号香屋隐君。

茶磨是《茶经》中没有的。茶磨通过第三次的加工，直接将本已捣烂、碾碎的茶末磨成粉尘。唐代的煎茶法要求茶末如米粒状，细如粉尘的茶末被陆羽批评为“非末也”。而这恰恰是煎茶与点茶的差别。

“石”为姓，表示石制品。

“转运使”冠为官名，取“转运”之辗转运行之意，与石磨转圈而运行的操作十分吻合。“转运使”作为官职最早见于唐代，为主管运输事务的中央或地方官职，有水陆转运使、盐铁转运使以及诸道（唐代行政区划称为“道”）转运使等。宋初为集中财权，置诸路转运使执掌一路财赋，并监察地方官吏，官高秩重者为都转运使，其官衔称转运使司，俗称漕司，实为府、州以上行政长官。北宋丁渭、蔡襄就曾一前一后担任过福建路转运使，并先后开发出御用龙团和“小龙团”。

“凿齿”为名，取其字面意思，即石质磨盘面上凿出的齿槽。“凿齿”，是上古神话传说中的人物。《山海经·大荒南经》记载“有人曰凿齿”，《山海经·海内南经》又载：“羿与凿齿战于寿华之野，羿射杀之，在昆仑墟东，羿持弓矢，凿齿持盾，一曰持戈。”

“遄行”为字，取其字面意思，即推磨辗转运行，循环往复。

“香屋隐君”为号，典自王安石的“背人照影无穷柳，隔屋吹香并是梅”（《金陵即事》）。“隔屋吹香”得辛弃疾大赞，并化用到《满江红》词：“半山佳句，最好是、吹香隔屋。”审安老人以此喻石磨磨香茶如“隔屋吹香”。

最后，为“茶磨”写了一段赞词：

赞曰：抱坚质，怀直心，啖嚅英华，周行不怠。斡摘山之利，操漕权之重，循环自常，不舍正而适他，虽没齿无怨言。

大意是说，茶磨品质坚硬，心性耿直，通过不停绕圈以磨碎茶叶。（转运使）斡旋着茶叶的经济利益，又操纵着漕运的重大职责，然而却能始终保持平常心日复一日地履行职责，始终保持正直而不偏，即使就这样劳累一生（磨得最后牙齿都没有了），也没有一句怨言。

这一段赞词典故丰富。其中“坚”，指质地坚硬的石性，以此隐喻人的品格和操守。《论语·阳货》中孔子自我剖白：“不曰坚乎，磨而不磷；不曰白乎，涅而不缁。”“坚白”还是名家公孙龙提出的一道著名的哲学命题，他说“天下无白，不可以视石。天下无坚，不可以谓石”，又指出“坚”“白”“石”三个单名不能生成“坚白石三”，而只能生成“坚石”和“白石”两个兼名。这两则典故使得石头之“坚白”成为坚贞不染的人格象征；“怀直心”，指磨盘中心竖立一个用以固定的轴心，石磨的运转始终围绕这轴心运转；“摘山之利”中的“摘山”，即摘山产之茶；“利”，即经济、利益。《宋史·职官志》有“提举茶盐司掌摘山煮海之利，以佐国用”。“没齿”，本意为一生、毕生。典出《论语·宪问》孔子论管子“……夺伯氏骈邑三百，饭疏食，没齿无怨言”。

5. “胡员外”，即水瓢。名惟一，字宗许，号贮月仙翁。

这款茶器就是《茶经·四之器》中的“瓢”：“一曰牺杓，剖瓠为之……”

“胡”为姓，取其谐音“瓠”，民间俗称葫芦，表示为葫芦制品。

“员外”冠为官名，取其谐音“圆外”，暗指水瓢的圆弧外形。“员外”作为官职，全称为员外郎，通称副郎，始见晋代，指正式编制以外的郎官，也就是定员之外增补的职位。公元586年，隋朝在尚书省内二十四司各置一位员外郎。后世沿袭此制，郎中、员外郎渐成为六部正式定员编制。有些六品或七品正额以外的官职可以捐买，故财主捐官多称员外。

“惟一”为名，很容易令人联想《尚书·大禹谟》的十六字真言：“人心惟危，道心惟微。惟精惟一，允执厥中。”但这里“惟一”与葫芦无关，虽然不妨碍其意有所指。“惟一”当从葫芦引申而来，故而这个“一”当指“一瓢”。与“一瓢”相关的典故有两则。一则与道家推许的许由有关，见汉代蔡邕《琴操·箕山操》：

许由者，古之贞固之士也。尧时为布衣，夏则巢居，冬则穴处，饥则仍山而食，渴则仍河而饮。无杯器，常以手捧水而饮之。人见其无器，以一瓢遗之。由操饮毕，以瓢挂树。风吹树动，历历有声，由以为烦扰，遂取损之。

许由是在庄子《逍遥游》中拒绝尧帝禅让，不肯越俎代庖的得道高人。还有一则与儒家复圣颜回有关。见《论语·雍也》：

子曰："贤哉，回也！一箪食、一瓢饮，在陋巷，人不堪其优，回也不改其乐。贤哉，回也！"

元代王桢也由"瓢"而想到许由与颜子的"一瓢"，见其《农书》：

瓢杯……许由一瓢自随，颜子一瓢自乐，今举匏尊、倾瓢杯。何田家之有真趣也！

"宗许"为字，由"一瓢"典故引申而来，且开宗明义表示宗的是"许由"的"瓢"。文人笔下的许由瓢、许由挂瓢、许由浮瓢、许由弃瓢、弃瓢翁等等，均表心无挂碍的逍遥道意。

"贮月仙翁"为号，典出苏东坡《汲江煎茶》诗中"大瓢贮月归春瓮，小勺分江入夜瓶"名句。

最后，为"水瓢"写了一段赞词：

赞曰：周旋中规而不逾其闲，动静有常而性苦其卓，郁结之患悉能破之。虽中无所有而外能研究，其精微不足以望圆机之士。

大意是说，（胡员外的）周旋应对进退中规中矩，从不逾越他的权限范围；动静都有其规律，而这样一种圆融有度背后是艰苦卓绝的性情，内心无论有多少郁结烦恼都能得到最终的和解。虽然（葫芦）里面什么都没有，但从外形就能判断出其容物之量。但若以"精微"论，则不足以望"圆机之士"的项背。

"不逾其闲"典出《论语·子张》：

子夏曰："大德不逾闲，小德出入可也。"

"圆机之士",即超脱、圆通、机变之人。见隋代王通《中说·周公》:

安得圆机之士,与之共言九流哉!

6. "罗枢密",即茶筛。名若药,字传师,号思隐寮长。

这款茶器对应的是《茶经·四之器》"罗合"中的"罗",即筛茶用的茶罗。

"罗"为姓,表示罗网状的筛子。

"枢密"冠为官名,取其谐音"疏密",意为茶罗通过孔缝疏密的设计,筛选出大小均匀的茶末。"枢密"是枢密使的简称,为执掌机要事务的官职。枢密院始见于唐永泰年间(765—766),由内廷宦官执掌。宋代枢密院与中书省并称"二府",二者一武一文,均为最高国务机关。其中枢密院为枢府,执掌军事和边防等军政要务;中书门下为政府。元明沿袭该制。宋代冲点茶用的茶粉细如粉尘,茶罗要以绢纱做成有细密孔缝的网,用来筛选出细腻均匀的茶粉。《大观茶论》有:

罗欲细而面紧,则绢不泥而常透。

讲罗面上的绢纱要绷紧,粉尘就不容易堵塞细孔。朱权《茶谱》描述了茶罗的常规尺寸,以及茶末的粗细要求:

茶罗,径五寸,以纱为之。细则茶浮,粗则水浮。

"若药"为名,典出《孟子》:

公明仪曰:"文王我师也,周公岂欺我哉?"今滕,绝长补短,将五十里也,犹可以为善国。书曰:"若药不瞑眩,厥疾不瘳[chōu]。"

《尚书》中这句话的意思是,如果喝药不能出现"瞑眩反应",毛病就治不好。中医理论认为,药汤是辅助人体阳气战胜阴邪的,当阳气回升到人体已经能与阴邪相抗争的时候,阴阳运行的趋势就会发生逆转,人体也会随之出现"瞑眩反应"。经此,人体由原来的阴盛阳衰状态,逐渐恢复到阳主阴从的正常生理状态,即《黄帝内经》所说的"阴平阳秘"的状态。而以"若药"为名,曲通"师"——"文王我师也"。而"师"与"筛"古韵同音。见《康熙字典》解"筛":

《广韵》疏夷切,《集韵》《韵会》霜夷切,《正韵》申之切,丛音师。竹名。

可见“若药”曲通“师”,实取其与“筛”同音。

“传师”为字。也是取“师”谐音“筛”。传师,唐代韩愈《师说》:

古之学者必有师,师者,所以传道授业解惑也。

古今皆有以“传师”命名,取其传道授业解惑之意。

“思隐寮长”为号,以“思”谐音“师”“丝”;“隐”,暗指丝绢夹于罗底。蔡襄《茶录》中有:

茶罗以绝细为佳。罗底用蜀东川鹅溪画绢之密者,投汤中揉洗以幂之。

“寮”又通作“僚”,故“寮长”也曲通“师”,语出《尚书・皋陶谟》:

百僚师师,百工惟时。

最后,为“茶筛”写了一段赞词:

赞曰:几事不密则害成。今高者抑之,下者扬之,使精粗不至于混淆,人其难诸!奈何矜细行而事喧哗,惜之。

大意是说,机密的事情做得不精密就要出乱子。茶筛的作用是对粗细不同的茶末采取一抑一扬的方法,使得粗细不至于混淆,但这样的方法说起来容易,做起来却很难啊!尤其无奈的是,明明做细密的事却忍不住骄矜自夸,行事的时候喜欢把动静搞得很大,真是令人痛心啊。

“几事不密则害成”,出自《易经・节卦》初九之“不出户庭,无咎”的系辞:

子曰:“乱之所生也,则言语以为阶。君不密则失臣,臣不密则失身,几事不密则害成。是以君子慎密而不出也。”

7. “宗从事”，即茶帚。名子弗，字不遗，号扫云溪友。

这款茶器对应的是《茶经·四之器》中与碾配套的“拂末”。陆羽“以鸟羽制之”，和宋代用来清理茶粉的茶帚或茶刷，在材质上有很大不同。

“宗”为姓，表示棕制品。

“从事”冠为官名，取“事”谐音“拭”。“从事”，是汉代开始设立的职官，即从吏史，亦称从事掾，是刺史的佐吏、属吏，职责是辅佐刺史，主管一郡(国)的文书，察举非法。《汉旧仪》记载，汉武帝初设刺史，刺史于秋季到郡国巡查，郡国派官员到边界迎接，“自言受命移郡国，与刺史从事”，这是“从事”一名的由来。汉末刺史权重，刺史自行辟任属吏，且名目众多，文职有文学从事、劝学从事等，武职有武猛从事、都督从事等。汉以后三公及州郡长官皆自辟僚属，多称“从事”。北魏孝文帝实施军政改革，曾罢诸州从事，依军府之例，置参军，但没有得到全面推行。直至隋于开皇十二年(592)整顿地方官自辟僚属，统一将诸州从事改为参军。棕刷的作用是拂拭、清扫茶粉末，这与“从事”的协助、辅佐的职能定位也十分吻合。

“子弗”为名，因“弗”通“拂”，为拂拭之意。

“不遗”为字，意为捣茶、碾茶、磨茶、筛茶时，散落之茶末被清理得干干净净、无所遗漏。洒扫的深意藏于儒家典籍，一则出自《论语·子张》：

> 子游曰：“子夏之门人小子，当洒扫应对进退则可矣。抑末也，本之则无，如之何？”子夏闻之，曰：“噫，言游过矣！君子之道，孰先传焉？孰后倦焉？譬诸草木，区以别矣。君子之道，焉可诬也？有始有卒者，其惟圣人乎！”

另一则出自《子夏易传》解“天火同人”象辞：

> 君子象之而类其族，辨其物，志可同者与之，不遗其细者也，则天下何有焉！

“扫云溪友”，以“云”指代茶，“扫云”即扫茶末。烹煮和冲点茶，都会泛起如雪乳、白云一般的茶泡沫，因而唐以后文人多以“云”来指代茶。宋代文人将冲点出来的泡沫称为“云脚”，云团、云华、云椀、云液、云腴等，都是用来形容茶汤泡沫的词：

茶少汤多，则云脚散；汤少茶多，则粥面聚。（北宋蔡襄《茶录》）

深夜数瓯唯柏叶，清晨一器是云华。（唐代皮日休《寒日书斋即事》）

云脚俗所珍，鸟觜夸仍众。（北宋梅尧臣《宋著作寄凤茶》）

茶灶漫煎云脚散，莲舟清啸月波凉。（金代元好问《赠任丈耀卿》）

溪，为水，茶遇水才能成汤。水云之间，是一碗茶汤，也是诗人心之所向。

最后，为“茶帚”写了一段赞词：

赞曰：孔门高弟，当洒扫应对事之末者，亦所不弃，又况能萃其既散、拾其已遗，运寸毫而使边尘不飞，功亦善哉。

这段赞语以棕刷对应洒扫，本末之末暗喻茶末，由此展开议论：孔门高足，即使以洒扫应对为微末之事，也认真对待，更何况还能把散落的茶末聚拢，把遗漏的茶末扫拾起来利用，寸把长的棕毛把茶末扫集而不会让粉尘飞扬，在茶事活动中发挥了很好的作用。

8. “漆雕秘阁”，即盏托。名承之，字易持，号古台老人。

茶盏托在《茶经》里是没有的，但在冲点茶中却必不可少。为保证水和茶粉的充分交融，冲点前必须用火或热水烫盏，让茶盏保持足够热度，这就需要以托承盏，方便持用。

“漆雕”为姓，一方面，取其复姓，暗喻盏与托是配套使用的茶器；另一方面，“漆雕”本身是一种工艺名称，在此指的是一种木制的盘楪，表明盏托工艺精美，材质隔热又轻便。漆雕工艺，是在器物上用两种或三种色漆逐层积累起来，至相当厚度，趁漆未干即刻用刀剔刻出云钩、香草等图案花纹，透过刀口断面可看见不同的色层，有“剔犀”“剔红”“剔黑”“剔彩”等名目，始见于唐代，至元代发展到顶峰，涌现出如张成、杨茂等一代名匠。《茶具图赞》的绘图就是一款云纹漆雕盏托。

“秘阁”冠为官名，取“阁”谐音“搁”，表明盏托搁置茶盏的功能。“秘阁”，在古代为皇家收藏珍贵图书之所，始于汉魏，晋、南朝宋，及至隋、唐均设有秘阁藏书，北宋沿唐制设昭文馆、集贤院、史馆三馆贮藏图籍，统称崇文院，掌管该事务的通称阁职。晋代陆机曾“身登三阁”，在《吊魏武帝文》中有：

机始以台郎出补著作，游乎秘阁。

宋元时期的胡三省注《资治通鉴》对此作了较为详细的解说：

汉时书府，在外则有太常、太史、博士掌之，内则有延阁、广内、石渠之藏。后汉则藏之东观，晋有中外三阁经书。陆机《谢表》云“身登三阁”，谓为秘书郎掌中外三阁秘书也，此“秘阁”之名所由始。

“秘书郎”亦即“三阁秘书”，是官职简称“秘阁”的由来。宋代端拱元年(988)又于崇文院中堂设秘阁，选三馆善本图书及书画等入藏；淳化元年(990)设置执掌秘阁事务的官职，称直秘阁，又简称直秘。元明以后，文人也将看书时枕臂用的器具雅称“秘阁”，也是取其谐音。

“承之”为名，以其托承茶盏的功能取意。盏配托，使喝茶时不烫手，还增加了盏的装饰性。茶托问世的文字记载最早见于唐代李匡乂的《资暇录》：

茶托子始建中蜀相崔宁之女，以茶杯无衬，病其熨指，取楪子承之。

新疆吐鲁番地区唐墓出土的绢画《对棋图》，绘有一手捧盏托献茶的侍女。据考古材料证实，盏托的出现应早于唐代，最早可追溯到东汉时的青瓷耳杯托盘，但那时的盏托不一定是用来饮茶的。两晋南北朝的盏托在考古中也时有发现。湖南长沙砂子塘东晋墓、江西省吉安县考古发掘的南朝齐永明十一年(493)纪年墓，都出土了青瓷盏托。

“易持”为字，也是从功能取意，表明热烫的茶盏有托，则不烫手，方便持用。

“古台老人”为号，以盏托中部有一圆台的象形来取意。“古”“老”二字，皆表明该款式并非创新之作。古时就有类似的台盏，是专门用来喝酒的酒器。“茶盏托”

与饮酒用的“台盏托”形制类似，略有不同。如茶盏托的“承台”中间是空的，可以把茶盏放在中心的空凹处，而酒盏的“承台”则如莲台，中有凸起。宋代茶盏大多为斗笠形，底足纤细。冲点茶时，将茶盏搁置在盏托中间凹处，不易颠覆。北宋中晚期，随着酒茶文化向社会各阶层的拓展，民间茶、酒具混用，茶酒器“承台”的差别渐趋消弭，逐渐演变为一个略高于托心如碗底圈足的矮台。以上三种形制的盏托沿用至今。

最后，为“茶盏托”写了一段赞词：

赞曰：危而不持，颠而不扶，则吾斯之未能信。以其弭执热之患，无坳堂之覆，故宜辅以宝文，而亲近君子。

就茶盏托的功能发表一番颇有深意的议论，大意是：见倾覆、颠倒之危而不去扶持一把，这样的情况我是难以相信的。因为茶盏托能消弭拿热茶盏的忧患，那就不会发生把茶水打翻在坳堂之上的问题，所以可与宝文（茶盏；宝文阁亦为宋代禁中藏书处）相辅，“宝文阁”之盏与“秘阁”之托配套，可谓“亲近君子”了。

“危而不持，颠而不扶”典出《论语·季氏》，孔子因“季氏将伐颛臾”而责备冉求的一段话：

求！周任有言曰：“陈力就列，不能者止。”危而不持，颠而不扶，则将焉用彼相矣？且尔言过矣。虎兕出于柙，龟玉毁于椟中，是谁之过与？

“吾斯之未能信”，出自《论语·公冶长》：

子使漆雕开仕。对曰：“吾斯之未能信。”子说。

章句原意是弟子漆雕开对自己高标准、严要求，不认为自己已经具备了出仕的德行，孔子对此感到十分欣慰。用在此处，既突出漆雕之姓，也暗喻其承载匡扶正道的儒家思想和情怀。

“坳堂之覆”，典出庄子《逍遥游》：

覆杯水于坳堂之上，则芥为之舟。

9.“陶宝文”，即茶盏。名去越，字自厚，号兔园上客。

这款茶器就是《茶经·四之器》中的“碗”了。时过境迁，因烹点方法不同，茶汤品饮和鉴赏的方法各异，曾遭陆羽嫌弃的黑褐色茶盏，数百年后却成为冲点茶的新宠。茶瓯的审美历来都与其功能相表里，如蔡襄《茶录》所说：

茶色白，宜黑盏，建安所造者绀黑，纹如兔毫，其坯微厚，熁之久热难冷，最为要用。

“陶”为姓，表示陶制品。

“宝文”冠为官名，顾名思义即宝贵的文献典籍之意，为“秘阁”之所藏，也是盏托之所承。“宝文”，即宝文阁，宋仁宗庆历元年(1041)改寿昌阁为宝文阁，与龙图阁、天章阁、太清楼并列为禁中重要的藏书处。仁宗好学多能，擅诗文，精书学，英宗继位后即“以仁宗御书藏宝文阁，命翰林学士王珪撰记立石”，成为专藏仁宗御制、御书、墨宝的皇室藏书机构。此外，“文”又通“纹”。宋代茶瓯审美以斑纹雅趣天然的建窑盏为旨趣，尤以兔毫、鹧鸪斑、油滴等窑变纹为名贵，故为“宝纹(文)”。

“去越”为名，“越”在这里指的是越盏；“去越”，表明与陆羽推崇越瓷的理念相去甚远。唐代煎茶法欣赏的是碧色茶汤，故最推崇能增益碧色茶汤的越窑青瓷；宋代点茶主要通过观察茶汤泡沫的颜色、多少及其持久度等来判断茶品高低，而黑色茶盏最衬白色汤沫，故而宋代重黑釉茶盏而轻青色越瓷。宋代最好的黑釉茶盏“建盏(瓯)”产于福建，就物理距离来说，确实与产“越瓯”的绍兴、余姚、上虞一带相去甚远。

“自厚”为字，指茶盏壁比较厚实。冲点茶直接在茶盏中冲点，一方面，冲点前要用火或热水熁盏，让茶盏保持足够热度，因此茶盏的坯相对要厚一些；另一方面，冲点时需用茶筅击拂，茶盏厚重则不易倾覆。“自厚”二字语出《论语·卫灵公》：

子曰：“躬自厚而薄责于人，则远怨矣。”

“兔园上客”为号，指建盏中以窑变“纹如兔毫”者为上佳。宋徽宗在《大观茶论》极力推崇“玉毫条达者为上，取其燠发茶采色也”。在宋时，兔毫盏为千金难求的圣品。

最后，为“茶盏”写了一段赞词：

赞曰：出河滨而无苦窳[yǔ]，经纬之象，刚柔之理，炳其绷中。虚己待物，不饰外貌，位高秘阁，宜无愧焉。

“苦窳”意为粗劣。说的是茶盏虽然以河滨之泥烧制而成，其外观朴拙却没有粗劣之象。茶盏纹路所彰显的经纬之象、刚柔之理，经由柔软的陶泥烧制成刚硬的陶瓷，全都彪炳在绷开的盏面上。茶盏虚怀若谷、质朴无华的外貌，高居于秘阁（盏托）之上，可说德与位配，毫无惭愧。

10. “汤提点”，即汤瓶。名发新，字一鸣，号温谷遗老。

这款茶器为煮器，对应《茶经·四之器》中的“鍑”，但不在瓶中煮茶，而是用来煮水，并冲水点茶，和今人常用的热水壶类似。宋代汤瓶的形制高瘦，材质有金、银、铁、瓷。蔡襄《茶录》中说：

瓶要小者易候汤，又点茶注汤有准。黄金为上，人间以银铁或瓷石为之。

“汤”为姓，表明与热水相关。

“提点”冠为官名，以汤瓶提而点茶的功能取意。“提点”，是在宋代才开始设置的官职，执掌司法、刑狱及河渠等事务，有提举、检点之意。明代还在光禄寺尚饮局设置提点大使一职，清代未设。

“发新”为名，典出苏东坡《试院煎茶》：

君不见，昔时李生好客手自煎，贵从活火发新泉。

从汤瓶的功能来看，无论是煮新泉活水，还是提瓶冲点出一碗茶汤，均有“发新”之意。

“一鸣”为字，喻水滚沸发出的声音。汤瓶是密封设计，不能直接观察到水的沸腾程度，故而煮水候汤、听声辨水是冲点茶的基本功之一。传统文人爱以松涛之声来形容水沸腾发出的声音，汤沸如风过松林，“一鸣”由此而来。宋代茶诗中常见：

蟹眼已过鱼眼生，飕飕欲作松风鸣。（苏轼《试院煎茶》）

鹰爪新茶蟹眼汤，松风鸣雪兔毫霜。（杨万里《以六一泉煮双井茶》）

梦回寒月吐层崖，汤响松风听煮茶。（于石《净居院遇雪》）

“温谷遗老”为号，喻瓶盛热水如山谷之藏温泉。而山谷多为隐士高人幽隐之地。所谓“山中无历日，寒尽不知年”（唐代太上隐者《答人》），故又称之“遗老”。

最后，为“汤瓶”写了一段赞词：

赞曰：养浩然之气，发沸腾之声，以执中之能，辅成汤之德。斟酌宾主间，功迈仲叔圉[yǔ]，然未免外烁之忧，复有内热之患，奈何？

大意是说，汤瓶能煮水至水汽蒸腾、汤水沸腾，并通过秉持中道，辅助调和出一碗至味的茶汤。用来斟茶待客，宾主皆和，其功劳甚至大过孔文子，但还是难以免除外在火烁之忧，何况还有内热之患，还能怎么办呢？

以汤瓶煮水的现象以及功能，通“提点”这一官职所需具备的官德。“养浩然之气”语出《孟子·公孙丑上》：“吾善养吾浩然之气。”“执中”为帝王心法，语出《尚书》：“人心惟危，道心惟微，惟精惟一，允执厥中。”又以“汤”喻“商汤”，明指成就一碗至味茶汤，暗喻能辅佐商汤成就平天下的大业。调汤待客，即“斟酌宾主间”。仲叔圉即孔文子，是卫国大夫，卫灵公时的名臣，死后谥号“文”。《论语·公冶长》中孔子回答子贡“孔文子何以谓之‘文’也”的疑问，说孔文子“敏而好学，不耻下问，是以谓之‘文’也”。春秋时期卫国内忧外患，即使贤达如孔文子，也莫可奈何。

11. “竺副帅”，即茶筅。名善调，字希点，号雪涛公子。

这款茶器就功能来说，对应《茶经·四之器》中的“竹筴”，用于环击汤心调匀茶汤。从考古发现和现存文字资料来看，茶筅最早应该出现在北宋中晚期，①在北宋

① https://weibo.com/6705388951/I5ngWmcI0?type=comment#_rnd1578617800721

早期还是以茶匙来拂击茶汤，这在蔡襄的《茶录》中有记载。

“竺”为姓，取其与“竹”同音同义，表明用竹制成。《大观茶论》有专门论述茶筅：

> 茶筅以觔竹老者为之，身欲厚重，筅欲疎劲，本欲壮而末必眇，当如剑瘠之状。盖身厚重，则操之有力而易于运用；筅疎劲如剑瘠，则击拂虽过而浮沫不生。

明代朱权《茶谱》言茶筅：

> 茶筅，截竹为之，广、赣制作最佳。长五寸许，匙茶入瓯，注汤筅之，候浪花浮成云头、雨脚乃止。

在江苏武进村前乡蒋塘南宋墓中曾发现一只茶筅，和《十二先生图具赞》中所绘制一致，均是用一小片竹子，一端劈出细丝，另一端作柄，其上雕花刷漆。民间多用此法制作清洁用具，如截一竹筒，将其中四分之三辟成细丝，短的用以清洁锅灶（在江西农村还沿袭旧称，叫做“茶帚”），长的或直接将细长条竹丝捆绑成一束，用以清洁马桶等的顽固污渍。

“副帅”冠为官名。取其谐音“拂甩”。茶筅的主要功能，即通过击拂使茶末充分与热水交融形成丰富的浮沫。“帅”，为军队中最高级的指挥官，如元帅、统帅。“副帅”为副职，有辅助配合汤瓶点茶之意。

“善调”为名，以调汤功能取意，表明茶筅能很好地发挥调和茶汤的作用。

“希点”为字，表明茶筅是配合“汤提点”发挥功能作用的，同时也寄喻“能冲点出一碗美味茶汤的希望”之意。

“雪涛公子”为号，其中“雪涛”多形容茶筅击拂所产生的浮沫，随着击拂，茶盏内的浮沫会如“乳雾汹涌，溢盏而起”（《大观茶论》）。茶诗中多以“雪涛”来形容茶汤汤华之白：

> 黄金碾畔绿尘飞，紫玉瓯心雪涛起。（范仲淹《和章岷从事斗茶歌》）
>
> 金沙泉涌雪涛香，洒作醍醐大地凉。（苏轼《虎跑泉》）

毫盏雪涛驱滞思，篆盘云缕洗尘襟。（陆游《梦游山寺焚香煮茗甚适既觉怅然以诗记之》）

最后，为“茶筅”写了一段赞词：

赞曰：首阳饿夫，毅谏于兵沸之时，方金鼎扬汤，能探其沸者几稀！子之清节，独以身试，非临难不顾者畴见尔。

首阳饿夫指的是伯夷、叔齐。两位贤人毅然在“兵沸”也就是武王伐纣势在必行的时候劝谏。在金鼎汤水沸腾的时候，能赴汤蹈火的人可以说是少之又少啊。竹子，在中国文化中素有“高风亮节”意象。茶筅的高风亮节，就独独体现在以身赴汤试水。不到临危之时，你的义无反顾又有谁得见呢？

12. “司职方”，即茶巾。名成式，字如素，号洁斋居士。

这一茶器对应《茶经·四之器》中的“巾”，也就是茶巾。

“司”为姓，取其谐音“丝”，表明为丝织品。

“职方”冠为官名，一方面是“职”谐音“织”，“方”为茶巾方正的形制；另一方面，暗指茶巾擦洗茶具以及冲点茶的台面等，具有维持一方干净、整洁的职责与功能。“职方”，为夏代的官名，最早见于《周礼》，隶属司马名“职方氏”，掌天下地图与四方职贡，辨其邦国、都鄙及九州人民与其物产财用，知其利害得失，规定各邦国贡赋。[①]《礼记·曲礼下》有：

五官之长曰伯，是职方。其摈于天子也，曰天子之吏。

郑玄注：“职，主也，是伯分主东西者。”孔颖达疏：“是职方者，言二伯于是职主当方之事也。”唐宋至明清都在兵部设职方司。北洋军阀统治初期亦设于内务部，主掌疆域图册。

“成式”为名，取“式”谐音“拭”，喻茶巾擦拭的功能。

“如素”为字，取“素”的素洁之意，

“洁斋居士”为号，也是从茶巾功能立意取号。

---

① 辞海编辑委员会：《辞海缩印本》，上海辞书出版社 1980 年版，第 1817 页。

最后，为“茶巾”写了一段赞词：

赞曰：互乡之子，圣人犹且与其进，况瑞方质素，经纬有理，终身涅而不缁者，此孔子之所以洁也。

大意是说，互乡这个地方出来的童子，孔子都肯定并鼓励他洁身求上进的做法，更何况“茶巾”端方，本质素朴，经纬有序，有条有理，虽终身与污染为伍，但出污泥而不染，这很契合孔子赋予“洁”的本质内涵。

“互乡之子”典出《论语·述而》，取其中“洁”意来说茶巾：

> 互乡难与言，童子见，门人惑。子曰：“与其进也，不与其退也。唯何甚。人洁己以进，与其洁也，不保其往也。”

互乡这个地方的人以难搞出名，但孔子却接见了互乡的一个童子，弟子们都疑惑不解。孔子说：“我鼓励他求上进，不鼓励他后退，何必做得太过呢？别人整洁仪容来见我求上进，就应该鼓励他的这种洁身自好的做法，而不要老抓住别人的过往不放。”

“涅而不缁”，语出《论语·阳货》，当时佛肸叛国闹独立，招孔子前去做官，孔子打算去，受到子路质疑，孔子说了一段话：

> 不曰坚乎，磨而不磷；不曰白乎，涅而不缁。吾岂匏瓜也哉？焉能系而不食？

茶巾的寓意受到日本茶道宗师千利休的高度重视，成为承载日本茶道精神至关重要的道器，可说深得“洁净精微”之“三昧”。据说有一位乡下人曾带话给千利休，说想拿出一两金子请千利休帮忙给买几样茶道具。千利休给他去了一封信，说：“这一两金子一文不剩地全部用来买白布吧。对于静寂的茶庵茶来说，没有什么都可以，只要茶巾干净便足够了。”

《茶具图赞》以一图一赞的形式，图解了点茶器具的形制、功能、特征及其文化意蕴，反映了宋代文人日常生活的美学风范、生命情态和价值关怀。

冲泡茶道中的“工夫茶四宝”

自陆羽将茶饮从粗糙的药食俗饮中解放出来，茶就成为一个味觉效应的丰富宝藏被不断开发，强大了中国人的舌识与精神空间。从唐代煎茶法到宋代点茶法，再到明清至今的冲泡茶法，风格形式迥异，但内在“求真”的本质却一以贯之，即顺茶性、合茶理、尽茶情，追求真茶、真香、真味乃至真形。这是茶的不易、变易与简易的“易理”。

在“体均五行去百疾”的前提下，“求真”意味着精简人工造作的部分，这必然带来形式的精简，进而形成更加简易的饮茶方式。与此同时，作为饮茶思想的表达和呈现，茶器也相应发生变化。明清以来的冲泡茶法正是这一思想和精神在茶饮发展中的具体呈现，而非一些人所揣度，以为是蒙古异族文化入侵导致文化断脉的结果。① 事实上，明前期，文人待客仍然以点茶为风雅，这在朱元璋第十七子朱权的《茶谱》有记载。钱椿年《茶谱》论“器局”，列举十六种茶器并赋予典丽风雅的名称，如将建盏叫做“啜香”，竹茶匙叫做“撩云”等，均与点茶道有关。

对茶器的审鉴，必要对相关的饮茶法有透彻的理解。冲泡茶，又称瀹茶，程序较之唐宋饮茶法更为简洁明快。这种简易饮茶法的出现伴随着制茶工艺的变革，反过来，新的饮茶法也刺激了制茶工艺的发展。绿茶、白茶、青茶、红茶、黄茶及黑茶六大茶系在明代已经初步成形，涵盖炒青、晒青、蒸青及前发酵、后发酵等各种工艺，以及叶茶、团饼茶、末茶、茶膏、茶粉等成品形态。

冲泡茶的原始形态可以上溯到唐以前的“痷茶”，见陆羽《茶经·六之饮》：

饮有粗茶、散茶、末茶、饼茶者，乃斫，乃熬，乃炀，乃舂，贮于瓶缶之中，以汤沃焉，谓之痷茶。

这种以热汤直接浸泡、烹煮茶末或茶芽的饮茶方式，与中国自古以来煎煮中草

① 冈仓天心：《茶之书》，山东画报出版社2010年版，第35—36页。

药的方式类似，而茶饮最初确实是作为药食饮用的。正如点茶是在煎茶基础上化繁为简的品饮方式，冲泡茶法则是对点茶饮法的进一步简化，与陆羽所说的“痷茶”当然不可同日而语。

冲泡茶程序虽然简单，但由于茶品丰富多样，且一茶一性，冲泡茶时所选用的茶器不尽相同，冲泡风格也各异。明中晚期，冲泡茶器在文人茶著中被大书特书。万历年间的屠隆在《茶说》中介绍了当时流行包括紫砂壶在内的冲泡茶器，并以之为傲：

> 若今时姑苏之锡注，时大彬之砂壶，汴梁之汤铫，湘妃竹之茶灶，宜成窑之茶盏，高人词客，贤士大夫，莫不为之珍重。即唐宋以来，茶具之精，未必有如斯之雅致。

张源《茶录》所录茶具除紫砂壶外，另有瓢、茶盏、拭盏布、分茶盒四样。罗廪《茶解》记录了拭手的帨、藏茶的瓮、烹泉的炉、冲水的注、受汤的壶、品饮的瓯、取茶渣的夹等七种，基本囊括了泡茶必不可少的茶器。

冲泡，说到底是综合调理茶性、器性、水性、火性等，与做中国菜一样，不过“调和”二字。茶有茶法，菜有菜谱，但法无定法，妙在得心应手。现代冲泡茶法尤以闽粤一带流行的、有茶文化活化石之称的“工夫茶”为代表。工夫茶，主要是青茶的冲泡方式，因其程式繁复，仪轨讲究，既费工夫，又花时间，故名“工夫茶”。以自清代流传至今的“潮汕工夫茶”为例，主要茶器包括孟臣罐（紫砂小壶）、若琛杯、玉书碨（砂铫）、红泥炉等，号称“工夫茶四宝”，主要在冲泡环节使用。实际上，工夫茶的“工夫”包含以下基本环节：

1. 治器。包括生火、掏火、扇炉、洁器、候水、淋杯六个步骤。道地的工夫茶一般不用电水壶，而是用红泥炉、橄榄炭生火，并配套扇火用的鹅毛扇以及掏火用的火筷或火夹。

2. 温壶。取适量热水入孟臣罐，并以热水淋壶，类似于宋代点茶中的“熁盏”，目的都是确保温度以提升茶汤的色香味。点茶熁盏是确保茶与茶末的交融，工夫茶淋壶有助于茶的精、气、神。

3. 纳茶。把准备冲泡的茶叶倒在素纸上，放在火上炙烤以提香、醒茶。炙好的茶叶分粗细后分别装入茶壶，粗者置于底，中者置于中，细者置于上。纳茶量以热水醒茶茶叶伸展后正好满壶为宜。

4. 候汤。待炭火燃起明亮焰火，将装水的玉书碨搁在红泥炉上煎水。根据青茶相对耐泡等特性，以“二沸”到“三沸”之间的热水为佳。

5. 高冲。提壶从高处快速沿壶口内壁循环冲入开水，直至满溢出壶外。因青茶茶气重、茶味浓，沿茶壶边冲入沸水相对具有缓释作用。如以水柱直冲壶心，则谓之“冲破茶胆”，茶气、茶味瞬间释出，导致茶味涩重，且不耐泡。第一次高冲兼具洗茶和醒茶之意。当然，如果对茶叶制作过程或品质有信心，则无须洗茶，因第一道茶汤内含这款茶的全部信息，滋味最为丰富而隽永，一般在饮用到第三、四道茶汤之后，回头饮用第一道茶汤，通过对比效应，有助于对茶的全面觉知，故而又叫做“还魂汤”。

6. 刮沫。第一次高冲要让水满溢出壶口，先用茶壶盖刮去茶汤泛起的白色茶沫，然后把茶壶盖好。

7. 淋罐。小壶盖好盖后，即用开水冲淋壶盖，冲去溢出的茶沫，同时也起到壶外加热的作用。

8. 滚杯。茶汤不凉，则茶神不涣散。用沸水滚动烫洗若琛杯，既是清洁，也是温杯，是在筛茶前要提早做好的准备工作。此时，茶壶要出汤，即以茶夹将滚好的茶杯呈“品”字摆放。

9. 筛茶。又叫洒茶、斟茶、釃茶。冲，宜高，利于茶水交融；筛，宜低，使香气不扬散。手提茶壶将茶汤巡回、均匀并流畅地低斟入整齐摆放好的茶杯，这个环节叫做“关公巡城”。

10. 点茶。当茶壶还剩下少量茶水时，逐个往茶杯中点尽茶汤，目的是使壶底不留残汤，导致汤味涩苦，同时也使各杯茶汤色味均匀，以示平等。这一式叫“韩信点兵”。

如果希望茶汤清透无渣末，一般会用到公道杯和茶漏。那么，小壶泡好的茶汤要经过茶滤倒入公道杯，再由公道杯巡回、均匀斟入各个茶杯。

最后，敬让、闻香、细啜、三嗅杯底，宾主皆欢。

冲泡工夫茶也可用盖碗替代紫砂小壶，冲泡程序大致相同，但因盖碗冲泡不宜满溢，因此，在首冲时要用茶拨或杯盖，将茶汤泛起的浮沫撇去。

冲泡普洱、黑茶、白茶等团饼茶，一般要准备一个茶刀，避免直接用手掰茶。冲泡茶通常要用到“茶道六君子”，包括一个筒状收纳另外五件茶器的茶则，内置茶匙（茶则）、茶夹、茶针、茶漏、茶拨（茶桨）。此外，茶巾，装废水、茶渣用的水盂，烫杯时承接热水用的茶船（茶盘、茶海），赏茶、置茶用的茶荷（或专门素纸）等等，都是冲泡茶道的常用茶器。

复习与思考

1. 陆羽煎茶“二十四器”体现了什么样的生活美学规范？
2. 宋代点茶“十二先生”折射宋代文人什么样的精神旨趣？
3. 为什么说现代工夫茶道是中国茶文化的“活化石”？

【五之煮】上

水火之功

凡炙茶，慎勿于风烬间炙，熛焰如钻，使炎凉不均。持以逼火，屡其翻正，候炮出培塿状、虾蟆背，然后去火五寸，卷而舒则本其始，又炙之。若火干者，以气熟止；日干者，以柔止。其始，若茶之至嫩者，蒸罢热捣，叶烂而芽笋存焉。假以力者，持千钧杵亦不之烂，如漆科珠，壮士接之不能驻其指。及就，则似无穰骨也。炙之，则其节若倪，倪如婴儿之臂耳。既而承热用纸囊贮之，精华之气无所散越。候寒末之。末之上者，其屑如细米；末之下者，其屑如菱角。

其火用炭，次用劲薪。谓桑、槐、桐、枥之类也。**其炭曾经燔炙为膻腻所及，及膏木、败器不用之。**膏木，谓柏、松、桧也。败器，谓朽废器也。**古人有劳薪之味，信哉！**

炙茶：发陈、提香、醒茶、去寒

炙烤，是中国自古以来药食处理的基本方法，尤其在中药材炮制中，通过炙烤来中和药材的寒性，提升阳气。炙茶即是烤茶，除了中和茶性，还有发陈、提香、醒茶以及使茶饼酥脆易碾的效果。茶存放一久，茶香散逸，通过炙烤或热炒催发油脂的香气转化，对于陈茶的效果尤其显著。茶饼炙烤后，茶中的水分遇热蒸发使茶饼变软，在冷却后变得酥脆，易于碾末。宋代炙茶还有洁茶的意义。蔡襄在《茶录》中说：

> 茶或经年，则香色味皆陈。于净器中以沸汤渍之，刮去膏油一两重乃止。以钤箝之，微火炙干，然后碎碾。若当年新茶，则不用此说。

现代工夫茶道也会以素纸微火炙茶，一方面提高茶叶的香气，另一方面去除茶叶中的潮气和微生物，以提升茶汤的品质。烤制提升的茶香会很快散发，因此，要及时碾磨或冲泡饮用。

凡炙茶，慎勿于风烬间炙，熛焰如钻，使炎凉不均。持以逼火，屡其翻正，候炮出培塿状、虾蟆背，然后去火五寸，卷而舒则本其始，又炙之。若火干者，以气熟止；日干者，以柔止。

炙茶，在陆羽看来是个重要的技术活。炙烤时要特别注意火候，也就是温度和时间的控制：

其一，避开风口。如果在风口炙烤茶饼，火焰就会像钻头一样随风飘拂不定，导致茶饼受热不均。

其二，“持以逼火”。烤茶的温度要高一些，不能在炭火即将湮灭的余火中炙茶。要用茶夹夹住饼茶，反复逼近火焰炙烤。

其三，“屡其翻正”。将茶饼不断翻转，调换方位、轮流炙烤，确保均匀。要仔细观察茶饼表面的变化，一旦靠近火的一面鼓起像虾蟆背上的小疙瘩，就赶紧将这一面转移到离火五寸的地方。等到鼓起的地方平复下去，再按之前的步骤从头再来一遍。不断翻转、反复炙烤的目的，是确保热透内里，避免“外熟内生”。

其四，差别对待。炙茶时要针对茶饼干燥工艺的不同，采取不同的炙烤方式。若是烘干的茶饼，要炙烤到蒸汽散发为止，即所谓“以气熟止”；若是晒干的茶饼，茶饼通过炙烤变得柔软就可以了，即所谓“以柔止”。

其始，若茶之至嫩者，蒸罢热捣，叶烂而芽笋存焉。假以力者，持千钧杵亦不之烂，如漆科珠，壮士接之不能驻其指。及就，则似无穰骨也。炙之，则其节若倪，倪如婴儿之臂耳。

茶饼因为炙烤变得柔软的道理还得从茶饼的起始说起。制作茶饼时，要将细嫩的茶芽叶蒸熟并趁热捣杵，叶子往往一捣就烂，但茶的笋芽却保存完好不易捣碎。就这么个细小的茶笋尖，不是仅凭蛮力就可以捣烂的，就是拿三万斤重的杵去捣也不行。陆羽说，这就好比"漆科珠"，即使是一个壮士也不能用手指将其捏碎。这里的"漆科珠"大约是形容茶笋细幼、韧滑，用杵很难精准捣碎。这样捣烂后制成的茶饼看起来就像没有筋骨一样，高温炙烤达到一定的程度，就会像孩童一般幼嫩，柔软的感觉就像婴儿的手臂一般。

文中的"穰"通"穣"，是黍茎的外皮包裹住的部分。

那么，"漆科珠"到底是什么呢？历来众说纷纭。有人考证是"黍米珠"的讹传，这应该是一个比较靠谱的解释。黍米珠，指的是如黍米粒大小的珠子，在隋唐时期典籍中多见。如孙思邈撰《备急千金要方》卷三十五载伤寒方：

疟，灸上星及大椎，至发时令满百壮。灸艾炷如黍米粒，俗人不解取穴，务大炷也。

明代孙一奎的医书《赤水玄珠》卷十载"取红铅法"，提到"红如朱砂者，乃黍米珠也"。董其昌在《画禅室随笔・跋后赤壁赋》说苏东坡《赤壁赋》墨迹中：

每波画尽处隐隐有聚墨痕，如黍米珠，恨非石刻所能传耳。

事实上，至今中国人仍喜以"黄豆""绿豆""小米""黍米粒"等来描述身体长出的不同大小的丘疹。漆，古时常写作"桼"。其实"桼"才是本字，表示在树上切两个口子，流出液体。而"漆"，在上古只是指陕西南部的一条叫做"漆水"的河。"桼"和"黍"摆一块，很容易明白其中的鲁鱼亥豕关系；而"科"误作"米"，似已无须论证。①

在茶叶的发源地云南，至今仍有很多少数民族如傣、布朗、纳西、彝、白、佤、拉

---

① http://blog.sina.com.cn/s/blog_59ae3ee90102x01l.html

祜、傈僳、哈尼等，保留独特的烤茶传统。比较典型的是“烤罐茶”，又叫“罐罐茶”，顾名思义是将茶放在罐子里烤。具体操作方法是，先把空瓦罐放在火塘上焙烤，加热到一定温度后，再把晒制好的茶叶放入罐内炙烤，其间不停抖动瓦罐使其均匀受热。待茶叶发出焦香，色泽变黄并伴有爆裂的声响时，立刻向罐内注入备好的热水，如果罐内响声不绝，就是色艳香浓的“雷响茶”，反之，就是“哑巴茶”，说明火候不够，茶的色香味必然不足，不能拿来待客。往烤好的茶罐子里注水时，要注意水与茶的量比，同时不可满溢出瓦罐，导致茶水淋漓，一旦泼溅入火塘，会使灰烬飞扬。也有野外直接用竹筒烤茶煮水的“青竹茶”或“竹筒茶”。至于傈僳族的漆树茶、纳西族的龙虎斗、白族的三道茶、华坪烤茶等，都各有特点。其中，漆树茶类似酥油茶，不过用漆油代替了酥油；龙虎斗茶中更是放入了酒，有治疗伤风感冒的奇效；三道茶，第一道就是烤罐茶，第二道加入了红糖、果仁，第三道加入蜂蜜、姜片、花椒等佐料，形成所谓“一苦二甜三回味”三道口感；华坪烤茶则混合当地“火麻子”和花生酱，有时还会加入当地的乳制品“乳扇”。

个中滋味，非茶道行走不解其味。

碾末：“细米”与“菱角”的差别在哪里？

茶烤好了，还要碾末，然后才能煎煮：

既而承热用纸囊贮之，精华之气无所散越。候寒末之。末之上者，其屑如细米；末之下者，其屑如菱角。

陆羽说，炙好的茶要立刻趁热用特制的纸袋装起来，使它的精华之气不致外泄，等冷却变得酥脆后，就赶紧放在碾槽中碾成细细的茶末，再用罗网罗茶，筛选出符合要求、大小均匀的茶末。

罗茶又叫筛茶，是碾茶的后一道工序，通过抖动和旋转罗使细小的茶末从罗网中漏下来，漏下来的部分一般就是筛选好用来煮茶的茶末了。罗网上的粗茶还可再碾、再筛。罗网孔缝的疏密反映了时人对茶末粗细的选择标准。陆羽认为茶末不能太粗也不能太细，应如细米粒大小、颗粒均匀。《六之饮》中说到茶有“九难”，其中第七难就针对碾茶，特别强调不能碾成像粉尘一般的细末——“碧粉缥尘非末也”。

陆羽以屑如“细米”为上品，屑如“菱角”为下品，可见“细米”不仅仅是讲的大小，还指米粒般的圆润光滑。与之相对的“菱角”，并非指江南水乡产的两头尖尖的食物，而是形容下等茶末边角尖锐、干瘪，呈现菱角形。通常线条光滑圆润的茶末是以幼嫩的芽叶制成，富含丰富的膏汁；反之则是粗老的茶叶，膏汁少而干瘪，碾成的茶末如稗谷干瘪而边缘尖锐多角。

宋代点茶法直接用热水冲点，其间缺少一个将茶末放在“鍑”中煎煮的程序，而这一程序的改变必然带来茶末与水的交融问题，宋人就通过将茶末碾磨得更细来解决。因此，宋代的茶末不仅要经过捣、碾、磨，且罗茶的网面也更加细密，同时还要反复罗筛——“惟再罗，则入汤轻泛……”（《大观茶论》）。

用细粉调膏、冲水服用的方法其实是中国人流传至今的一种饮食方式，如冲泡藕粉、葛粉、菱粉之类的食物，基本上和冲点茶的方式差不多。日本流传至今的抹茶就保留了宋代冲点茶的流俗。

火的性味

炙茶要用到火，火关乎物料，而物料皆有其性味。因此，用什么样的火来炙茶、煮茶，大有讲究。陆羽说：

其火用炭，次用劲薪。谓桑、槐、桐、枥之类也。**其炭曾经燔炙为膻腻所及，及膏木、败器不用之。**膏木，谓柏、松、桧也。败器，谓朽废器也。**古人有劳薪之味，信哉！**

炙茶用火，首选是木炭，其次是火力强而耐烧的柴火，如桑、槐、桐、枥之类的硬木材。曾经烤过肉并为腥膻油腻气味所沾染的炭，以及燃烧起来烟气大的木料或朽坏的木器，都不能用以炙茶。古人有“劳薪之味”一说。以年深日久用坏了的木制品当作柴火叫“劳薪”，用来烧煮食物，会将木器里一股子陈年衰败气息污染熏染食物。陆羽大概验证过，所以他说“信哉”。

“劳薪”的典故最早出自春秋末年的师旷。师旷是晋国乐师，不但熟悉声律，而且善辨滋味。据《隋书·王劭传》记载：

> 昔师旷食饭，云是劳薪所爨[cuàn]。晋平公使视之，果然车辋。

《艺文类聚》引晋代皇甫谧《玄晏春秋》就“辨味”发表相关议论，也言及师旷：

> 卫伦过予，言及于味，称魏故侍中刘子阳，食饼知盐生，精味之至也。予曰：“师旷识劳薪，易牙别淄渑，子阳今之妙也，定之何难？”

说师旷能辨别劳薪之味，易牙能分辨出淄渑二水滋味差别，子阳吃个饼子能辨别出盐是生的还是熟的，较之前两者，这样的分辨算不得困难，言下之意是子阳还算不上“精味”。刘义庆在《世说新语·术解》中讲了一个荀勖辨劳薪，最后证实是旧车脚的故事：

> 荀勖尝在晋武帝坐上食笋进饭，谓在坐人曰：“此是劳薪炊也。”坐者未之信，密遣问之，实用故车脚。

苏轼在《贫家净扫地》一诗中，以“慎勿用劳薪，感我如薰莸”化用食辨劳薪的典故。“薰莸”典出《左传·僖公四年》中“一薰一莸，十年尚犹有臭”。杜预注：“薰，香草；莸，臭草。十年有臭，言善易消，恶难除。”苏东坡借“劳薪”之恶，抒发自己虽然穷途但不同流合污的情志。

古人对薪炭的讲究还不止是避免用气味不良的薪炭。在中国人的宇宙生命观中，万物都是秉气而生，万物的差别仅在于其所秉之气不同而已。中医就以这种“气化”思想和“同气相求”的原理构建其理论体系，认为不同的气对应人体五脏六腑的不同气机，从而产生影响。中医以针灸治病，其中“灸”就是用火，其原理是以“火”之温、热之气驱逐寒凉之气，推动人体阳气运行。煤火、木炭火、竹火、草火、麻荄火等等，看起来都是“火”，但因物质基础不同，火之性味各异，功效也各不相同。《宋本备急灸法》介绍灸病要避忌八种木火：

古来用火灸病，忌八般木火，切宜避之。八木者，松木火难瘥增病，柏木火伤神多汗，竹木火伤筋目暗，榆木火伤骨失志，桑木火伤肉肉枯，枣木火伤内吐血，柘木火大伤气脉，橘木火伤营卫经络。

李时珍《本草纲目》认为，使用不同的薪柴煎药对药效会有不同的影响，应视病情作出相应选择：

火用陈芦、枯竹，取其不强，不损药力也。桑（本身入药）柴火取其能助药力，桴炭（轻而易燃的木炭）取其力慢，栎炭（火力强）取其力紧。温养用糠及马屎、牛屎者，取其缓而能使药力匀遍也。

中国美食文化对柴薪同样十分讲究。清人童岳荐编撰的《调鼎集》是有关烹饪方面的文献，在论“火”篇中，认为要根据不同食材对热量需求不同而选择相应薪柴，并列举了九种柴薪的火性与宜忌：

桑柴火：煮物食之，主益人。又，煮老鸭及肉等，能令极烂。能解一切毒，秽柴不宜作食。

稻穗火：烹煮饭食，安人神魂到五脏六腑。

麦穗火：煮饭食，主消渴、润喉，利小便。

松柴火：煮饭，壮筋骨；煮茶不宜。

栎柴火：煮猪肉，食之不动风；煮鸡鸭鹅鱼腥等物，烂。

茅柴火：炊者饮食，主明目解毒。

芦火、竹火：宜煎一切滋补药。

炭火：宜煎茶，味美而不浊。

糠火：砻（去掉稻壳的农具）糠火煮饮食，支地灶，可架二锅，南方人多用之，其费较柴火省半。惜春时糠内入虫，有伤物命。

以上薪柴各有其性，烧成火，其物性则通过“火”这一能量形式传导到食物当中。其中的松柴火就是陆羽所说的“膏木”，历来被视为煮茶汤的大忌。晚唐五代苏廙的《十六汤品》，将茶汤分为十六品，其中“以薪火论者共五品，自十二至十六”，将“薪火”之性对汤品的影响，分为五等：

其一，法律汤。强调煎煮茶汤必要用炭火，这是不可更改的煮茶律法：

> 凡木可以煮汤，不独炭也。惟沃茶之汤非炭不可。在茶家亦有法律：水忌停，薪忌熏。犯律逾法，汤乖，则茶殆矣。

“沃茶之汤”非用炭火不可，炭火还必须要持续发力，不能在烧水的中途停下来，否则就是“犯法”，茶汤也败坏了。

其二，一面汤。指用虚薄无力的火烧出来的茶汤：

> 或柴中之麸火，或焚余之虚炭，木体虽尽而性且浮，性浮则汤有终嫩之嫌。炭则不然，实汤之友。

意思是质轻性薄的麸火，或用燃烧剩余的虚炭，这样的火虽然木气已经没有了，但同时自身的火性也轻浮无力，煮出来的茶汤也“有终嫩之嫌”。只有木炭得到了火的中和之气，不虚不浮，火力正好，是烧茶汤最好的燃料。

其三，宵人汤。宵，为“夜间”的意思。如“宵水”，曲指夜间的排泄物；“宵桶”，即尿桶。“宵人汤”，也是“尿”的含蓄表达，以贬称用动物粪便为燃料煮出来的茶汤：

> 茶本灵草，触之则败。粪火虽热，恶性未尽。作汤泛茶，减耗香味。

茶容易吸味，不好的气味很容易渗透到茶汤味中。以粪便为火，性味传导入汤，败坏茶汤香味。

其四，贼汤，一名贱汤。以日晒风干的竹枝、树梢煮汤，虽然生火烧汤感觉方便爽快，但火性轻浮虚薄，没有中和之气，烧出来的茶汤也虚邪轻浮，所以称之贼汤、贱汤：

> 竹筱树梢，风日干之，燃鼎附瓶，颇甚快意。然体性虚薄，无中

和之气，为茶之残贼也。

文人诗文中常见以“竹筱树梢”煮茶。郑板桥为青城山所撰的名联就有“扫来竹叶烹茶叶，劈碎松根煮菜根”，可谓风雅快意，但在苏廙看来，虚贼之火煮出来的茶汤终究“体性虚薄，无中和之气”，这一风雅茶事却无关茶汤滋味。

其五，大魔汤。煎煮茶汤最忌烟熏火燎的材质，也就是陆羽所说的松柏等膏木：

调茶在汤之淑慝(tè)，而汤最恶烟。燃柴一枝，浓烟蔽室，又安有汤耶？苟用此汤，又安有茶耶？所以为大魔。

调理茶汤就是调理茶汤鲜美、甘香的内含滋味，烹煮的时候最讨厌烟气入汤。可谓有烟没汤，有茶没烟。

日本茶道继承了中国茶文化对炭火的重视，并围绕“添炭”发展出一种很庄严的仪轨——炭礼法。根据茶道的进程，添炭分为初炭、后炭、立炭三个部分。其间，炭的原料、造型、摆放位置，添炭的时间，以及添炭过程中主客之间的行止对答等等，都有严格的规范。

在阴阳五行系统中，火为“阳之精”。阴阳相对，火有阴火、阳火之分。柴薪生长得太阳真火，其性属阳；电由热能、动能转化而来，其性为阴。人能感觉到柴火灶烧出来的饭菜比用电烧出来的饭菜香，是因为柴火本身的性味通过热传导，增益了食材的香味，同时，柴火中的太阳真火对食材的寒凉之气有一定的中和作用。胃属阳明经，性畏寒，所以经常吃柴火灶做的饭菜，注意和中暖胃、忌食生冷等等，是中国人健康养生的常识。

现代人煮茶烧水大都用电磁炉、电水壶等，虽说方便，但火的性味基本无从谈起。有讲究、花工夫，才有茶道。真要讲究起来，用火最不可轻忽怠慢，电水壶的全自动设定直接扼杀了候火、候汤的工夫与情趣。而一碗茶汤的工夫，就在静心澄虑的仪程中——红泥小火炉里燃着橄榄核，用巴掌大的鹅毛扇扇火，待炉炭升起蓝色的焰火，似有若无的木质炭香弥散开来，将装好泉水的玉书碨(砂铫)搁在小火炉上，候“一沸”“二沸”“三沸”之声。壶中的精微奥妙听在耳中，文治武功、轻重缓急尽在把握,纳茶、执器、冲淋、提点无不中节,情怀诗意也在其中。

复习与思考

1. 陆羽为何要在茶道中设置一个“炙茶”环节?
2. 茶末如“细米”和“菱角”的差别是什么?
3. 为什么说炭火最宜茶?

【五之煮】中

水为茶之母——品水

其水，用山水上，江水中，井水下。《荈赋》所谓“水则岷方之注，挹彼清流。”**其山水，拣乳泉石池漫流者上，其瀑涌湍漱勿食之，久食令人有颈疾。又多别流于山谷者，澄浸不泄，自火天至霜郊以前，或潜龙蓄毒于其间，饮者可决之以流其恶，使新泉涓涓然酌之。其江水，取去人远者。井取汲多者。**

陆羽品水妙诀：贵“清”“和”

“凡味之本，水最为始。”（《吕氏春秋·本味篇》）好茶要好水，好水提神，劣水败味。

陆羽说，煮茶的水，用山水最好，其次是江河的水，井水最差。山水，最好选取乳泉、石池漫流的水，奔涌湍急的水不要饮用，长喝这种水会使人喉颈生疾。此外，好几处溪流汇聚于山谷洼地不流泄的水，从寒食到秋天霜降前的半年时间，可能有虫蛇潜伏、毒素蓄养，污染水质。取用这样的泉水要先在蓄水池边上挖开一个缺口，旧水流走，待新泉汩汩流入，然后再舀水取用。至于江河水，要到远离人居的地方去汲取，而井水则要选经常有人汲的井中去汲取。

所谓高怀识物理，和气得天真。《茶经》关于煮茶用水、用火的经文，给后世煎水烹茶打开了一个风光旖旎的诗意空间。在茶人看来，煎水烹茶是舌尖上的物理，每一个细微的气机变动都将带来茶汤滋味的微妙变化，这是一个天人合一的体验过程，折射着中国人敬天法地的思想，它是哲学的，也是宗教的；是经验的，也是审美的。就“评水”来说，古人对水的评鉴凭借的是阴阳五行的理论以及生活经验的积累，与当今科学意义上的“水质评价”不同。科学意义上的“评水”，即按照相应的评价目标，选择相应的参数、标准和评价方法进行评估，除感官指标之外，还包括化学指标、毒理指标、细菌指标等。但是“滋味”所包含的极其丰富而微妙的变化，往往是年轻的科学还来不及追究的。审味在某种程度上就和审美一样，科学的确能获得解释，但类似的“水质检测报告”解释的永远只是局部。华夏神州，泉流难以计数，在漫长的历史中，地质环境也在不知不觉中发生着巨大的变迁，但陆羽就“评水”以短短 97 个字作了高度概括。后人虽多有发挥，似乎各有各的评价标准，其实不过是就事论事、各执一端的争论罢了。

《茶经》无意鉴别具体水品，而是抽象概括其本质要理，概括起来大约两个方面：

第一，贵“清”。

清，就是洁净，无色透明，清澈见底。对于不同地理环境中的水，陆羽结合经验给出不同的判断标准。后人所谓“贵幽”“贵寒”“贵新”“贵活”，其实是不同角度的说明：

幽，在这里可以理解为远离人类生活居住区。从这个角度来讲，山水、江水、井水依次递减。其中：

山泉水，由山石缝隙中刚刚流出，与江水、井水相比较，无疑离人类生活区更远，环境更加清幽少污染。

江水，由山泉汇聚成流，流经之地不断汇入山泉、支流，一路奔腾，渐次浑浊，已不如山水清幽。如何取用呢？——“其江水，取去人远者”。一般来说，离源头越近，被污染的机会越少，所以一般上游水优于下游的水，如长江和黄河上游的雪水泉源。再就是江中心的水较之离岸近的水更少污染。传说中的扬子江中水为地底的涌泉，并非通常意义上的江水。

井水，一般为雨水、江水渗透沉积的地下水，为百姓日常生活的用水，多在市井之中，较之山泉水、汇集泉水而成的江水，更多被污染的可能。以陆羽评水要理推断，同样是井水，一般深井的水要优于浅井的水。此外，在山泉水流经之地挖池蓄水而成的“井泉”，也属于山泉水，不可视为街巷市井中的“井水”，造成对经义的误解。

寒，是一般泉水和地下水都有的特质，由地表与地底的温差造成。后人所谓的“贵寒”“贵冷”正是强调山泉水、上游的江水以及深井水的属性特征。然，井水多在房前屋后，故虽“冷”而不“幽”。而水一旦从地底、崖缝流淌到地表，时间越久，水的温度就越被地表所同化，那么，这样的水即便“幽”，也不够“寒”。换句话说，就是不够“新”。

新，也就是“活”，即源头活水。在自然界中，并不是肉眼看起来清澈的水就是可以喝的，在显微镜下可以观察到看起来清澈见底的水中含有细菌、虫卵、病毒等各种微生物。用佛家的话说，即“一碗水有八万四千虫”；用陆羽的话说，即“或潜龙蓄毒于其间”。“井取汲多者”也是取其新、活。水如火，亦有其气与性味。现代城市生活于“新泉活水”几不可得，灌装的矿泉水或来自名泉、深井，可惜时日已久，水中所禀之气沉寂、消弭，不复“新”“活”，不再甘美。

欧阳修善于别茶辨水，对《茶经》论水之理的认识有过反复。在《大明水记》中，以扬州大明寺井水之甘美，指出陆羽将山水、江水排于井水之前不能一概而论：

> 然此井为水之美者也，羽之论水，恶渟浸而喜泉源，故井取多汲者；江虽长流，然众水杂聚，故次山水，惟此说近物理云。

部分肯定了陆羽辨水论点的说法。言下之意，陆羽其他论水的观点有待商榷。欧阳修后来在《浮槎山水记》修正了这个观点，并赞陆羽为“知水者”：

> 及得浮槎山水，然后益以羽为知水者。……其论曰：“山水上，江次之，井为下。山水，乳泉、石池漫流者上。”其言虽简，而于论水尽矣。

其二，贵“和”。

和，是一个凝聚着中国文化生命哲学智慧和精神的字，既是价值标准，也可以是方法目标，一以贯之于中国政治、社会、生活、医学、音乐、建筑、审美等全方面，可谓“百姓日用而不自知”。这个“和”字同样体现在陆羽对水的品鉴当中。

比如，山水的取用贵活，但这个“活”字也要得中和之气：一方面，不能流速过慢几成死水——**“澄浸不泄……或潜龙蓄毒于其间”**；另一方面，也不能流速太快，否则**“其瀑涌湍漱……令人有颈疾”**。唯不急不缓涓涓漫流，方恰到好处，故**“其山水，拣乳泉石池漫流者上”**。

乳泉，特指石灰岩地质构造中的泉水，为天然碱性水。我国著名的“泉城”位于山东济南，就因其独特的可溶性石灰岩地质，地底被溶蚀成大量溶沟、溶孔、溶洞，形成纵横交错的地下潜流和暗河。此外，广西桂平西山乳泉古井、安徽怀远白乳泉等历史名泉泉水甘甜清冽，是煮茶、泡茶的上品。

死水的反面是过于活泼的水。**“瀑涌湍漱”**是形容水流动时因为较大的速度和冲力形成的过激反应。明代田艺蘅《煮泉小品》认为这些都属于“气盛而脉涌”的“过激水”。长久饮用水性过激的水，陆羽认为容易生喉管方面的疾病。明代医学家李时珍在《本草纲目》中，将水源分为雨水、露水、腊雪、夏水、激流水、井泉水、醴泉水、温泉水、山岩泉水等四十余种，各水皆有其性，与药方搭配各有妙用。如激流水，常用来煎煮治疗下肢关节的汤药，取激流水向下的物性，能将药性迅速带到下肢。陆羽对“瀑涌湍漱”的认识与中医对物性的认识同源，都是观物而取象。因为中国人相信有其象必有其理，象相同，理必相通。

水“贵甘”一说，是就味觉效应来评论。五气对应五味，“甘”对应五行“土”，土的方位在“中”，得中和之气，用现代术语表达，相当于水质软硬适度。我国测定饮水硬度是将水中溶解的钙、镁换算成碳酸钙，以每升水中碳酸钙含量为计量单位，低于150毫克为软水，150—450毫克为硬水，450—714毫克为高硬水，高于714毫克为特硬水。现代科学证明，过硬或过软的水，都不利于人的健康。通常硬度在150毫克以上300毫克以下的适度硬水，入口甘甜，最适宜用来煮茶；超过300毫克，水中的钙镁离子较多，泡出的茶汤色暗、味涩。反之，水质过轻，也就是水中的矿物质含量过少，如雨水和雪水，入口滋味寡淡，泡出的茶汤滋味轻浮。人造的轻水如蒸馏水等，更有过之，因过于纯净而缺少人体所需的矿物质，长期饮用会引起胸闷、恶心、腹泻、体力衰退、焦躁等病症。可见，不管是从滋味，还是从健康考虑，水都不是越纯净越好。古人有水贵“轻”一说，主要是针对本身就富含矿物质的山泉水、江水而言，而雨水、雪水虽轻，却历来不入烹茶之主流、上品。

目前，世界各国多以水质的pH值作为生活饮用水卫生标准的最重要参考值之一。pH值又称为酸碱度，是水体中氢离子浓度指数，这个指标与水中矿物质尤其是碳酸钙和碳酸镁的含量密切有关。换句话说，矿物质丰富的硬度水通常pH值相应较高。水的pH值在0—14之间，一般来说，0—7为酸性，7为中性，7—14为碱性。pH值越小，酸性越大；反之，则碱性越强。pH值要适中，过低或过高都直接影响水质及饮用口感。根据我国2022年的《生活饮用水卫生标准》规定，水质检测指标pH值在6.5—8.5之间，都是合格的饮用水，中间值为7.5。世界各国的标准不尽相同，如欧盟的饮用水指标定在6.5—9.5之间，中间值为8；日本在5.6—8.6之间，中间值为7.2。各国在饮用水水质净化处理过程中，都会根据各自标准调节生活自来水的pH值。人体内血液的pH值约在7.35—7.45之间，一般来说，饮用pH值超过7的弱碱性水不仅口感较好，对于调节人体酸碱环境、促进健康也是不错的选择。

pH值反映了水的酸碱度，却不能决定水的口感。今人追捧矿泉水，是因为矿泉水“有点甜”，其基本原理是水中不同矿物质成分与不同口腔酶发生反应，并刺激味蕾带来的味觉效应。如钠元素、钙元素与唾液淀粉酶反应时，会产生甘甜的味觉效应。水中常见各种离子成分以及味蕾反应如下：

氢离子(H^+)，味酸；

锂离子(Li^+)，味嫩甜；

钠离子(Na^+)，淡则味甜，浓则味苦咸；

钾离子(K^+)，味咸苦；

钙离子(Ca^{2+})，淡则味甜，浓则味苦；

镁离子(Mg^{2+})，味苦；

铜离子(Cu^{2+})，性收敛，味涩；

亚铁离子(Fe^{2+})，味甜酸涩；

铝离子(Al^{3+}),味酸涩;

氢氧根离子(OH^-),口感滑腻,味辣刺;

硫离子(S^{2-}),味苦涩,臭鸡蛋气;

溴酸根离子(BrO^{3-}),味咸;

硫酸根离子($SO_4{}^{2-}$),味苦涩;

醋酸根离子(CH_3COO^-)味酸;

偏硅酸(H_2SiO_3),味淡甜。

矿泉水品种多样,但陆羽推崇的山泉水从来是其中最佳。山泉水入口甘甜,不仅因为水中含有带来甘甜味蕾反应的矿物质,还因为流淌于山林之中的泉水还内含一种叫做“半乳糖”的物质。这种半乳糖源自各种植物的根脉,以水为媒汇流、渗入到山谷溪水之中,又经过砂石的层层过滤,使半乳糖更加醇净,带给山泉水甘冽、清滑的口感。敏感的味蕾能轻易捕捉其中滋味,能说会道的口舌却无法表述个中滋味。佛家说“如人饮水,冷暖自知”。只是一个“冷暖”,就口不能言,何况得天独厚的灵泉?或只能以“美妙”二字权作指月之指,其“味中之道”只能去体验、去证道,言传、意会都不能明了。

关于水得中和与人体健康的关系,与中医的以气养气、气贵中和的养生治疗理论同根同源。医者,意也。中药取材,往往以意得之。如,桂枝长在树梢,其药性引向四肢;赭石作为金石类药材,其性重,故药性导引向下;鸡蛋黄悬浮在蛋清中间,法象心脏中心的那一滴悬浮之血,故而被作为药引治疗相关心脏疾病等等。明代冯梦龙《警世通言》记有一则“王安石三难苏学士”的故事,说的是王荆公老年患痰火之症,根据太医给出的药方,需以瞿塘中峡水为药引,与阳羡茶烹服。当时苏东坡被贬往黄州,王安石便将取水一事托付苏轼:“倘尊眷往来之便,将瞿塘中峡水,携一瓮寄与老夫,则老夫衰老之年,皆子瞻所延也。”结果东坡回程时,船过中游才想起此事,便汲了一瓮下峡水。上峡水太急,下峡水过缓,唯中峡水不急不缓。王安石煮水沏茶,观色辨味,拆穿东坡取的是下峡水。

从来名士能评水,自古高僧爱斗茶。《茶经》论水言简意赅,可说开了后世煮茶论水的源头,于茶学之中别开“辨水”一道,可谓影响深远。后世茶人鉴水不外乎幽、寒、活、新、清、轻、甘等,诚如欧阳修在《浮槎山水记》所赞:“(陆羽)其言虽简,而于论水尽矣。”

从来名士能评水

《管子·水地》云：

> **水者何也？万物之本源，诸生之宗室也。**

水是万物之本源，同样也是“茶之母”。如明代许次纾《茶疏》所说：

> **精茗蕴香，借水而发，无水不可与论茶也。**

没有水的煎煮冲泡，再好的茶也只能如“牛嚼牡丹”，无法品尝到它内涵丰富的色、味、香。人工的精制让茶进入休眠，等待水的唤醒。好茶需要好水。

历史上第一个以辨水闻名于世的是春秋时期的易牙。他精于辨味，善烹饪，因“烹子”献食得到齐桓公的宠信，是鲁菜的始祖，也是中国厨师的始祖，典籍多有记载：

> **天下何者皆从易牙之于味也？至于味，天下期于易牙，是天下之口相似也。（《孟子·告子上》）**
>
> **狄牙（即易牙）之调味也，酸则沃（浇）之以水，淡则加之以成，水火相变易，故膳无咸淡之失也。（东汉王充《论衡·谴告》）**

他对滋味的辨别达到什么程度呢？最著名的例子就是“淄渑之辨”了：

> **孔子曰：“淄渑之合者，易牙尝而知之。”（《吕氏春秋·精谕》）**
>
> **曰：“若以水投水，何如？”孔子曰：“淄渑之合，易牙能辨之。”（《列子·说符》）》**

淄水、渑水都在今山东省，相传二水水味各不同，但一经混合往往令人难辨，而易牙却能立刻分辨出来。后世以此来称赞人的舌识。宋代秦观在《次韵谢李安上惠茶》一诗中自赞自己评水有道，自比易牙：

> 著书懒复追鸿渐，辨水时能效易牙。

晋代杜毓《荈赋》中有“水则岷方之注，挹彼清流”，言煮茶要选择岷地流动的清水，说明中国人远在1700多年前就对煮茶之水很有讲究。陆羽注意到了这则史料，并作为《茶经·五之煮》论水的注脚。

陆羽一生访茶问水，行迹遍布大川名泉，据说有关鉴水理论与经验写入《煮茶记》一书中，惜已散佚。《煎茶水记》的作者张又新，在书中称自己曾在楚僧的西厢房里看到《煮茶记》的文稿，并将他在书中看到的陆羽品水故事记载其中，这个故事随着《煎茶水记》的传播而流传甚广。张又新为官宦世家，其祖父张鷟（约660—740），人称“青钱学士”，是史上著名玄幻小说家，著有《游仙窟》《朝野佥载》和《龙筋凤髓判》等。父亲是与颜真卿、陆羽等茶宴联诗的张荐，官至工部侍郎，诗文卓著，著有传奇小说《灵怪集》三卷等。张又新才华卓著，入科场考试三占鳌头，状元及第，人称“张三头”。家学渊源，张又新嗜茶又自负才华，常自恨生于陆羽之后，不能著茶学于陆羽之前。《煎茶水记》记载其偶得《煮茶记》一书，并辑录书中一则陆羽自述的辨水故事：

> 元和九年春，予初成名，与同年生期于荐福寺。余与李德垂先至，憩西厢玄鉴室，会适有楚僧至，置囊有数编书。余偶抽一通览焉，文细密，皆杂记。卷末又一题云《煮茶记》，云代宗朝李季卿刺湖州，至维扬，逢陆处士鸿渐。李素熟陆名，有倾盖之欢，因之赴郡，至扬子驿，将食，李曰：“陆君善于茶，盖天下闻名矣。况扬子南零水又殊绝。今日二妙千载一遇，何旷之乎！”命军士谨信者，挈瓶操舟，深诣南零，陆利器以俟之。俄水至，陆以勺扬其水曰：“江则江矣。非南零者，似临岸之水。”使曰：“某棹舟深入，见者累百，敢虚绐乎？”陆不言，既而倾诸盆，至半，陆遽止之，又以勺扬之曰：“自此南零者矣。”使蹶然大骇，驰下曰：“某自南零赍至岸，舟荡覆半，惧其鲜，挹岸水增之。处士之鉴，神鉴也，其敢隐焉！”李与宾从数十人皆大骇愕。李因问陆：“既如是，所经历处之水，优劣精可判

矣。”陆曰：“楚水第一，晋水最下。”李因命笔，口授而次第之。

南零水处于扬子江江心，据说只有在子、午两个时辰，用长绳吊着铜瓶或铜壶深入水下取江心之水。倘若深浅不当，或错过时间，均取不到真正的南零泉水。对军士取来的水，陆羽一见而知一半为岸边水、一半为江中南零水，令人称神。李季卿叹服之余，向陆羽请教各地水质优劣，于是有了陆羽对他所到之处的水作了“楚水第一，晋水最下”的总体评价，并口授“二十水品”，次第如下：

庐山康王谷水帘水第一；

无锡县惠山寺石泉水第二；

蕲州兰溪石下水第三；

峡州扇子山下有石突然，泄水独清冷，状如龟形，俗云虾蟆口水，第四；

苏州虎丘寺石泉水第五；

庐山招贤寺下方桥潭水第六；

扬子江南零水第七；

洪州西山西东瀑布水第八；

唐州柏岩县淮水源第九，淮水亦佳；

庐州龙池山岭水第十；

丹阳县观音寺水第十一；

扬州大明寺水第十二；

汉江金州上游中零水第十三，水苦；

归州玉虚洞下香溪水第十四；

商州武关西洛水第十五，未尝泥；

吴松江水第十六；

天台山西南峰千丈瀑布水第十七；

郴州圆泉水第十八；

桐庐严陵滩水第十九；

雪水第二十，用雪不可太冷。

陆羽品水的范围非常广，以长江中下游的湖北、湖南、江西、安徽、江苏、浙江为主，还西到今之陕西省商县，北到唐州柏岩县淮水发源处，即今之豫西桐柏山区。一千多年以来，随着地质环境的变化，尤其近一个世纪以来工业文明的高速发展，对自然生态带来不可逆的破坏和毁灭，史上不少名泉早已今非昔比。万物变动不居，所谓“道可道，非常道；名可名，非常名”（老子《道德经》），所谓“超以象外，得其环中”（司空图《二十四诗品》）。所以，越是具象，越是难以统摄；更不用说对具体的水进行评价，还受到自身活动半径的直接影响。这大概是陆羽没有将这段鉴水“二十品”的论说写入《茶经》的学理考虑。就张又新记载的可信度来说，且不说文中记述当时还有见证的同伴，单说评水这件事本身，就是以自己所品饮过的水为对象，就大家所知进行一番就事论事、说长道短、次第排名，这是符合人之常情、常理的，否则，反而有虚空高蹈、不切实际之嫌。

欧阳修特撰《大明水记》指出张又新的记载与陆羽之论有冲突：

> 如蛤蟆口水、西山瀑布、天台千丈瀑布，皆羽戒人勿食，食之生疾。其余江水居山水上，井水居江水上，皆与《茶经》相反，疑羽不当二说以自异，使诚羽说，何足信也，得非又新妄附益之耶，其述羽辨南零岸水，特怪诞甚妄也。

从欧阳修对张又新的批评来看，未免有“望文生义”之嫌。从名称来看，谷帘泉是瀑布水，扬子江中水是江水，井泉水是井水，但实际上这些排名在前的水都是泉源水。其中，谷帘泉为漫流汇聚之水突遇山崖断裂而形成的形态，一小段的水流激荡并不影响泉水的品性；扬子江中水则是独特的地质构造形成的江心喷泉。此外，蛤蟆口水、西山瀑布、天台千丈瀑布均为山泉汇聚突遇断崖式下跌的山泉水，并非一往无前、水势浩荡、激流奔腾的“瀑涌湍漱”之水。第五、第十一、第十二均为寺庙之井水，但此“井水”均为山泉漫流蓄积汇流之水，非市井之中掘地取用的地下水。可见，鉴水二十品的言论与其“山水上、江水中、井水下”的说法是一致的。

《煎茶水记》在宋代被奉为《水经》。书中称道刑部侍郎刘伯刍的评水论断，赞其“为学精博，颇有风鉴”。他“较水之与茶宜者”，并分出七个品次：

扬子江南零水第一；

无锡惠山寺石泉水第二；

苏州虎丘寺石泉水第三；

丹阳县观音寺水第四；

扬州大明寺水第五；

吴松江水第六；

淮水最下，第七。

这七水与“二十水品”高度重合，但在排序上除了“惠泉”排名第二外，其中第三、四、五、六名因参与排名的水品减少使实际名次发生变化，但先后顺序与“二十水品”的排序基本一致，只有两个例外：

其一，陆羽将“唐州柏岩县淮水源”排名第九，按照这个排序，在刘的七水中应该排在第三名和第四名之间，即在苏州虎丘寺石泉水之后，丹阳县观音寺水之前。

其二，陆羽排名第七的“扬子江南零水”被上升到“第一”。按照陆羽的排序，“扬子江南零水”还排在“苏州虎丘寺石泉水”的后面。张又新支持刘的观点，他说：“斯七水，余尝俱瓶于舟中，亲挹而比之，诚如其说也。”刘晚陆羽22年出生，不知是否有水质变化原因。

如何使茶与水相宜，《煎茶水记》确有一些真知灼见、经验之谈。如：

夫茶烹于所产处，无不佳也，盖水土之宜。离其处，水功其半，然善烹洁器，全其功也。

他同时认为，理是难以穷尽的，何况人毕其一生也不可穷尽天下山水，今人继承前人成果，理应超越前人，而非“见贤思齐”而已：

夫显理鉴物，今之人信不迨于古人，盖亦有古人所未知，而今人能知之者。

又：

岂知天下之理，未可言至。古人研精，固有未尽，强学君子，孜孜不懈，岂止思齐而已哉。

唐代著名的嗜茶宰相李德裕比陆羽晚出生54年，史料留存不少其精于辨水的记载。《事文类聚》记有一则轶事，说他派亲信去京口办事，令其回程时顺道在金山下汲取南零水。亲信醉酒忘事，舟行到建业石头城下方想起来，于是就地汲了一瓶水李代桃僵。“公饮后，叹讶非常，曰：‘江表水味有异于顷岁矣，此水颇似建业石头城下水也。’”亲信一听赶紧谢罪，不敢隐瞒。为追求茶汤的至味，李德裕继唐明皇快递荔枝之后，也来了一个千里“水递”惠山泉。这则轶事被皮日休写入《题惠山泉》一诗：

丞相长思煮茗时，郡侯催发只忧迟。
吴关去国三千里，莫笑杨妃爱荔枝。

唐代丁用晦在笔记体小说《芝田录》中，还讲述了一则僧人婉劝李相终止这一劳民伤财“雅事”的故事：

唐李卫公德裕，喜惠山泉，取以烹茗。自常州到京，置驿骑传送，号曰“水递”。后有僧某曰：“请为相公通水脉。盖京师有一眼井与惠山泉脉相通，汲以烹茗，味殊不异。”公问：“井在何坊曲？”曰：“昊天观常住库后是也。”因取惠山、昊天各一瓶，杂以他水八瓶，令僧辨晰。僧止取二瓶井泉，德裕大加奇叹。

宋代斗茶之风席卷社会各阶层，上至皇帝大臣，下至市井百姓，皆以品茶鉴水为时尚。宋人深谙斗水是斗茶的关键，其间不少名臣都是品茶鉴水的行家里手。欧阳修写过不少咏茶诗，推崇家乡修水的双井茶，还奉其为“草茶第一”。欧著有《大明水记》《浮槎山水记》两篇专门评水的小论文。吕元中《丰乐泉记》中记载欧阳修辨水的故事：

欧阳公既得酿泉，一日会客，有以新茶献者。公敕汲泉瀹之。汲者道仆覆水，伪汲他泉代。公知其非酿泉，诘之，乃得是泉于幽谷山下，因名丰乐泉。

本来要用“酿泉”来泡新茶以待客，家仆运水途中颠覆，于是就近在幽谷山下汲泉冒充。没想到无心插柳，又得丰乐好泉。这个故事发生在欧阳修被贬滁州做太守期间。他在《丰乐亭记》中提及此泉，并言明“丰乐”之名的始由：

修既治滁之明年，夏，始饮滁水而甘。问诸滁人，得于州南百步之远。其上则丰山，耸然而特立；下则幽谷，窈然而深藏；中有清泉，滃然而仰出。俯仰左右，顾而乐之。于是疏泉凿石，辟地以为亭，而与滁人往游其间。

苏轼是北宋文化史也是中国文化史绕不开的人物，精于美食的东坡先生在斗茶斗水方面同样十分活跃，留下很多品茶鉴水的名篇。北宋张邦基《墨庄漫录》记有苏东坡在扬州与友人品水的故事，他们将传说中排名第十二的“扬州大明寺水”（位于塔院西廊井）与下院蜀井进行比斗，最终验证先贤论断之准：

元祐六年七夕日，东坡时知扬州，与发运使晁端彦、吴倅、晁无咎，大明寺汲塔院西廊井，与下院蜀井二水较其高下，以塔院水为胜。

另《东坡集》记载其为官一路，饮江品泉，证实江水确在井水之上，而山泉又在江水之上：

予顷自汴入淮，泛江溯峡归蜀，饮江淮水盖弥年。既至，觉井水腥涩，百余日然后安之。以此知江水之甘于井也，审矣。今来岭外，自扬子始饮江水，及至南康，江益清驶，水益甘，则又知南江贤于北江也。近度岭入清远峡，水色如碧玉，味益胜。今游罗浮，酌泰禅师锡杖泉，则清远峡水又在其下矣。岭外惟惠州人喜斗茶，此水不虚出也。

宋徽宗赵佶于书法绘画、斗茶评水之道无不精，可说是宋代风雅文化的象征性存在。他在《大观茶论》中就辨水记述了自己的见解：

水以清轻甘洁为美。轻甘乃水之自然，独为难得。古人品水虽曰中泠、惠山为上，然人相去之远近，似不常得，但当取山泉之清洁者，其次则井水之常汲者为可用。若江河之水，则鱼鳖之腥，泥泞之污，虽轻甘无取。

观点不出陆羽之右，但对于江河水几弃而不用，应该说与皇帝活动半径有关。当时的都城汴京位于河南开封，所处江河水大多源远、流广、水杂。至于“轻清甘洁”之评并非发明，由于古代没有科学测量水中矿物质含量的技术，其所谓的“轻”“甘”，是从视觉、味觉角度作出的判断。通常水中矿物质含量中和适当，且清洁无杂，入口必然轻软、甘冽。

到了明代，文人茶学著作可谓丰产，署名流传至今的就有76部之多，其中8部专门论水，如徐献忠的《水品》、田艺蘅的《煮泉小品》等。以《煮泉小品》为例，全书共约5000字，分“源泉”“石流”“清寒”“甘香”“宜茶”“灵水”“异泉”“江水”“井水”“绪谈”十部分，于鉴水多有发新：

有黄金处水必清，有明珠处水必媚，有孑鲋处水必腥腐，有蛟龙处水必洞黑。美恶不可不辨也！

他还把自天而降的露水、雪水、雨水统称为“灵水”，以为风雅而甘美的煮茶上品。另介绍了各类不同于普通山泉的“异泉”，如像陈酒一般甜美的醴泉，玉石精气育成的玉泉，从石钟乳流出的乳泉，色红而性温的朱砂泉，明亮光泽可炼制成膏的云母泉，白色或是赤色的茯苓泉，等等。

清代茶学沿袭当时的考据之风，以陆廷灿《续茶经》为代表，其中“五之煮”中论水多辑录前人评水论断与典故，不作一己之阐发。

明末张大复在《梅花草堂笔谈》中称：

茶性必发于水，八分之茶，遇十分之水，茶亦十分；八分之水，试十分之茶，茶只八分耳。

这番“茶水论”颇有洞见，为人称道。然而，在现代城市社会，人们日常生活用水主要依靠自来水。江河水库的水经过消毒处理，又在地下管道中输送，其中的氧化物与茶多酚类物质发生反应，使茶汤入口滞涩。市面上还有琳琅满目的各类净化水商品可供选择，但这些灌装水虽然净化过，且酸碱度适中，但从生产、储存、运输、销售到最后用以煮茶，再好的水已非“活水”，水之“精气”已失。水，在茶人眼中不是化学分子式，而是天地钟灵毓秀的精华之气：

山厚者泉厚，山奇者泉奇，山清者泉清，山幽者泉幽，皆佳品也。不厚则薄，不奇则蠢，不清则浊，不幽则喧，必无佳泉。（明代田艺蘅《煮泉小品》）

山泉的涌动是山的精气所为，水流得越远精华之气就会越淡，更不用说被密封在水管或瓶桶之中。

正因为好泉难得，历代风雅人士道法自然发明了一些净水、养水的妙法。北宋江休复《嘉祐杂志》记载苏东坡与蔡襄斗茶，从“微动竹风涵淅沥”“竹叶滴清馨”诗句中得到灵感，以天台竹沥水点茶取胜：

苏才翁尝与蔡君谟斗茶，蔡茶精，用惠山泉；苏茶劣，改用竹沥水煎，遂能取胜。

“竹沥水”即从砍断的竹子沥出的竹液。其巧思妙想的风雅格调比茶汤中的竹子清香更加令人折服。

《煮泉小品》还谈到对泉水的保护以及怎样还原泉水的本色。如罩上竹笼以保护泉眼；不在泉水旁建房，确保阳气不被阻隔；每月清洁泉水窝；不在泉水旁洗不洁之物；用竹子接引泉水；用石头铺底使泉水不易浑浊，等等。此外，又介绍了以石养水的方法：

移水取石子置瓶中，虽养其味，亦可澄水，令之不淆。

择水中洁净白石，带泉煮之，尤妙，尤妙！

同时代的屠隆在《茶说》中也说：

取白石子入瓮中，能养其味，亦可澄水不淆。

张岱在《闵老子茶》一文中，言自己在闵汶水处喝到惠泉水，很惊讶于千里颠簸辗转运送的惠泉水精气不散，问何故。闵汶水回答说：

不复敢隐。其取惠水，必淘井，静夜候新泉至，旋汲之。山石磊磊藉瓮底，舟非风则勿行，放水之生磊。即寻常惠水犹逊一头地，况他水耶！

取惠山石养惠山新泉，连夜乘顺风船。这样的惠泉水比普通的惠泉还要好，更不要说其他的水品了。

还有结合中医养生理论，以灶心土净水、养水的法门，见明代罗廪《茶解》：

大瓷瓮满贮，投伏龙肝一块，即灶中心干土也，乘热投之。

灶心土是烧木柴或杂草的土灶内的焦黄土块，见《本草便读》：

伏龙肝即灶心土，须对釜脐下经火久炼而成形者，具土之质，得火之性，化柔为刚，味兼辛苦。其功专入脾胃，有扶阳退阴散结除邪之意。凡诸血病，由脾胃阳虚而不能统摄者，皆可用之。

许次纾《茶疏》就储水之法颇多经验之谈。如新泉取来即贮大瓮中，贮水的瓮口以厚箬与泥封住，用的时候旋开。其间，用器、取水颇多讲究：

但忌新器，为其火气未退，易于败水，亦易生虫。久用则善，最嫌他用。水性忌木，松杉为甚。木桶贮水，其害滋甚，挈瓶为佳耳。

舀水必用瓷瓯。轻轻出瓮，缓倾铫中。勿令淋漓瓮内，致败水味，切须记之。

扫雪烹茶是风雅之事。然而，雪是天地积阴之气，寒而为雪，所以《饮馔服食笺》说“雪者，天地之积寒也”。雪水太过阴寒，而茶又性寒，因此，雪水烹茶这种雅事只能兴之所至，偶尔为之；或少饮，或以物性相克合，或深埋地底存放经年……都是调和之道。《红楼梦》第四十一回“栊翠庵茶品梅花雪”中，妙玉选用隔年的雨水招待贾府贵宾，又用梅花上收集的雪水为宝黛钗煮茶。黛玉问了一句：“这也是旧年的雨水？”妙玉冷笑道：

你这么个人，竟是大俗人，连水也尝不出来。这是五年前我在玄墓蟠香寺住着，收的梅花上的雪，共得了那一鬼脸青的花瓮一瓮，总舍不得吃，埋在地下，今年夏天才开了。我只吃过一回，这是第二回了。你怎么尝不出来？隔年蠲的雨水那有这样轻浮，如何吃得！

味中有道，水也不例外。

谁是天下第一泉

评水，离不开比较，最终都要回答“哪一个更好”“哪一个最好”这样的问题。所以，排序是绕不过去的。

对泉品的具体评鉴多受个体阅历、感知等因素制约，不过是各抒己见。有意思的是，陆羽“二十水品”中以江苏无锡惠山泉排名第二，此后的一千多年，诸家对第二名并无异议，甚至惠山泉干脆多了一个别名——“二泉”，成了“千年老二”。反倒是对排名第一的庐山谷帘泉多有挑战，对谁为“天下第一泉”争论不休，有史以来被冠以“第一”名号的就有七处，分别是：

1. 江西庐山康王谷水帘水

又称三叠泉，三级泉，在庐山东谷会仙亭旁。晋代《桑记》一书就对三叠泉作了详细的描述：

出自大月山下，由五老背东注焉。凡庐山之泉，多循崖而泻，乃三叠泉不循崖泻，由五老峰北崖口，悬注大盘石上，袅袅而垂练，既激于石，则摧碎散落，蒙密纷纭，如雨如雾，喷洒二级大盘石上，汇成洪流，下注龙潭，轰轰万人鼓也。

这样的景象在北宋郭祥正的《谷帘水行》中有诗意的描述：

崭崭青壑仙人居，水精帘挂光浮浮。

中有天乐振天响，真珠琤淙碎珊瑚。

嫦娥拥月夜相照，天光地莹倒玉壶。

又云玉皇醉玉液，琼簟千尺从空铺。

…………

传说中的“二十水品”中，庐山的康王谷水帘水、招贤寺下方桥潭水分别排名第一、第六。张又新的《煎茶水记》在宋代被奉为《水经》，随着“二十水品”的流传，庐山的康王谷帘泉“天下第一”的名号也传播开来，成为宋代别茶辨水的风雅人士朝圣之地。苏东坡在《元翰少卿宠惠谷帘水一器，龙团二枚，仍以新诗为贶，叹味不已，次韵奉和》一诗中赞：

岩垂匹练千丝落，雷起双龙万物春。

此水此茶俱第一，共成三绝鉴中人。

又在《西江月·送茶并谷帘与王胜之》一词中，将谷帘泉与贡茶比肩：

龙焙今年绝品，谷帘自古珍泉。

王禹偁在《谷帘水》一诗中，说自己喝到的是千里“迢递”的谷帘泉，对远在千里之外的“天下第一泉”十分神往：

何当结茅屋，长在水帘前。

陆游在《试茶》一诗中，也写到诗人曾亲到庐山汲取谷帘水烹茶：

日铸焙香怀旧隐，谷帘试水忆西游。

还在《入蜀记》中大赞特赞：

谷帘水……真绝品也，甘腴清冷，具备众美，非惠山所及……

诗人王阮在《龟父国宾二周丈同游谷帘三首》中，将雅士、建盏、谷帘水比肩，感受脱俗意趣：

偶然得意挹珍流，二妙欣然共胜游。

怪得坐间无俗语，谷帘泉水建茶瓯。

此外范成大、朱熹、王十朋、白玉蟾以及元代赵孟頫等，都留下了咏泉佳篇。

由于独特的地理环境，庐山地势跌宕起伏，林深草茂，年平均 1839 毫米降水量大大高于年平均 1009 毫米的蒸发量，丰沛的雨水渗入富含沙石、云母的断层岩、砂粒岩，再从岩隙中冒出地表，形成清冽山泉。庐山尤其是山南泉水呈中性，硬度适中，每升水中的矿化度在 134 毫克左右。今天的庐山泉水虽距《茶经》写作年代过去 1200 多年，但其山泉仍十分符合“拣乳泉石池漫流者上”的上佳标准。

2. 江苏镇江的中泠泉

又名扬子江南零水、中濡泉、南泠泉等，位于江苏省镇江市金山寺外。传说中的泉水“绿如翡翠，浓似琼浆”，且盈杯而不溢。在张又新的《煎茶水记》中，被陆羽排位第七，被刘伯刍排为第一。中泠泉“天下第一泉”的名号由此而来。

中泠泉在波涛险恶的江水之下，是江水之中的泉水，自江底岩石汹涌而出。《金山志》记载：

中泠泉在金山之西，石牌山下，当波涛最险处。

长江水自西向东受石牌山和鹘山的阻挡，水势曲折转流，分为三泠，即南泠、中泠、北泠，而泉水喷涌之处正在江中也就是中泠，故而得名“中泠泉”；又因中泠泉在金山下，金山又在江的南岸，故又称“南零水（泉）”。据说唐宋之时，金山还位于江心，有“江心一朵芙蓉”之称。

在水深流急的长江中汲取泉水十分不易，为防江水混入泉水中，人们发明了一种带盖的铜瓶子，见清代薛福成《中泠泉真迹》：

取水之法，常别制机器，以长绳缒入江中，既得泉水，以盖盖之，然后取出，所以不为江水所混。近来汲泉者既无其人，而知制此器者亦绝少，中泠泉乃在若有若无之间。

取水时，以长井绳吊铜瓶下探入江中石窟若干尺，寻得喷涌泉水，再迅速拉起吊在盖上的绳子，使泉水注满铜瓶，再盖上盖子。据说泉水一般在子、午两个正时辰喷涌，错过了时辰，还是取不到泉水，可见取水之难。陆游曾题名石刻，留下“铜瓶愁汲中濡水，不见茶山九十翁”(《将至京口》)的叹息。公元1276年，文天祥与元军谈判被质，在镇江脱险后曾汲泉烹茶，写下《太白楼》：

扬子江心第一泉，南金来北铸文渊。
男儿斩却楼兰首，闲品茶经拜羽仙。

到了清咸丰、同治年间，因江沙堆积，江水向南改道，金山渐与陆地相连，泉源也随金山登陆。中泠泉上岸后曾一度消失不见，后于同治八年(1869)被发现，遂在泉眼四周叠石为池，并由常镇通海通观察使沈秉成，于同治十年春写记立碑、建亭。光绪年间，镇江知府王仁堪又在池周造起石栏，池旁建造庭榭，并拓池四十亩种植荷茭，筑堤种柳，成为一景。方池南面石栏上所刻“天下第一泉”五个大字，为王仁堪所书。①

史上名泉如今已退化为一方碧池，万里长江中独一无二的泉眼已湮灭于漫长的时间洪流。“中泠南畔石盘陀，古来出没随涛波”(苏东坡《游金山寺》)的奇特景观确已“作古”了。

3. 山东济南的趵突泉

据说是古泺水的源头，历史上很长一段时期多以“泺”来指代趵突泉。据北魏郦道元《水经注》记载：

泺水出历城县故城西南，泉源上奋，水涌若轮。

“趵突”，即跳跃奔突的意思，是就“泉源上奋”而给出的形象称呼。因该泉分三股涌出平地，又俗称“三股水”；因泉水常年恒温，当地百姓又称“温泉”；后因泉上建有祭祀娥皇、女英的娥英庙，又被称作“娥英水”。

宋代曾巩出任齐州(济南府)知州时，在《齐州二堂记・齐州北水门记》中言及趵突泉：

自(渴马)崖以北，至历城之西，盖五十里，而有泉涌出，高或至数尺，其旁之人名之曰“趵突”之泉。

① 扬子江心第一泉：镇江中泠泉，中华茶叶网(引用日期2014-04-13)。

又以趵突泉煎水点茶，赞其“滋荣冬茹温常早，润泽春茶味更真”(《趵突泉》)。或嫌其名太过俚俗，曾改名“槛泉”。“槛泉”典出《诗·大雅·瞻卬》中“觱沸槛泉，维其深矣”。或因太过生僻典雅，“槛泉”一名并没有传播开去，地方百姓仍习惯叫它“爆流泉”“趵突泉”。金代元好问曾在《济南行记》中有记：

近世有太守改泉名槛泉，又立槛泉坊，取诗义而言。然土人呼爆流如故。

趵突泉的泉涌和水质与济南的地形与地质结构有关，天然符合陆羽推许的“乳泉”品质。济南位于山区和平原的交界处，南面是石灰岩地质构造的山区丘陵，北面是岩浆岩地底结构的黄河平原。这样一种得天独厚的地质结构可谓“石中含窍，地下藏机”，众多清冽甘美的泉水从石窍孔隙中涌出，汇为河流、湖泊。素有“泉城”之称的济南现存733个天然泉，在泉涌密集区，呈现出“家家泉水，户户垂杨”的一派江南风光。其中，趵突泉南倚千佛山，北靠大明湖，居济南“七十二名泉”之首，泉水从地下石灰岩溶洞中涌出，一年四季瀑突跳跃，水花状如白雪，势如鼎沸，有“倒喷三窟雪，散作一池珠”“千年玉树波心立，万叠冰花浪里开”等佳句赞誉。泉水清冽甘美，恒温18℃左右，严冬时水温与气温的温差在水面形成一道“云蒸雾润”的独特景观。

曾巩《齐州二堂记·齐州北水门记》有“齐多甘泉，冠于天下”；金代《名泉碑》列举出以趵突泉、黑虎泉、珍珠泉、五龙潭、百脉泉五大泉群为主干的七十二名泉，自此“泉城”之名名满天下。元代地理学家于钦在《齐乘》中称赞“济南山水甲齐鲁，泉甲天下”。趵突泉被誉为“第一泉”，只因其是“冠中之冠”。明代晏璧在《题七十二泉诗·趵突泉》一诗中赞：

渴马崖前水满川，江水泉迸蕊珠圆。
济南七十泉流乳，趵突洵称第一泉。

清代蒲松龄在《趵突泉赋》中赞道：

海内之名泉第一，齐门之胜地无双。

趵突泉“天下第一”之所以广为人知，还与好下江南、传说众多的乾隆帝有关。乾隆帝一生雅好甚广，品泉辨水是其中之一。据说某次下江南，出京时带的是北京玉泉水，途经济南时品饮了趵突泉水，觉得这水竟比他赐封“天下第一泉”的玉泉水更加甘冽爽口，于是将蓬莱、方丈、瀛州三座仙山之名赐给喷涌奔突的泉眼，又题书“激湍”两个大字。至于“赐封”趵突泉为“天下第一泉”一说，似乎没有得到证明。趵突泉为济南之冠，泉旁石碑“第一泉”三字为清同治年间王仲霖所书，意味不明，但引人联想。

趵突泉现位于济南市市中心，泉池东西长30米，南北宽20米。泉水曾因地下水过度开采而数次断喷，采取放水保泉等地下水保护措施后，得到极大程度改善。据测，目前该泉平均每天涌泉量达7万立方米，最大涌泉量一天可达16.2万立方米，喷涌最高可达26.49米。

4. 北京玉泉山的玉泉

山中泉水因“水清而碧，澄洁似玉”而得名“玉泉”，山也因“玉泉”而得名。玉泉山，位于北京西郊西山东麓的支脉，山中古木参天，苍翠葱茏，奇岩幽洞，林泉遍布。公元12世纪末，金章宗在万寿山之西的玉泉山麓建芙蓉殿，辟为玉泉行宫。自此，玉泉山在元、明、清三朝均为皇家园林。从元代开始，玉泉水作为宫城专用水源，泉水注入昆明湖，沿金水河流入京都。《清稗类钞》记载，皇家御用有专人用专门的马拉水车，水车上插着宫中小黄旗作为标识。

因距京城不远，玉泉山历来是京郊游览胜地，山中“玉泉垂（飞）虹”是元明时期燕京八景之一。山泉自山间石隙喷涌而出，跳珠溅玉，逶迤曲折，映日成虹，蔚为奇观。随着地质环境的变化，玉泉水的喷涌量渐趋下降，不足以形成“汇聚垂布，映日成虹”的景观。康熙时期的《宛平县志》中，“玉泉垂（飞）虹”已改为“玉泉流虹”。“垂虹”“飞虹”虽不可见，但“跳珠溅玉出岩多”（明代曾棨《玉泉山》）的情形犹在，这大概是乾隆赐名“玉泉趵突”的缘由。据说，乾隆对玉泉多次实地考察，认为玉泉从石缝中奔突喷溅，情形似济南的趵突泉，特作诗《燕山八景诗叠旧作韵·其三玉泉趵突》：

玉泉昔日此垂虹，史笔谁真感慨中。
不改千秋翻趵突，几曾百丈落云空。

廊池延月溶溶白，倒壁飞花淡淡红。

笑我亦尝传耳食，未能免俗且雷同。

玉泉固然是好泉，然而被称为“天下第一泉”还得要天时地利人和。这个“人和”就是乾隆皇帝的御笔敕封了。《大观茶论》说：“水以清轻甘洁为美。轻甘乃水之自然，独为难得。”清、轻、甘、洁，可目测、口尝、舌辨，靠的都是微妙而难以言说的觉知。如“轻”之一味，在今天可以通过量化水中的矿物质含量来判断，但在科学不发达的古代，还是依靠感觉。在古人看来，雪水、雨水、露水、蒸馏水均为“轻”水，共同点是矿物质含量低至无。然过犹不及，“过轻”的水用于烹茶就显得过于轻浮，不够淳厚、甘冽。因此，文人士夫扫雪烹茶、汲露煮茶等等，重在“雅”而不在“味”。乾隆帝嗜茶善辨水，认为“水以轻为上”。据陆以湉《冷庐杂识》记载，乾隆皇帝为“精量各地泉水”，令人特制了一个银制称量水的小方斗，方便出巡时带上这个方斗以检验所到之地的名泉轻重，检测结果：济南珍珠泉斗重一两二厘；扬子江金山水一两三厘；惠山虎跑泉重一两四厘；平山水重一两六厘；凉山、白沙、虎丘、碧云寺诸水各重一两一厘；玉泉山的泉水只有一两重，是最轻的。借此，乾隆皇帝御笔一挥，把“天下第一泉”赐给了玉泉，并写了一篇《玉泉山天下第一泉记》，说明赐名“第一”的理由：

则凡出于山下，而有冽者，诚无过京师之玉泉，故定为天下第一泉。

水之德在养人，其味贵甘，其质贵轻。朕历品名泉，实为天下第一。

乾隆十七年(1752)，御制玉泉山天下第一泉龙神祠落成，又诗赞“功德无双水，名称第一泉”(《玉泉山天下第一泉龙神祠落成诗纪其事》)；十八年又御赞“济南将浙右，第一让皇都”(《玉泉趵突》)。

至今，“玉泉趵突”的乾隆御碑矗立在山崖上的一座古建筑前面，下方是白玉栏杆围出的一汪清水，宛如镜面，不见一点涟漪，更别说“跳珠溅玉”了。“趵突”之名，早已名不副实。

剩下的三个“天下第一泉”各有其得天独厚之处，却不是以宜茶著名。其中：

四川峨眉山的玉液泉，位于四川峨眉山金顶之下的万定桥神水阁前，千百年来，即使年年干旱也不会干涸，故在传说中成为与天上的瑶池相通的“天上神水”。“神水第一泉”的名号由此而来。

湖南衡山水帘洞泉，位于紫盖峰下，帘水由紫盖峰顺势落下，飘洒如帘幕，在日光下银光闪闪，寒气逼人，犹如仙境，引文人墨客流连题刻。明代衡州知府计宗道题刻“天下第一泉”。

云南安宁碧玉泉，是温泉，被天然岩障分为两池，上池碧波清澈，可以烹茶煮茗；而下池含有碳酸钙、镁、钾等微量元素，对人的身体有极大的好处，适合用来作汤浴。明代地理学家徐霞客在游记中赞：

> 虽仙家三危之露，佛地八巧之水，可以驾称之，四海第一汤也。

据说，也是徐霞客大笔一挥题刻的“天下第一泉”，流传至今。

今天，关于“谁是天下第一泉”的评判，除了纵横古今，还得横观中外。

在资讯和交通发达的现代社会，天下泉水各争妙，其中翘楚当属世界三大冷泉，即法国维希矿泉、俄罗斯北高加索矿泉以及中国黑龙江省五大连池山脉矿泉。三大冷泉都起源于6500万年前至1.3亿年前白垩纪的恐龙时期。其时，地球上空气含氧量高达28%—32%，是现在的近1.5倍，负氧离子（HO^-）远远超过氢离子（H^+），因此而形成的弱碱性环境高达上亿年，加上频繁的地壳矿质运动，在这三个地带形成多层次的苏打水层。所谓“万眼矿泉水，一眼苏打泉”。三地冷泉重碳酸、高钠离子、偏硅酸、弱碱性，因宜饮宜浴、养生保健而闻名于世。因其稀缺性，许多世界级的矿泉水品牌出身其间。而遗憾的是，在这个榜单里却没有中国品牌矿泉水的一席之位。

事实上，中国古人早已发现冷泉的珍贵。位于东北五大连池山脉的黑龙江省拜泉县的县名就因泉水而得。据县志记载，该泉水之名与成吉思汗有关。相传，成吉思汗曾率兵与金国在当地发起一场大战，生死交战多时，人马俱疲，将士无意中发现了一处天然自涌泉，兵马饮用后迅速恢复体力，重新投入战斗并大获全胜。战后，成吉思汗给该泉赐名“巴拜布拉克”。蒙古语中，“巴拜”为“宝贝”“贵重”之意，

“布拉克”意为“泉水”，合起来就是“宝贵的泉水”。该地建制设县时也因此得名“拜泉县”。泉水简称巴拜泉，因谐音又名“八百泉”。

巴拜泉的“宝贵”或许成吉思汗不能准确表达，但现代科学研究却能对其宜饮、宜疗的原因作详细的论证分析，包括：内含大量碳酸根，使口感清冽；含有较高浓度钠离子及大量氢氧根离子，中和了碳酸的微酸涩，使口感滑甜；内含适量的钠离子跟唾液酶充分反应，增加口感的甘甜度……这些都使得 pH 值≥8.5 的巴拜泉完全没有硬水的滞涩感，而是入口甘洌，清甜绵柔。尤其值得关注的是，该泉水的小分子团平均半幅宽在 47—48 赫兹，比普通泉水更具渗透性，饮用后很容易渗透味蕾和胃黏膜细胞被人体吸收，促进新陈代谢。这种优秀的渗透性容易释出泡煮之物的内含物质，因此也特别适合用来泡茶、煮药等，甚至可以直接用作冷泡茶。

古人煮茶论水，终不离茶。而茶者，南方之嘉木也。故诸多煮茶名泉多为南方产茶之地，即使是北方名泉，如北京玉泉、山东趵突泉，也与饮茶文化的流行有关。东北人不饮或少饮茶，宜茶之水也就无从谈起。这或许正是五大连池水在中国自己的名泉榜单上，也籍籍无名的原因吧。

复习与思考

1. 水贵“清和”是如何被历代茶人呈现在择水、养水之中的？

2. 那些号称天下第一泉的宜茶名泉，都有什么样的共同特质？

【五之煮】下

煮茶的文武之道

其沸如鱼目，微有声，为一沸；缘边如涌泉连珠，为二沸；腾波鼓浪，为三沸；已上，水老，不可食也。初沸则水合量，调之以盐味，谓弃其啜余，啜，尝也，市税反，又市悦反。无乃䤁鑑而钟其一味乎？䤁，古暂反。鑑，吐滥反。无味也。第二沸出水一瓢，以竹筴环激汤心，则量末当中心，而下有顷势若奔涛溅沫，以所出水止之，而育其华也。

凡酌置诸碗，令沫饽均。字书并《本草》："沫、饽，均茗沫也。"饽，蒲笏反。沫饽，汤之华也。华之薄者曰沫，厚者曰饽，细轻者曰花，如枣花漂漂然于环池之上，又如回潭曲渚，青萍之始生；又如晴天爽朗，有浮云鳞然。其沫者，若绿钱浮于水湄，又如菊英堕于鐏俎之中。饽者，以滓煮之，及沸，则重华累沫，皤皤然若积雪耳。《荈赋》所谓"焕如积雪，烨若春藪"，有之。

第一煮水沸，而弃其沫之上有水膜如黑云母，饮之则其味不正。其第一者为隽永，徐县、全县二反。至美者曰隽永。隽，味也。永，长也。史长曰隽永，《汉书》蒯通著《隽永》二十篇也。或留熟以贮之，以备育华救沸之用。诸第一与第二第三碗，次之第四第五碗，外非渴甚莫之饮。凡煮水一升，酌分五碗，碗数少至三，多至五；若人多至十，加两炉。乘热连饮之，以重浊凝其下，精英浮其上。如冷，则精英随气而竭，饮啜不消亦然矣。

茶性俭，不宜广，则其味黯澹，且如一满碗，啜半而味寡，况其广乎！其

色缃也，其馨欸也。香至美曰"欸"。"欸"音备。**其味甘，槚也；不甘而苦，荈也；啜苦咽甘，茶也。**

候汤即候火：无过无不及

煎茶道中的投盐、出水、量末投放等环节，均要根据水的沸腾程度来掌握时机。陆羽将水的沸腾程度分为三个阶段，即"三沸"：

其沸如鱼目，微有声，为一沸；缘边如涌泉连珠，为二沸；腾波鼓浪，为三沸；已上，水老，不可食也。

陆羽煎茶用的是敞口的"鍑"，可以直接观察到水沸的全过程。水刚刚要烧开的时候，锅底会冒出像鱼眼睛一般大小的水泡泡，并伴有轻微的响声，这是"一沸"；锅的边缘有水泡连珠般地涌出，这是"二沸"；锅里的水如波浪一般上下翻腾，这是"三沸"。此后，如果再继续煮下去，水就煮老而不宜煮茶了。

这个等待水烧开的过程叫做"候汤"。陆羽从形态、声音两个方面来判断水的沸腾程度，把握煮茶时机。一般随着煮水经验的积累，仅听声音就足以判断水的沸腾程度。宋代煎水用的是圆肚细颈的注瓶，目辨是不可能了，只能依靠水声来判断一、二、三沸。宋人茶著多有记载：

沉瓶中煮之不可辨，故曰候汤最难。（蔡襄《茶录》）

《茶经》以鱼目、涌泉连珠为煮水之节，然近世瀹茶，鲜以鼎镬，用瓶煮水之节，难以候视，则当以声辨一沸、二沸、三沸之节。（罗大经《鹤林玉露·茶瓶汤候》）

候汤有多重要呢？晚唐五代人苏廙著《十六汤品》，专论冲点茶的热汤，他说：

汤者，茶之司命。若名茶而滥汤，则与凡末同调矣。

苏辙在《和子瞻煎茶》一诗中，干脆就说煮茶其实就是"煎水"：

相传煎茶只煎水，茶性仍存偏有味。

候汤对茶的色、香、味影响至关重要。水煮过头则“老”，不及则“嫩”，都不利于茶性的发挥。这在现代科学知识中同样可以得到解释，没烧开的“一沸”水，固然不利于发挥出茶的色香味；而“三沸”的水如继续沸腾，会使溶解于水中的气体（特别是二氧化碳）挥发，且水中的硝酸盐会因受热时间长而还原为亚硝酸盐，使水味涩重，也不利于健康。茶汤老为“过”，嫩为“不及”，只有适中才是正正好。《十六汤品》将据此将茶汤分为三品：

第一品：“得一汤”。

火绩已储，水性乃尽，如斗中米，如称上鱼，高低适平，无过不及为度，盖一而不偏杂者也。天得一以清，地得一以宁，汤得一可建汤勋。

“一”即“道生一”的“一”，代表万物没有二分，最为中和纯粹。所以，《道德经》有“天得一以清，地得一以宁”；《大学》有“止于至善”，至善即“一”，“止十一”为“正”。由此，“得一”即“汤得一可建汤勋”，具有符合标准、法度以及至善的意味，是一种无过无不及、一而不偏、中正平和的状态。

第二品：“婴汤”。

薪火方交，水釜才识，急取旋倾，若婴儿之未孩，欲责以壮夫之事，难矣哉！

相对于“得一汤”，“婴汤”是一种火候不到的过嫩汤，火苗刚刚燃烧起来，锅里的水才刚刚烧热尚未发出沸腾的声音，这就像还不会笑出声的婴儿，无法承担成年壮汉的责任和使命。

第三品：“百寿汤”或“白发汤”。

人过百息，水逾十沸，或以话阻，或以事废，始取用之，汤已失性矣。敢问鬓苍颜之大老，还可执弓抹矢以取中乎？还可雄登阔步以迈远乎？

相对于“得一汤”，“百寿汤”或“百发汤”属于反复沸腾的过老汤，此时“汤已失性”，如人之迈入老年不能弯弓引箭射中靶心，难以“雄登阔步以迈远”，这样的汤也承担不起冲点茶汤的使命。

陆羽还结合“三沸”，依次设定了烹煮的程序：

初沸则水合量，调之以盐味，谓弃其啜余，无乃䤁槛而钟其一味乎？第二沸出水一瓢，以竹筴环激汤心，则量末当中心，而下有顷势若奔涛溅沫，以所出水止之，而育其华也。

在“初沸”也就是“一沸”的时候，往水中投入适量的盐，尝一尝咸淡并将尝剩下的水倒掉。茶味苦，五行属火，入心经；盐味咸，五行属水，入肾经。陆羽在煎茶中依然保留了传统文化中药食同源的思想，以咸克苦味，以达“水火既济”的调味、养生效用。在陆羽的仪程设计中，“弃其啜余”是一个不可忽略的仪程。陆羽通过这个仪程，强调要控制好投盐量，切莫因为水淡而无味而过分加盐，否则咸味盖过茶味，茶汤入口岂不是只剩下“盐”这一味了？“二沸”的时候，取出一瓢水，用竹筴环击汤心，取适量茶末对着旋涡的中心投下，顷刻之间，沸水“若奔涛溅沫”，这个时候正好达到“三沸”的状态，赶紧用“二沸”时取出的水浇在沸腾的茶汤上止沸，以保养茶汤浮起的精华部分——沫饽，否则，茶汤面上的沫饽会因为骤然沸腾，像啤酒花一般喷溅外溢。

茶艺不同，“得一”的“一”即标准，也不尽相同。宋代点茶法，是执汤瓶沸水直接冲茶碗当中调成膏糊状的茶末，同时用茶筅环击拂甩调匀茶汤。这种冲点法对水的沸腾程度有严格要求，不能过，也不能不及。蔡襄《茶录》说“候汤最难”：

未熟则沫浮，过熟则茶沉。前世谓之蟹眼者，固熟汤也。

水嫩，茶沫都浮泛于上；水过老，茶末都往下沉淀。蔡襄认为“蟹眼”汤用来冲点就正好，茶汤不浮不沉，汤色均匀。

“蟹眼”，参照苏东坡《试院煎茶》中的“蟹眼已过鱼眼生，飕飕欲作松风鸣”以及宋徽宗在《大观茶论》中的“用汤以鱼目、蟹眼连绎迸跃为度”，大约是“一沸”（即其沸如鱼目，微有声）到“二沸”（即缘边如涌泉连珠）的状态，此时注瓶中水沸之声开始作松涛之声。民间有句俗语“开水不响，响水不开”，完全滚沸的水反而在沸腾到顶点之时声音变小。

罗大经在《鹤林玉露·茶瓶汤候》中，说他的同年李南金曾提出“背二涉三”的候汤法，即水过第二沸（背二）刚到第三沸（涉三）时，最适合冲茶，并就此作了一首《茶声》诗：

> 砌虫唧唧万蝉催，忽有千车捆载来。
> 听得松风并涧水，急呼缥色绿瓷杯。

注瓶的水初沸时，声如阶下唧唧的虫鸣声，又好似夏蝉的聒噪声；二沸的水声就好像突然有千车满载滚地而来；听得汤瓶中的水像松风般鸣叫又像并涧水泼溅喧腾之声时，赶紧提瓶点茶。罗大经对此有不同意见，他的候汤标准与蔡襄的比较一致，他说：

> 然瀹茶之法，汤欲嫩而不欲老，盖汤嫩则茶味甘，老则过苦矣。若声如松风涧水而遽瀹之，岂不过于老而苦哉！惟移瓶去火，少待其沸止而瀹之，然后汤适中而茶味甘，此南金之所未讲者也。

宋代顶级蒸青团饼茶都是用的笋芽，从这个方面来看，用更嫩一点的汤不无道理。罗大经也作了一首《茶声》诗表达关于候汤的看法：

> 松风桧雨到来初，急引铜瓶离竹炉。
> 待得声闻俱寂后，一瓯春雪胜醍醐。

“松风桧雨到来初”与“听得松风并涧水”，差别只在几息之间，但水之老嫩已有差别，就这样，罗大经还要等水瓶之声寂然无声之后，也就是温度还要略低一点，再来冲点茶汤。

冲泡茶法对水的沸腾要求以“千差万别”来说，也不为过。虽然不同茶品对水温的要求各有不同，但一般来说，汤之老嫩与茶之老嫩成正比。比如，以等级高的单芽制成的茶品，不管是红茶还是绿茶、黄茶，都不宜用100℃的沸水冲泡，一般在“一沸”“二沸”之间，即90℃上下浮动为宜；反之，粗老的茶叶，或本就较为耐泡的老树乔木茶，如花茶、青茶、黑茶、白茶等，多用近100℃的沸水，有的甚至直接烹煮，如白茶、黑茶等。实际上，一般茶树越老，茶芽叶气越厚，也就更需要沸水来焕发其精、气、神。从这个意义上来说，无论哪一种茶，“沸水”都是品质好坏的照妖镜。潮汕工夫茶的候汤“七步法”对于相对耐泡的茶都有借鉴意义。梁实秋曾写过一篇《喝茶》的文，说起自己在潮汕一带品工夫茶的经历，对其中茶仪多有不解，尤其对候汤“七步法”：

> 不知是否故弄玄虚，谓炉火与茶具相距以七步为度，沸水之温度方合标准。

其实，“七步”之法可说尽显“工夫”内涵：

其一，洁净。潮汕工夫茶用的是榄核炭，燃烧时多少有些炭气、火气，添炭、扇火时难免火星炭尘飞扬。七步的距离正好照看炉火，又不至于沾染火灰。

其二，安全。七步是炭火、滚水与茶客的安全距离。以砂铫烧水，水开后铫嘴中因无水而温度极高，七步之遥正好使铫嘴稍事冷却，在倾出“水头”时不致飞溅出水珠，不致因仓促疏忽而伤人。

其三，适宜的温度。青茶冲泡的最佳水温宜在二沸与三沸之间，刚到三沸的水经七步的距离，正好回到适中的二沸状态。

候汤即候火，一方面是掌握水在煮水器中的变化消息，另一方面，则是把握烧水的火候了。明代田艺蘅在《煮泉小品·宜茶》中强调：

> ……火候失宜，皆能损其色香也。

“三沸”之法必须活火。《唐才子传》记载，略晚于陆羽出生的唐朝宗室诗人李约，“不近粉黛，雅度简远，有山林之致。性辨茶，能自煎”，曾经对客人传授煎茶候汤的方法：

> 茶须缓火炙，活火煎，当使汤无妄沸。始则鱼目散布，微微有声；中则四畔泉涌，累累然；终则腾波鼓浪，水气全消。此老汤之法，固须活水，香味俱真矣。

苏东坡在《汲江煎茶》一诗中将这段经验之谈，写入诗句“活水还须活火烹”。明代屠隆也将李约的经验之谈辑录到他的《考槃余事》“候汤”一目中。没有明亮焰火的炭，要么是刚生的炭火，还未起焰；要么是炭火燃烧将尽，只剩余火。炭火因缺乏火力，是无法达到“鱼目、蟹眼连绎迸跃”，随即“腾波鼓浪”“奔涛溅沫”的沸腾状态的。许次纾《茶疏》对此作了具体的讲解：

火必以坚木炭为上。然木性未尽，尚有余烟，烟气入汤，汤必无用。故先烧令红，去其烟焰，兼取性力猛炽，水乃易沸。既红之后，方授水器，仍急扇之。愈速愈妙，毋令手停。停过之汤，宁弃而再烹。

苏廙《十六汤品》就冲点手法，同样依据适中、过与不及三种状态，将水品分为三等，即水柱适当、符合标准的“中汤”，水柱过细、断续不流畅的“断脉汤”，以及冲点过快、水柱过大的“大壮汤”。又根据盛汤的器具材质分为富贵汤（金银）、秀碧汤（石器）、压一汤（瓷器）、缠口汤（铜铁铅锡）、减价汤（陶瓦）五品。总之，凡物皆有性，候汤不仅是水火工夫，还要把天地人都协调好了，才能尽茶之性，融汇一壶色味香，成就一碗至味的茶汤。

酌茶：从茶味到茶艺

水火既济，茶汤既成，接下来就是酌茶品饮了。

凡酌置诸碗，令沫饽均。沫饽，汤之华也。华之薄者曰沫，厚者曰饽，细轻者曰花……

煮好的茶汤要分别舀到各个茶碗里，这就是分茶，也叫酌茶。但陆羽首先说的不是茶汤量的多寡，而是“令沫饽均”。“沫饽”，是茶末在煎煮过程中形成的浮在茶汤面上的汤华，也是茶汤的精华。《茶经》引《桐君录》说：“茗有饽，饮之宜人。”因此，“分茶”要注意“精华均分”，以表达“平等待客”的礼敬之意。

煎茶、点茶都会形成“沫饽”。煎茶法用细如“米粒”的茶末，通过用竹筴环激沸水，同时将茶末下到沸水的旋涡中；点茶法用的是细腻的茶粉，先用少量热水调膏，然后，一手提汤瓶冲水，一手拿茶匙（或茶夹、茶筅）击拂茶汤。两种茶艺都是通过热水与茶粉末对冲调和，在温度和击拂双重作用下，在汤面形成浮沫、泡沫，类似于快速击打鸡蛋形成的蛋花。现代科学研究证明，茶粉（末）与热水冲调作用下产生的“沫饽”，是茶叶内含的一种名为“茶皂素”的物质在起作用。茶皂素具有抗菌、消炎、杀毒、抗过敏等作用，还有促进体内激素分泌、调节血糖含量、降低胆固醇含量、降血压等功效，确实是“汤之华也”。

“沫饽”细分开来说，薄的叫“沫”，厚的叫“饽”，又细又轻漂浮在最上面的叫“花”。一花一世界，一叶一菩提。《茶经》经文非常诗意地表现了茶碗里的沫饽汤华之美：

……如枣花漂漂然于环池之上；又如回潭曲渚，青萍之始生；又如晴天爽朗，有浮云鳞然。其沫者，若绿钱浮于水湄，又如菊英堕于镈俎之中。饽者，以滓煮之，及沸，则重华累沫，皤皤然若积雪耳。《荈赋》所谓“焕如积雪，烨若春藪”，有之。

汤华，就像枣花在圆形的池塘上漂浮，又像回环曲折的潭水与沙洲间刚刚长出的青萍；又像天气晴朗时，布满天空的如鳞片般的浮云。而“沫”，就好似青苔浮于水草交接的地方；又如菊花的花瓣飘落于碗盏中。至于“饽”，就是用看起来污黑质重的茶末烹煮，等到水一沸腾，就产生重重叠叠的泡沫，洁白得就像厚厚的积雪一般。《荈赋》中所说的“明亮像积雪，灿烂如春花”，确然如此。

这一段对茶汤的诗意描写，把茶饮从日用的“俗饮”上升到艺术和审美高度，为茶饮开辟了一个诗意的空间。继“枣花”“积雪”之后，“细乳”“妖乳”“雪”“雪乳”“雪涛”“粟纹”“素涛”“云脚”“白云”“瓯蚁”等等，都成为茶的隐喻和美誉，成为映照在一碗茶汤里的唐风宋韵：

素瓷雪色缥沫香，何似诸仙琼蕊浆。（唐代释皎然《饮茶歌诮崔石使君》）

满瓯似乳堪持玩，况是春深酒渴人。（唐代白居易《萧员外寄

新蜀茶》）

碧云引风吹不断，白花浮光凝碗面。（唐代卢仝《走笔谢孟谏议寄新茶》）

碾细香尘起，烹新玉乳凝。（宋代丁谓《咏茶》）

黄金碾畔绿尘飞，紫玉瓯心雪涛起。（宋代范仲淹《和章岷从事斗茶歌》）

磨成不敢付僮仆，自看雪汤生玑珠。（宋代苏轼《鲁直以诗馈双井茶次韵为谢》）

矮纸斜行闲作草，晴窗细乳戏分茶。（宋代陆游《临安春雨初霁》）

一瓯雪乳初尝罢，知是人间第一泉。（宋代喻良能《题谷帘泉》）

…………

《大观茶论》就如何击拂出如雪般的重重叠叠且持久咬盏的汤华，列举了七种姿势。蔡京在《延福宫曲宴记》一文中，还记述了宋徽宗于宫廷宴席之上亲自点茶、分茶，赏赐大臣：

宣和二年十二月癸巳，召宰执亲王等曲宴于延福宫……上命近侍取素具，亲手注汤击拂，少顷，白乳浮盏面，如疏星朗月。顾诸臣曰：此自布茶。饮毕皆顿首谢。

对茶汤的诗意赞美，到宋代发展成为一种刻意追求的审美情趣。宋人“斗茶”，主要比斗的是茶汤泡沫的完美程度和咬盏的持久度，“分茶”技艺就是由此衍生出来的一种文化风尚。宋代“分茶”不再是“令沫饽均”，而是通过高超的技艺令茶汤沫饽形成各种图案、文字。陶谷在《清异录》中详细描述了这样一种名为“汤戏”“水丹青”“茶百戏”的茶艺，以及一个精于此道的福全和尚：

馔茶而幻出物像于汤面者，茶匠通神之艺也。沙门福全生于金乡，长于茶海，能注汤幻茶成一句诗，如并点四瓯，共一首绝句，泛于汤表。小小物类，唾手办尔。檀越日造门，求观汤戏。全自咏诗曰："生成盏里水丹青，巧画工夫学不成；却笑当时陆鸿渐，煎茶赢得好名声。"

宋代向子諲的《酒边词·江北旧词》中有一首《浣溪沙》，题纪中有：

赵总持以扇头来乞词，戏有此赠。赵能著棋、写字、分茶、弹琴。

可见在宋代，分茶与琴、棋、书艺一样，是当时流行的文人雅事。

作为待客之礼的"分茶"，陆羽说有几个注意事项：

第一煮水沸，而弃其沫之上有水膜如黑云母，饮之则其味不正。其第一者为隽永，或留熟以贮之，以备育华救沸之用。诸第一与第二第三碗，次之第四第五碗，外非渴甚莫之饮。凡煮水一升，酌分五碗，乘热连饮之，以重浊凝其下，精英浮其上。如冷，则精英随气而竭，饮啜不消亦然矣。

分茶前，要先撇去浮沫之上的那层像黑云母一样的水膜，否则会影响茶汤的味道。然后，用瓢小心从锅的中间浅浅地舀取茶汤，动作不能太大，否则会让沉在锅底的茶末泛上来，影响茶汤入口的顺滑感了。舀出的第一碗茶汤，名为"隽永"，通常暂贮在熟盂里以作育华止沸之用。所谓"隽永"，为深沉幽远、意味深长、耐人寻味之意。一般来说，第一道茶汤内含的精华物质最为全面。现代工夫茶的冲泡，内行人往往最重视第一道茶汤的品鉴，因为第一道茶汤虽然入口偏淡，但茶汤内涵信息最全面、丰富，滋味堪称"隽永"。

紧接着从锅里舀出来第一、第二、第三碗，茶汤滋味依次递减，第四、第五碗以后，除非实在太渴，否则就不要喝了。一般煮一升水，可以分作五碗。经文又注"碗数少至三，多至五；若人多至十，加两炉。"唐代十合为一升，十升为一斗，十斗为一斛。到南宋末改五斗为一斛，二斛为一石。根据日本藏大业三年隋大府寺合估算，每斗约 6000 毫升，一升则为 600 毫升。按照陆羽的意思，要想喝得甘美，最好是一升水煮五碗茶的量，只饮三碗茶汤。饮茶时，要趁热连饮，因茶汤一旦冷却下来，则茶汤上面的沫饽也就随热气挥发而消散，馥郁鲜爽的滋味也随之消失。而且从养生角度来说，喝冷茶伤脾易得痰饮。以茶末煎煮茶，茶汤的精华物质遇热会从茶末中释出，并轻浮在上面，茶渣则沉淀在下面。因此，茶汤越到后面，精华的物质也越少，这就是陆羽说五碗之外的茶汤不要去喝的道理。

饮茶不是为了解渴，而是“品味”，是一种妙契物理、物我合一的生命体验。故，陆羽又说：

茶性俭，不宜广，则其味黯澹，且如一满碗，啜半而味寡，况其广乎！

“俭”通“敛”。因茶性寒，有一定的抑制欲望的作用，另外，茶中的咖啡因也有清醒头脑的作用。人在清醒、无欲的状态下更容易保持自律和理性，这是茶德通人德的物质基础。“俭”于茶而言，一方面，表示茶末与水量要适当，不宜多，否则茶少汤多就会滋味寡淡。另一方面，也表示不宜多饮。陆羽说，一满碗的茶汤往往品啜到一半，味蕾就已经不再敏锐，品不出茶味的甘美了，更不用说煮上一大锅水把茶汤稀释得寡淡无味的状况了。

唐代的茶碗口径较大、杯身较矮，利于茶碗的把持、传茶以及赏鉴茶汤汤华。按照“煮水一升，酌分五碗”，且之后还有剩余汤底的情况来看，陆羽推荐使用的茶碗不会超过100毫升的量。宋代茶盏的典型造型是“斗笠”型，碗底窄小，口径较大，敞口或束口，盏壁线条斜伸，形态轻盈、亭亭玉立、文雅内敛，充满“文人气”，迥异于唐代的质朴、大度的气质。冲泡茶的茶盏向精致小巧的“杯”靠拢，潮汕工夫茶中的“若深”杯就是典型代表，而“盖碗”通常不是用来喝茶，只是用来冲泡茶汤。

《红楼梦》第四十一回“栊翠庵茶品梅花雪”，曹雪芹借妙玉之口发表了一通茶论。妙玉用珍藏的各色茶器斟茶待客，最后寻出九曲十环一百二十节蟠虬整雕竹根的一个大“盒”[hǎi]出来，故意调侃宝玉道：

“就剩了这一个，你可吃的了这一盒?”宝玉喜的忙道：“吃的了。”妙玉笑道：“你虽吃的了，也没这些茶糟踏。岂不闻‘一杯为品，二杯即是解渴的蠢物，三杯便是饮牛饮骡了。’你吃这一盒便成什么?”

最后是“妙玉执壶，只向盒内斟了约有一杯，宝玉细细吃了，果觉轻浮无比，赏赞不绝”。这段茶论可谓是“茶性俭，不宜广”的注脚了。

烹煮茶汤的要义在于得其“正味”。什么是茶的“正味”呢？陆羽从色、香、味三个层面来论述：

其色缃也，其馨欽也。其味甘，槚也；不甘而苦，荈也；啜苦咽甘，茶也。

首先是颜色。蒸青茶饼煎煮出来的茶汤，要像浅黄色的丝缎一般。其次是气味。茶汤香气要芬芳宜人。最后是滋味。不同的茶品滋味各不相同，其中“槚”，味道甘美；“荈”，滋味不甘而略带苦味；“茶”，入口苦而咽后有回甘。从这段文字看来，当时关于“茶”的各种名称不完全是统称，还内涵对茶品的初步分类。“槚”作茶并不常见，仅《尔雅》和南朝宋人王微《杂诗》两见，而《尔雅》最后成书于西汉，故以“槚”借指茶应不晚于西汉。《尔雅·释木》有“槚，苦荼”；《茶经》说槚“味甘”，所指不明。晋郭璞注：

树小，似栀子，冬生，叶可煮作羹饮。今呼早采者为荼，晚取者为茗。一名荈。

这段文字是说，相对晚采的茶叶，较之早春采摘的茶，一般其味更厚重，偏苦涩；“荈”似与“茗”同，都是指晚采的茶叶。据现代科学研究发现，茶汤涩味主要来自茶多酚，苦味来自咖啡因。晚采的茶叶之所以“不甘而苦”，是因咖啡因含量增多。茶叶中咖啡因的增加取决于更高的气温、更高的空气湿度、较少的日照时间三大因素。所谓“晚采者为茗”，应该是暮春或夏令比较符合咖啡因形成的自然条件。反过来推断，“味甘”的“槚”应该是特别细嫩的早春茶。最后说到一般意义上的“茶”，强调其味入口苦而有回甘的滋味，这应该就是陆羽认为的茶之“正味”，现代专用术语以“喉韵”二字来描述其丰富的层次感和厚重的茶气。要获得这样一种“正味”带来的“喉韵”，把握茶叶的采摘时令就十分重要，既不能太早，也不能太晚。

总之，一茶一性。不同品种的茶，性味各不相同。治茶时，采摘时令、水火之候、量末酌茶，均要顺其性，才能得其正。

复习与思考

1. 为什么说“候汤即候火”?

2. 一碗茶汤是如何透过滋味映射一个茶人的修养的?

【六之饮】上

陆羽的批判：煎茶如煎药

翼而飞，毛而走，呿而言，此三者俱生于天地间，饮啄以活，饮之时义远矣哉。至若救渴，饮之以浆；蠲忧忿，饮之以酒；荡昏寐，饮之以茶。

茶之为饮，发乎神农氏，闻于鲁周公，齐有晏婴，汉有扬雄、司马相如，吴有韦曜，晋有刘琨、张载、远祖纳、谢安、左思之徒，皆饮焉。滂时浸俗，盛于国朝，两都并荆俞间，俞，当作渝。巴渝也。以为比屋之饮。

饮有粗茶、散茶、末茶、饼茶者，乃斫[zhuó]，乃熬，乃炀，乃舂，贮于瓶缶之中，以汤沃焉，谓之痷茶；或用葱、姜、枣、橘皮、茱萸、薄荷之等，煮之百沸，或扬令滑，或煮去沫，斯沟渠间弃水耳，而习俗不已。

于戏！天育万物皆有至妙，人之所工，但猎浅易。所庇者屋屋精极，所着者衣衣精极，所饱者饮食，食与酒皆精极之。

茶饮源流与名流

《尚书大传·五行传》表述了数与阴阳五行变化之间的关系，其中“天一生水，地六成之”，即“一”这一先天元气生成“水”这一先天元物质，同时也表明，水是宇宙创始生成的第一个物质形态。水是万物之源，生命离不开水。陆羽说：

翼而飞，毛而走，呿而言，此三者俱生于天地间，饮啄以活，饮之时义远矣哉。

在天地间，展翼飞翔的禽鸟、披毛行走的兽类、开口说话的人类这三类动物，都依赖饮水啄食才能生存，所以，“饮”的起源和意义是极其深远的。“饮啄”是生命赖以存在的方式。《庄子·养生主》中有：

泽雉十步一啄，百步一饮，不蕲畜乎樊中。

意思是水泽里的野鸡走十步才啄到一口食物，走百步才饮到一口水，尽管活得如此艰难，却仍不愿被人豢养在樊笼里。而“一饮一啄，莫非前定；兰因絮果，皆有来因”则在《西游记》《二刻拍案惊奇》《儒林外史》等中国明清小说里反复出现，是典型的中国人的佛系世界观。

《周礼》在其“天官”篇“膳夫”一节中有“凡王之馈……饮用六清”。郑玄注“六清”即“水、浆、醴、凉、医、酏[yǐ]”；孙诒让正义解“此即《浆人》之‘六饮’也”。醴、医、酏，应是不同食料经过不同程度发酵形成的饮品，其中：

“医”，应该是和药搭配使用，有助于药力发散的酒。《说文解字义证》有“酒所以治病者，药非酒不散也”；《汉书·食货志》有“酒，百药之长”。

“凉”，是以糗饭加水及冰制成的冷饮。

“酏”，《说文》解：“黍酒也。从酉也声。一曰甜也。贾侍中说：酏为鬻清。”可能是一种以黍酿造的低度甜酒、米酒，也有说是黍米汤、稀粥之类的汤饮，但从“酉”的偏旁猜度，应该经过一定程度的发酵。

后世以“六清”“六饮”泛指各类饮料。在“茶饮”尚未特立独行被命名之前，作为解毒、清热的汤饮，应被囊括于林林总总的药汤、菜羹之中。

《茶经》按饮料的功能，作了三分：

至若救渴，饮之以浆；蠲忧忿，饮之以酒；荡昏寐，饮之以茶。

如果说，普通的浆水用来解渴，那么，美酒则是用以解忧，茶则解困除倦，令人振奋精神。茶和酒不仅作用于生理，还作用于人的精神，起着精神抚慰的作用。茶、酒在某种意义上都是超越物质意义的精神食粮，所以饮茶和饮酒历来是中国人重要的精神活动。

茶、酒常常相提并论，所谓“茶为涤烦子，酒为忘忧君”。人生诸多不圆满之处，需要精神慰藉，茶和酒作为俗世饮品先后步入人的精神世界，且不管是过去还是现在，世人都喜欢拿茶和酒作比较。西晋“竹林七贤”中的刘伶作《酒德颂》，自称“天生刘伶，以酒为名”，一生“唯酒是务”，借弘扬酒德宣扬他的任情任性、逍遥无为的老庄哲学；明代周履清仿作《茶德颂》，贵茶而贱酒——“堪贱羽觞酒觚，所贵茗碗茶壶”，推崇茶“润喉嗽齿，诗肠濯涤，妙思猛起”“一吸怀畅，再吸思陶。心烦顷舒，神昏顿醒”的精神作用。敦煌出土的唐代文书中有一篇王敷的《茶酒论》，以拟人化手法写茶、酒之争，各论己之长，责人之短，针锋相对，难决胜负。最终却是水来说话，言茶酒均以水为母，以器为父，何必争吵呢？

所谓“烹茶明道性，煮酒论英雄”。酒似乎总是与意气豪兴相连，借酒杯浇块垒，醉入幻境忘忧愁；茶总是与道释玄禅相通，以茶盏醒思清，明心见性，舒朗精神。茶酒之争虽以“茶酒一家”息争，但茶酒之争的背后是其承载的不同精神价值，而这两种精神价值都为传统文人所钟爱，虽然矛盾却又无比和谐地统一在传统文人的精神世界。他们呼酒唤茶的风雅生活恰是“茶酒不分家”的真实写照，或“酒杯触拨诗情动”，或“诗清只为饮茶多”。

陆羽认为，茶之所以能成为饮料“三足鼎立”之“一足”，一方面，从史上名流与茶的渊源足以见证中华茶脉的源远流长：

茶之为饮，发乎神农氏，闻于鲁周公，齐有晏婴，汉有扬雄、司马相如，吴有韦曜，晋有刘琨、张载、远祖纳、谢安、左思之徒，皆饮焉。

史上名流是历史的符号、文化的记忆、当时社会潮流的风向标。与茶相关的名流则是饮茶风尚的引领者、推动者。中国何时开始饮茶，言人人殊，莫衷一是。陆羽从他所见的文字记载中辑录了从神农氏、西周、春秋、汉、三国两晋直至自身所处时代，那些曾与茶有过交集的名流，详细的史料被辑录于《茶经 · 七之事》。

另一方面，茶饮风化流行，已成民间习俗。自汉而唐，饮茶之俗逐渐盛行：

滂时浸俗，盛于国朝，两都并荆俞间，以为比屋之饮。

陆羽处于唐由盛转衰的时期，饮茶的习俗在当时已经盛极一时、十分普及，长安和洛阳以及荆州和巴渝之间，几乎可以说家家户户都饮茶。《茶经》也就是在这个时候应运而生。“反者，道之动。”（《道德经》）陆羽写《茶经》是从饮茶习俗的批判出发，将茶从药食汤液的“浑饮”中解放出发，开创了茶之“清饮”，由此正式拉开了中华茶道文化的序幕。

“习俗不已”的茶食药饮

茶有真茶、非真茶之分，茶饮也有浑（俗）饮与清饮之别。浑（俗）饮与清饮的分别是从陆羽的批判与创建开始的。

烹茶法又称作“煎茶”。联系陆羽批判的“习俗不已”的“浑饮”茶汤，对其中的“煎”字会更容易理解。“浑饮”实际是从汤药演变过来的养生保健饮料，其煎煮手法也沿袭了中医的汤液法。《汉书·艺文志》提到《汤液经法》，以方剂为主，归于经方派，宗旨为服食补益和养生延年。《汤液经法》据说为中药汤剂始祖伊尹所传。史料记载伊尹善用草药煎煮成汤液为人治病，常常药到病除：

> 悯生民之疾苦，作汤液本草，明寒热温凉之性，酸苦辛甘咸淡之味，轻清重浊阴阳升降走十二经络表里之宜。（《资治通鉴》）
>
> 伊尹以亚圣之才，撰用神农本草，以为汤液。（《甲乙经·序》）

据学者考证，东汉医圣张仲景《伤寒论》中的许多方剂都源出此书，另外，《脉经》《辅行诀》及《千金翼方》中也多有引用。民国三十七年（1948），杨绍伊以《脉经》《千金翼方》等为底本，校勘考订重建《汤液经》。陆羽批判的“浑饮”正是基于经方思维，以“**葱、姜、枣、橘皮、茱萸、薄荷**”之类中和茶的“至寒”之性，反映了当时人对茶的药食养生功效超过对滋味的追求。茶助人“体均五行去百疾”的功效很早就受到了中国先祖的重视。张仲景《伤寒杂病论》中就有“茶治便脓血甚效”的记载。

《茶经·七之事》列举了有关茶的药用价值的记载：

《神农·食经》："茶茗久服，令人有力、悦志。"

弘君举《食檄》："寒温既毕，应下霜华之茗，三爵而终，应下诸蔗、木瓜、元李、杨梅、五味橄榄、悬钩、葵羹各一杯。"

华佗《食论》："苦荼久食，益意思。"

壶居士《食忌》："苦荼久食，羽化。与韭同食，令人体重。"

还辑录了三国魏时张揖《广雅》中一段有关茶饮的文字，当时流行的饮法是将茶与"葱、姜、橘子"等佐料一起煎煮：

《广雅》云："荆巴间采叶作饼，叶老者饼成，以米膏出之。欲煮茗饮，先炙，令赤色，捣末置瓷器中，以汤浇覆之，用葱、姜、橘子芼之。其饮醒酒，令人不眠。"

由此可见，荆巴地区至少在三国时期就已经开始制作茶饼，如果茶叶粗老则需要加米汤黏合以成饼。煎茶前先炙茶，然后捣成末，或直接用热汤冲泡待用，或者用葱、姜、橘子等辛温发散之物中和茶之寒性以煎服，主要用来醒酒或提神。自汉末至唐，这样一种起源并流行于"荆巴"（大致在今天的湖北和四川一带）间的习俗，已经广为流行成"比屋之饮"，但在五百多年的时间里，其饮法显然并无大的改进。《茶经》对这样一种沿袭已久的浑饮之法进行了毫不客气的批判：

饮有粗茶、散茶、末茶、饼茶者，乃斫，乃熬，乃炀，乃舂，贮于瓶缶之中，以汤沃焉，谓之痷茶；或用葱、姜、枣、橘皮、茱萸、薄荷之等，煮之百沸，或扬令滑，或煮去沫，斯沟渠间弃水耳，而习俗不已。

"粗茶"显然是就品质而言；"散茶""末茶""饼茶"是就形制而言。《中国茶文化》的解释是：

粗茶，即将采来的茶叶、芽、梗一起切碎待用。散茶仅用采摘下来的茶叶。末茶则将茶叶烘烤碾成茶末。饼茶是将茶叶蒸、压成饼后烤干，再捣碎成末。

当时茶叶的杀青方式还是以“蒸青”为主，虽然已有炒青茶的零星记载，如中唐刘禹锡《西山兰若试茶歌》中的“自傍芳丛摘鹰嘴”“斯须炒成满室香”，但还没有证据证明“炒青茶”作为一种茶品，进入到日常消费领域。到宋代，已经出现了炒制、撮泡草茶，成为明清冲泡茶的前身。见陆游《安国院试茶》：

我是江南桑苎家，汲泉闲品故园茶。
只应碧缶苍鹰爪，可压红囊白雪芽。

陆游自注诗中所写之茶为炒青茶，且用以“撮泡”。其中的“苍鹰爪”为宋代散茶名品“日铸”：

日铸则越茶矣，不团不散，而曰炒青，曰苍鹰爪，则撮泡矣。

《宋史・食货志》说：

茶有二类，曰片茶，曰散茶。

这里的散茶既有蒸青，也有炒青。炒青茶用以“撮泡”在陆游时代虽已出现，但在当时并非主流。

斫、熬、炀、舂，指的是凿碎茶饼、煎煮、炙烤、捣末，然后储存在瓶缶中，以热水浸泡出汤，这就是“痷茶”了；再讲究一点的就是《广雅》中所说，以“葱、姜、橘子芼之”的“浑饮”。可以用来“芼”茶的，除了张揖说的葱、姜、橘皮，陆羽还补充了枣、茱萸、薄荷等。从中医对物性的理解来看，用来“芼”茶的物料都属于辛温补中升阳的药食，能起到中和茶的“至寒”之性的作用。具体的方式是“煮之百沸，或扬令滑，或煮去沫”，和熬煮中草药的方法如出一辙，过程中还要经常用汤勺搅拌，使汤中各种药草得以充分稀释并融合；要时常扬起茶汤，使之更加浓稠（滑）；要注意撇去浮在茶汤表面上的一层浮沫等。煮茶如煎药的方法，忽视了茶本身的味觉效应，受到陆羽的批判——“斯沟渠间弃水耳”。

人们对茶的认知始于它的药食功效。茶为药食，起源于茶树发源地的西南少数民族，在传播过程中与中华“药食同源”的文化合流。茶进入中国人的视野，被广泛用于祭品、贡品、礼品等宗教祭祀以及社会日常生活当中。在茶文化史上，以茶为药食的习俗从未断流：

一方面，以茶调配各种辅食功能的饮品。在茶的发祥地，很多少数民族至今沿袭着以茶茗为食的古老习俗，如侗族、苗族的打油茶，傈僳族的油盐茶，纳西族的油茶，德昂族、景颇族的腌茶，基诺族的凉拌茶，等等。以苗族打油茶为例，制作过程与炒菜类似，先起油锅，待油热，倒入茗茶，加食盐、生姜翻炒，待水分干透，用木槌将茶舂碎，加水以文火熬煮，然后滤出渣滓，把茶水倒入放有熟玉米、黄豆、花生、米花、糯米饭的碗里，最后拌上葱花、蒜叶、胡椒粉等调料，便是一碗酥糯咸香的打油茶了。魏晋南北朝时期，西南少数民族的茶饮习俗已向北地渗透，如茗粥、酥油茶等分别在南北地区流行：

> 茶，古不闻食之，近晋宋以降，吴人采其叶煮，是为茗粥。（唐代杨晔《膳夫经手录》）
>
> 茶于吴会为六清上齐，乃自大梁迤北便食盐茶，北至关中则熬油极炒，用水烹沸点之，以酥持敬上客。（明代姚士麟《见只编》卷下）

无论是历史上的茗菜、茗粥，还是至今传承于湖南、广西、贵州、四川、江西等地各民族之间的“油茶”“擂茶”，或者盛行于藏族及西北地区游牧民族中的马奶子茶、酥油茶，及至当今流行的奶茶、果茶等等，都是以茶为原料的辅食性饮品。

另一方面，以茶调配养生保健的功能性饮料。根据中国人对茶性寒、味苦，具提神除倦、生津止渴、轻身延年、解腻固齿、解毒利水等功效的认知，茶很早就和其他中草药一样，成为某种功能性药饮，被统称作“茶”。一般以茶叶调配单味或复方中药材，通过制成粗末、茶块状、茶袋等多种剂型，以沸水冲泡或加水煎煮后形成饮用的汤剂。明代李时珍在《本草纲目》中沿引《唐新修本草》一段包括茶在内的各种功能性饮料的介绍：

> 凡所饮物，有茗及木叶，天门冬苗、菝葜叶，皆益人。余物并冷利。又巴东县有真茶，火焙作卷结，为饮亦令人不眠。俗中多煮檀叶及大皂李叶作茶饮，并冷利。南方有瓜芦木，亦似茗也。今人采

槠、栎、山矾、南烛、乌药诸叶，皆可为饮，以乱茶云。

文中所说各种“茶饮”，就是现代所谓“代茶饮”或“药茶”。随着现代人对健康养生的重视，“茶疗”之风也日渐盛行，这从中年人不离手的保温杯就可见一斑。保温杯最适合用热水“沃”茶，如将陈年茶与老干姜一起煎煮或浸泡，可以治疗初期的风寒性感冒；蒲公英茶，可以清热解毒去口臭；冬瓜荷叶茶，清热减肥又美容；枸杞、菊花、决明子茶，清肝明目又降火；罗汉果茶，清咽利喉；葛花茶，清毒解酒，等等。此外，各种花茶、果茶也是养生美颜的上品。

日本最早的茶道也是从这里出发的。被日本尊为茶祖的荣西禅师（1141—1215），曾于公元1168年和1187年两度入宋求法。归国后，在日本发扬宋代禅院茶礼，于公元1211年撰写《吃茶养生记》，介绍宋代饮茶养生习俗，并因献茶治愈了源实朝将军的热病，带动日本茶风大盛。在茶著序言中，荣西阐述了饮茶中和养生的妙旨：

茶也，末代养生之仙药，人伦延灵之妙术。山谷生之，其地神灵也。人伦采之，其人长命也。……古今奇特仙药也，不可不摘乎？……其示养生之术，可安五脏。五脏中，心脏为主乎。建立心脏之方，吃茶是妙术也。厥心脏病，则五脏皆生病。

“末代”，即“末法时代”。据佛典解说，佛法共分为正法、像法、末法三个时期。一般释迦牟尼佛入灭后，五百年为正法时期；此后一千年为像法时期；再后一万年就是末法时期。于荣西而言，其著书之时，日本政局动乱，争战不息，佛门也不清净，纷争四起，故此“末代”也是荣西眼中的日本“末代”。荣西认为，茶是“末代”之仙药，可使世人安心静思，强身健体，消除杂念，摆脱乱世苦恼；认为“五部加持是内治术，五味养生是外疗术”；以“五脏和合门”作为茶著上卷的主题，概括介绍了“体均五行去百疾”的中医养生思想：

又以五脏充五行，木、火、土、金、水也。又冲五方，东、西、南、北、中也：

肝，东也，春也，木也，青也，魂也，眼也。

肺，西也，秋也，金也，白也，魄也，鼻也。

心，南也，夏也，火也，赤也，神也，舌也。

脾，中也，四季中也，土也，黄也，志也，口也。

肾，北也，冬也，水也，黑也，相也，骨髓也，耳也。

此五脏受味不同，一脏好味多入，则其脏强，克傍脏、互生病。其辛、酸、甘、咸之四味恒有而食之。苦味恒无，故不食之。是故四脏恒强，故恒生病（其病日本名云心助也）。若心脏病时，一切味皆异，食则吐之，动不食万物。今吃茶则心脏强，而无病也。可知心脏有病时，人之皮肉色恶，运命由此减也。

其中“脾藏志”“肾藏相（想）”与中医理论中的“脾藏意”“肾藏志”正好颠倒，不知是否刊印问题。上卷还重点介绍了中国的茶文化，包括茶的名字、茶的样子、茶的功能、采茶的时间以及焙炒的工艺等；下卷以“遣除鬼魅门”为主题，从宗教和病理两个角度介绍常见病及其茶疗药方，如饮水病、中风病、不食病、疮病，以及桑粥法、服桑木法、服桑椹法、服高良姜法、吃茶法等茶疗法。日本茶道从荣西“五部加持”“五味养生”的思想理论出发，其后又与注重精神修炼的禅修融合，形成一味咀嚼宇宙生命况味、融合人生哲思与宗教信仰的茶汤。

茶为药食，或“痷茶”，或“浑饮”，或“煮之百沸”，在陆羽看来都是被粗糙地对待，并因此而感到痛心不已：

于戏！天育万物皆有至妙，人之所工，但猎浅易。所庇者屋屋精极，所着者衣衣精极，所饱者饮食，食与酒皆精极之。

人们对于“天育万物皆有至妙”并非不懂，仅从人对锦衣、玉食、美酒精益求精的态度就可见一斑，遗憾的是，茶作为天生的灵草却没有得到应有的重视。茶性寒，需要调和，但是与各类辛温发散的药草一起煎煮，却失之简单粗暴——“人之所工，但猎浅易”。调和性味的方法并非只有“以它平它”一种方法，实际上，中医对单味中草药的炮制法就成熟而精细。陆羽要创建的清饮，不是简单地彻底否认先民的药食之道，而是在充分认识并尊重茶性的基础上，将中和之道贯穿于采摘、制作、烹煮、品饮等各个环节，通过每个环节的把控，以一道纯粹的茶汤来体现“体均五行去百疾”的中和思想。

但是，这个过程无疑是不容易的，所以接下来，陆羽就罗列了各环节的“九个”难处。

复习与思考

1. “茶”和“酒”分别在中国文化中承载了什么样的精神价值？

2. 陆羽将茶从“浑饮”中解放出来，其创设的“煎茶道”如何呈现“体均五行去百疾”的中和养生思想？

【六之饮】下

陆羽的创建

单味茶汤的至味之道

茶有九难：一曰造，二曰别，三曰器，四曰火，五曰水，六曰炙，七曰末，八曰煮，九曰饮。阴采夜焙非造也，嚼味嗅香非别也，膻鼎腥瓯非器也，膏薪庖炭非火也，飞湍壅潦非水也，外熟内生非炙也，碧粉缥尘非末也，操艰搅遽非煮也，夏兴冬废非饮也。

夫珍鲜馥烈者，其碗数三；次之者，碗数五。若坐客数至，五行三碗，至七行五碗。若六人已下，不约碗数，但阙一人而已，其隽永补所阙人。

治茶“九难”：从浑饮到清饮

中医理论素有“十病九寒”“百病寒为先”之说。“五味调和”于中国人而言可谓“日用而不自觉”。五味对应五脏，五味调和实为调和五内，五行流通、阴阳谐和则百疾不生。茶性寒，因此，无论是“乃斫，乃熬，乃炀，乃舂，贮于瓶缶之中，以汤沃焉”的“痷”茶，还是用“葱、姜、枣、橘皮、茱萸、薄荷之属，煮之百沸”的“芼”茶，其目的都是“体均五行去百疾”。“浑饮”之法显然“中和”无过，然“调味”不足。

陆羽穷尽茶理成就一碗中和纯粹的至味“清饮”，并由此奠定“茶圣”地位。正如《周易·系辞上》所说：

> 夫易，圣人所以能以极深而研几也。唯深也，故能通天下之志；唯几也，故能成天下之务。

为了中和茶的寒性，陆羽重视从种植、采造、烹煮直至品饮的每个环节，创设一整套以阳法治茶的程序，并总结采造、别茶、治器、候火、辨水、炙茶、碾末、烹煮、品饮九个环节中，最难把控或最容易被轻忽怠慢的细节，合称“九难”：

1. “阴采夜焙非造也”。阴天采茶或夜间焙茶会加重茶的阴寒之气。正确的做法是采造之日要选择晴天，那么，从采摘到封藏七个环节便可一气呵成——“**其曰：有雨不采，晴有云不采。晴采之，蒸之，捣之，拍之，焙之，穿之，封之，茶之干矣**”。

“阴阳”是中国哲学的重要概念。阴天使阳气的升发受到抑制，夜间如一年四季的冬天，阴盛而阳衰，都不宜采造茶。茶叶从采摘下来之后，就开始发生氧化作用，并与天气的晴雨、气温的高低密切相关，造成微妙的差别。陆羽的阳法治茶从采摘就开始了，如采摘“阳崖阴林”的茶叶，“阴山坡谷者，不堪采掇”；要在阳气上升的二、三、四月采摘，等等。至于蒸、焙、封、炙等繁杂工序都是为了中和茶的寒性，与中药材的炮制法是一个理路。

2. “嚼味嗅香非别也”。以口舌尝尝滋味如何，鼻子嗅嗅香味怎样，都不是真正懂得辨别茶的优劣。茶叶的滋味与香气通常是最直接的，但是别茶不能仅凭味、香。《茶经·三之造》就蒸青茶饼的鉴别做了详细解说，茶叶经过蒸制、捣烂再压模成饼，因茶叶本身的老嫩程度、品质、工艺等差异会呈现千姿百态的纹理形态，但上品茶饼都有一个共同的特点，即表面纹理线条都如线画白描，流畅而圆润，这是因为茶叶品质油嫩，并严格按照工艺要求制作，内含的精华膏汁没有流失；反之，线条锋锐，看上去干瘪而枯涩。而对于鉴别的行家来说，是要明白造成种种差别的背后原因——“**出膏者光，含膏者皱；宿制者则黑，日成者则黄；蒸压则平正，纵之则坳垤**”。

不同的茶有不同的气味以及形态特质，别茶是非常专业的一件事，只有在对茶叶品种及其制茶工艺深入了解的基础上，才能“皆言嘉及皆言不嘉者”。所以，既知其然，还知其所以然，才是万变不离其宗的鉴茶之道。如中国十大名茶之一的“六安瓜片”，与追求明前茶、追求幼嫩笋芽的其他绿茶不同，这款茶是我国绿茶中唯一只采叶片的茶。一般于谷雨前后采制，雨前采摘的称“提片”，雨后采制的称“梅片”。采摘时，单取茶枝嫩梢壮叶中形似瓜子的第二、三片叶，色泽宝绿，大小匀整。以栗炭烧火热锅，用芒花帚翻烘，制成后叶缘微卷、色泽宝绿、起润有霜，汤色澄绿透亮、香高味醇，茶底肥嫩厚实、自然平展。掌握其采制工艺，那么如何辨别“瓜片”之优劣自不待言。

3. “膻鼎腥瓯非器也”。茶器最好专用，注意保洁，最忌与腥膻之物共用。陆羽创设“二十四茶器”之前，茶饮并没有专门的器具，一般与日用器具特别是酒器混用。现代科学研究证明，茶叶含有高分子棕榈酸和萜烯类化合物，这类物质性质活泼，具有很强的吸附力，所以古人说“茶性洁”“茶性染”“茶性淫”。除了储存茶叶要讲究环境，直接接触到茶叶、茶汤的器具必要洁净不染，确保茶味纯正。在茶器材质中，紫砂同样具有一定的吸附性，因此，通常不建议多种茶混用一个茶壶，特别是泡过铁观音、茉莉花茶之类香气馥郁浓烈的茶，再用来泡其他品类的茶，则容易串味。

4. “膏薪庖炭非火也”。油烟气重的柴薪以及沾染腥膻气味的炭不宜作治茶的燃料。《茶经·五之煮》说“**其火用炭，次用劲薪**”，烧火用的薪炭以木炭为上，其次才用桑树、槐树、桐树、栎木等耐烧的硬木。由于茶性易染，烧水煮茶用的火不能有不佳气味影响茶的原味与香气。那些曾经烤过肉或沾染过厨房腥膻之气的薪炭，油烟重的松柏、桂树，以及油漆过的家具木头或年深日久朽败的木器等，都会侵染败坏茶汤——“**其炭曾经燔炙为膻腻所及，及膏木、败器不用之**”。现代人烧开水，喜用全自动的电器，不用候汤候火，也没有各种避讳，但较之薪炭烧水的甘鲜滋味似有不足，更不用说文治武功、水火既济、格物致知的修养功夫了。

5. “飞湍壅潦非水也”。飞流湍急的瀑布水和淤积不泄的死水都不宜茶。《茶经·五之煮》有专门的辨水准则，首选山水，其次江水，再次井水。其中，山水要“**拣乳泉石池漫流者上，其瀑涌湍漱勿食之**”，反之“**多别流于山谷者，澄浸不泄**”的水，则要“**决之以流其恶，使新泉涓涓然酌之**”；江水，不能取流速湍急的；井水，要取常汲常新的。总之，流动得太快或几乎不流动的死水，都不利健康，也不宜茶。现代城市社会,受环境限制,人们只能用自来水或各种人工净化处理的罐装水来煮水泡茶,鲜少能品尝到源头活水鲜甘清冽的滋味了。

6. “外熟内生非炙也”。炙茶要均匀,不能外熟内生。《茶经・五之煮》就炙茶作了详细的论述。除了对薪炭的要求,还要注意火力、风口——“**慎勿于风烬间炙**”,不要用将烬的炭火炙茶,要用有焰火的炭火炙茶,同时注意避开风口,以免“**熛焰如钻**”使茶饼表面受热不均。炙茶正确方法是“**持以逼火,屡其翻正**”,即不间断地拿茶饼逼近焰火,反复翻转炙烤,“**候炮出培塿状,虾蟆背,然后去火五寸,卷而舒则本其始**”,如此反复,直到内外兼熟。其中炭火焙干的茶饼要将茶饼中的水汽炙烤蒸发出来,日晒的茶饼要烤到茶饼柔软。最后,茶饼凉下来变得硬而脆,及时碾成茶末——“**候寒末之**”。

元明之后,冲泡茶一般很少炙茶,但道地的潮汕工夫茶却保留了炙茶工序,即在冲泡青茶前,将茶叶放在素纸上以橄榄炭火炙烤。实际上,冲泡前对茶叶尤其是陈茶经过一番炙烤,能迅速起到提香、清洁、醒茶的作用,使汤味更加香醇。

7. “碧粉缥尘非末也”。碾末并非越细越好,切忌将茶末碾成飞尘一般微细。《茶经・五之煮》以末如“细米”为上,以屑如“菱角”为下。其中,细米般的茶末看上去油润、光滑,菱角般的茶末要么茶叶粗老,要么制作过程中膏汁尽失,看上去就枯荷、笋壳般枯槁、脆薄、尖锐。

点茶法以热水直接冲调茶末,少了烹煮这一环节,因此对茶末的要求则要细得多,太大的茶末显然不能快速与热水融合。继承宋代点茶法的日本茶道,就用的是“碧粉缥尘”般的茶粉。

8. “操艰搅遽非煮也”。投茶入水前,要先用茶夹环击汤心,不能太慢——操作起来很艰难的样子,也不能太快——搅动起来很急促的样子,要不快不慢恰到好处。投茶后,继续搅拌以加速茶末与沸水融合,使茶汤色味香均匀。“操”“搅”不急不缓,彰显煮茶人从容中道的仪态之美。就汤味来说,动作过慢会使茶汤滋味窒涩不均;过于仓促则不仅形容难看,也容易出乱子。

点茶法以“击拂”来替代烹煮。先用热水将茶粉调成膏状,然后一手提瓶注水,一手用茶筅在茶碗中搅拌茶水。茶汤滋味与“击拂”的技艺关系密切。《大观茶论》就总结了执筅击拂的七个“姿势”。明清以来的冲泡茶法无须搅拌,讲究“高冲低泡”。通常如黑茶、白茶等“力厚”的茶品，常在冲泡之后继续拿来煮着喝，或干脆直接煮着喝。

9.“夏兴冬废非饮也”。夏天口渴思茶，冬天不渴弃饮，都不是“品饮”的正确打开方式。且茶“至寒”“性俭”，即使是在炎夏也要避免过犹不及。对爱茶人士来说，饮茶本身是一种格物致知、修身养性的生命体验，而非解渴之功用。所以茶要常饮却“不宜多饮”，否则有违中和之道。

以上“九难”可谓“执中贯一”，即以“中和”之道贯穿茶事始终。“中”为体，既有“中[zhòng]”“宗”的本义，又为“无过无不及”的标准；“和”为用，既是天人合一的调和变通的方法，也是道生万物的内在精神。万物都是围绕一个“中”在调和，即所谓万变不离其“中(宗)”。陆羽穷极物理，以“阳法”治茶，追求一碗中和纯粹的茶汤。

“经”不是不变，而是提供调变的宗则、准绳，使万变而不离。恰如《道德玄经原旨》所言：

> 天道之流行，世道之推移，往而不返者，势也。变而通之存乎人，斯经所以作。

从“痷”茶、“芼”茶法到陆羽的煎茶法，再到宋代点茶法、明清至今的冲泡茶法，中国茶文化的演变始终走在“求真”(真茶、真味、真香、真形)的道路上。制茶的工艺和饮法不断推陈出新，每一种饮法或制茶工艺的变革似乎都是对另一种的反动，然而万变不离其“中”，一抑一扬皆为“调和”。譬如炒青绿茶，虽经炒制，但其性犹寒，不能多饮，尤其是脾胃虚寒的人，最好不要喝绿茶。白茶为晒青茶，虽然制作工艺更任尚自然，但新茶性至寒，若非虚热之症一般不饮用，或与温热性味之物佐用。通常要待其自然醇化、寒性中和，此时茶汤不仅滋味醇厚，更有降火消炎、清热解毒的茶疗功效。而青茶、红茶、普洱等半发酵或全发酵茶，性温和，其利水去湿的功效对脾胃有一定的保养作用。

陆羽一碗清饮所内涵的“求真”“中和”的茶道思想，一脉相承于后世文人的茶述中。明末清初的张岱以一首《闵汶水茶》，阐明冲泡一瓯好茶，内中所深蕴的穷理尽性、中和调味的玄奥功夫：

刚柔燥湿必身亲，下气随之敢喘息。

到得当炉啜一瓯，多少深心兼大力。

从分茶到行茶

克服“九难”烹煮出来的一鍑茶汤，来之不易。但要品味茶汤至味，还有最后一番功夫：

夫珍鲜馥烈者，其碗数三；次之者，碗数五。若坐客数至，五行三碗，至七行五碗。若六人已下，不约碗数，但阙一人而已，其隽永补所阙人。

唐代蒸青茶饼属不发酵茶，品的是茶汤的甘香、鲜爽。陆羽在煮茶分茶中充分考虑“茶性俭，不宜广”的特性，并从滋味和饮茶量两个方面加以把控。

从茶汤的滋味来说，水和茶末的量比要合适，不宜多，若要味道“珍鲜馥烈”，则煮一“则”茶末出三碗茶汤，出五碗则滋味略淡薄，这在《茶经·五之煮》中也有同样的表述——“**诸第一与第二第三碗，次之第四第五碗，外非渴甚莫之饮**”。“则”是陆羽创设的茶末标准量器。通常以一则（约一平方寸）茶末煮水一升为基准，个人根据各自浓淡偏好酌情加减；又在以一则茶末出五碗茶汤为基准——“**凡煮水一升，酌分五碗**”，酌情分三碗或五碗。酌茶时，要注意“**令沫饽均**”（《茶经·五之煮》），即将沫饽均匀地分置在各个茶碗之中。今天的冲泡茶法中“关公巡城”“韩信点兵”手法，或者公道杯的使用，都是为了均匀每一碗茶汤的色味，以示对宾客的平等尊重。

从饮茶量来说，也不宜多。有五位客人，煮三碗；有七位客人，煮五碗。茶汤的碗数始终较人数少二碗，但如果是六人，则不必另行限定碗数，也就是说按照“五行三碗”，只需将“隽永”来补缺就行。“隽永”就是在茶汤煮好后最先舀出来的那一碗茶汤，贮放在熟盂中“以备育华救沸之用”，也可作补缺的茶汤用。

酌茶之后即“行茶”。当时的习俗是大家共用一个或几个茶碗，按照一定的顺

序传递着喝。李昉《太平广记·卷第二百七十七·梦二》记载了唐代奚陟(745—799)的餐后茶宴,其中有行茶习俗:

……时已热,餐罢,因请同舍外郎就厅茶会。陟为主人,东面首侍。坐者二十余人,两瓯缓行,盛又至少,揖客自西而始,杂以笑语,其茶益迟。陟先有痟疾,加之热乏,茶不可得,燥闷颇极……

当时坐者二十多人,自西北分两碗行茶,大家传着喝,主人奚陟坐在东南角,只能最后一个喝到茶。"行茶"的背后有着公平、礼敬、谦让的礼义。陆羽酌茶时,始终缺两碗,便是基于当时"行茶"的礼义。

整本《茶经》除分茶、行茶外,没有特别论述饮茶礼仪,比如座次、行茶的秩序等等,概出于约定俗成的缘故。在唐代,饮馔之礼是社会生活最基本的社交礼仪,而茶宴通常是宴会的一部分。从《太平广记》记录的奚陟茶宴可见,作为待客的茶饮涵盖于饮馔礼节之中。《礼记·乡饮酒礼》中说宴席内涵君子相交的礼义:

尊让洁敬也者,君子之所以相接也。

尊让则不起争比之心,洁敬则不生轻慢之意。古时将这样一种观念演化为迎候、揖让、盥洗、恭拜等一系列表达敬意的礼仪形式:

主人拜迎宾于庠门之外,入,三揖而后至阶,三让而后升,所以致尊让也。盥洗扬觯,所以致洁也。拜至,拜洗,拜受,拜送,拜既,所以致敬也。

茶饮待客的礼义不出其外。在奚陟的茶宴中,主人坐次在东面,客人坐于西面,这样一种座次安排是与自然秩序相对应的。见《礼记·乡饮酒礼》:

宾主,象天地也。

四面之坐,象四时也。

天地温厚之气始于东北而盛于东南,此天地之盛德气也,此天地之仁气也。

主人者,接人以德厚者也,故坐于东南。

天地严凝之气始于西南而盛于西北，此天地之尊严气也，此天地之义气也。

东方主“木”、主“仁”，主人坐东表示以德厚待客，这就是“东家”“做东”“东道主”的由来。西方主“金”、主“义”，为尊位。“坐宾于西北”表示尊客，以及宾客以“义”相待。此外，坐介于西南以辅宾，坐僎于东北以辅主。为表达对客人的尊敬，两瓯同时行茶自西而始，一瓯自西经西北方向行茶，另一瓯自西经西南方向行茶，最后至东面的主位。奚陟患有消渴之症，加上天气燥热、身体倦乏，二十余人仅用两碗茶行茶。传茶的过程中，客人之间还有揖让之礼，速度缓慢，奚陟尽管热渴难耐、内心烦躁之极，却只能循礼法依次行茶。

“尊让洁敬”的礼义贯穿于整个茶事活动过程当中，包括位置、顺序、言行、举止、仪容、态度等，其仪程和规范既有茶饮的特性，又不离日常的饮馔之礼。品饮之法随时而迁，仪程规范多有损益，但饮馔之礼内涵的“尊让洁敬”本质要求却是不变的。明代朱权在日常生活中虽推崇冲泡茶法，但在正式款待嘉宾的场合，仍选择用礼数更为周全的点茶法，并在《茶谱》序言中记录了其点茶待客的茶仪：

童子捧献于前，主起举瓯奉客曰：“为君以泻清臆。”客起接，举瓯曰：“非此不足以破孤闷。”乃复坐。饮毕，童子接瓯而退。话久情长，礼陈再三。遂出琴棋，陈笔砚。或赓歌，或鼓琴，或弈棋，寄形物外，与世相忘。斯则知茶之为物，可谓神矣。

主、客间的奉、接、饮、叙等仪程谨严，宾主对答化用茶诗典故，使得文人间的互敬更显文雅。现代冲泡茶的方法各异，其茶仪所承载的同样是“尊让洁敬”的礼义，如取放杯盖轻拿轻放，不得敲磕；主人请宾客先饮；客人双手端茶盏，并向冲泡者及在座者致意，等等。

中国的饮茶礼仪重形式但不陷于形式主义。正如清代皮锡瑞在《经学通论》中所说：

威仪三千，曲礼三千……数至三千，不为不多，然而事理之变无穷，法制之文有限，必欲事事而为之制，虽三千有所不能尽。

所谓“礼由义起”，即有应行之义、宜行之事，就可制宜行事，并规而范之。所以，礼的形成——“即无明文可据，皆可以意推补”(《经学通论》)。反过来，如“礼”背后的理由消失，却固执古法而不知变通，不过是“知古不知今”之“陆沉”(王充《论衡·谢短》)，而礼本身也不免沦为刻板、僵化的形式与教条。

经礼三百、曲礼三千。“礼”作为传统社会的制度形态，文人论茶著述、品茗雅集，无非是将自身的人伦观念与日常礼法融汇于一碗茶汤之中，并无须就迎来送往、座次行茶、举手投足另设规矩，由此也塑造了中国人品茶与日本茶道、韩国茶礼的不同面貌。以“和敬清寂”为宗义的日本茶道，其发展的很大一部分动因在于学习和传播中国先进的礼制文明，通过以茶载道、风流化民。故而其茶道文化高度重视形制设计，将其所欲彰显和教化的价值承载于不厌精细、周致完备、环环相扣的仪程规制之中，使得整个茶事活动呈现一种庄重而神圣的情感和态度，进而成为日本民族的生活宗教和美的信仰。

在中国人看来，饮茶是“饮太和之气以养太和”，制式设局终究有违“真”趣。而茶饮的真趣，当在妙契茶理而又圆融无碍的、活泼泼的自然天真之中。

复习与思考

1. 茶事“九难”反映了哪些治茶环节中的过与不及问题？
2. 在煮饮环节中，有哪些仪程安排反映了“尊让洁敬”的君子相交礼义？

【七之事】上

中华茶脉及早期茶认知

茶人茶事索引

《茶经》就一碗至味的茶汤从源、具、造、器、煮、饮六个方面进行论述，可谓穷理尽性，到“七之事”则属于茶文化史部分，辑录了陆羽为创作《茶经》搜集的相关文献史料，可说是中华茶脉的文化长廊。

三皇：炎帝神农氏。

周：鲁周公旦，齐相晏婴。

汉：仙人丹丘子，黄山君，司马文园令相如，杨执戟雄。

吴：归命侯，韦太傅弘嗣。

晋：惠帝，刘司空琨，琨兄子兖州刺史演，张黄门孟阳，傅司隶咸，江洗马统，孙参军楚，左记室太冲，陆吴兴纳，纳兄子会稽内史俶，谢冠军安石，郭弘农璞，桓扬州温，杜舍人毓，武康小山寺释法瑶，沛国夏侯恺，余姚虞洪，北地傅巽，丹阳弘君举，乐安任育长，宣城秦精，敦煌单道开，剡县陈务妻，广陵老姥，河内山谦之。

后魏：琅琊王肃。

宋：新安王子鸾，鸾弟豫章王子尚，鲍昭妹令晖，八公山沙门谭济。

齐：世祖武帝。

梁：刘廷尉，陶先生弘景。

皇朝：徐英公勣。

《茶经·六之饮》曾列举与茶饮有关的史上名流，但未作详细解说。在本章，陆羽按照三皇、周、汉、吴、晋、南北朝（后魏、宋、齐、梁）、唐（皇朝）的历史发展脉络，比较全面地辑录了自上古神农氏到陆羽所处时代，数千年间与茶相关的名流名录人物索引，并在其后附录了具体文献资料。具体到一个朝代的茶人茶事，如茶人茶事辑录最多的晋代，陆羽并不机械按照人物、事件发生的前后作历时性排序，而是有意识地围绕一个主题将一些事件排列一起，试图阐发茶文化发展的精神意味，以此大致勾勒出茶文化发展的阶段性轨迹。

中国人对茶的早期认知

《神农·食经》："茶茗久服，令人有力、悦志。"

这句摘录是《茶经·六之饮》"发乎神农氏"结论的出处。

神农氏即是炎帝，即传说中上古时期与伏羲、黄帝并列的三位帝皇之一，被奉为华夏农业和医药文明的始祖，尊为农业之神。也有人说"神农氏"是一个专事农业生产的氏族部落，但在上古时期，一个氏族部落往往以其杰出的领袖人物来命名，所以在本质上，这两种认知没有什么不同。《庄子·盗跖》记载：

> 神农之世，卧则居居，起则于于。民知其母，不知其父。……古者民不知衣服，夏多积薪，冬则炀之，故命之曰知生之民。神农之世……耕而食，织而衣。

神农时代是中国文明从茹毛饮血进化到刀耕火种的重要历史时期，人们不仅采集、渔猎，还开始了“耕而食，织而衣”的生活，神农氏是这样一种文明转折的里程碑式的人物。同样的记载也见于《白虎通义》《淮南子》等。神农在采集过程中，遍尝百草，不排除其中就包括一味“荼”。《神农本草经》是一本以讲解草木金石昆虫动物等性、味的书。今存《神农本草经》始见于《汉书·平帝纪》，成书于汉代。

《神农·食经》所言，说明华夏先祖很早就掌握了茶的药食价值。该书今已失传，《汉书·艺文志》也不见该书著录。成书于北宋太平兴国八年(983)十月的《太平御览》，其中卷八六七“饮食部”有这句话的摘引。据考证《食经》大约成书于汉代。当今广为流传的“神农尝百草，日遇七十二毒，得荼以解之”，人以为出自《神农本草经》，但今本经文并无“茶”或“荼”这一词条以及相关的论述。从现存资料来看，此说见清代陈元龙的《格致镜原》(校刊于公元1769年)：

> 《本草》：“神农尝百草，一日而遇七十毒，得茶以解之。”今人服药不饮茶，恐解药也。

该引录中只说是“《本草》”，另外原句中的“七十”“茶”也与传说“七十二”“荼”有些出入。在中国文化发展史上，一切与农业、种植相关的事物起源都归因神农氏。神农氏可说是中国文化朦胧记忆的一部分，再往上已无可推溯。“茶”追溯到神农氏，表达中华茶脉的源头虽不可考，但十分古远。

“茶茗久服，令人有力、悦志”是讲茶的功效。中医认为肾水藏志、主恐、主力气，茶利水、利尿，有助于脾土肾水的去湿、排水，而肾脏功能强健必然“有力、悦志”。

周公《尔雅》：“槚，苦荼。”

这是《茶经·六之饮》中“闻于鲁周公”的文献出处。

鲁周公，即周公旦，周文王之子。周为氏号，姓姬，名旦，公为爵位，封地在鲁，因其在中国政治文化思想史上的特殊地位，被孔子尊为先师。《尔雅》相传为周公所作，是训诂学开山之作，其中记载有茶的名称。晋代常璩的《华阳国志·巴志》中有“周武王伐纣，实得巴蜀之师……茶蜜……皆纳贡之”的记载，可见在武王伐纣之时，巴国就已经以茶向周武王纳贡了。由此认为，在当时给“茶”这一贡品一个音译名并加以解释，是在情理之中的。槚，和茶并不是一个树种，古时常与松柏一起种在墓地。《说文解字》：

槚，楸也，从木、贾声。

“贾”有“假”“古”两种读音，用来指代“荼”，因取其“假”音与原产地土著称呼茶的发音近似，又因茶为木本而非草本，遂用“槚”（音“假”）来借指茶。“槚”发“假”音，从南朝王微《杂诗二首》“……寂寂掩高门，寥寥空广厦。待君竟不归，收颜今就槚”中的韵脚，可得佐证。

“苦荼”，是对发音为“槚”的这种植物的解释，意思是味苦，像苦菜一样。“荼”，在《诗经》就泛指苦味的菜。后世大概也是从味觉效应出发，以“荼”来涵盖茶，直至最后被减去一横，创出一个专指的“茶”字。“茶”字，首见于《唐本草》，唐玄宗时期被正式录入官方字典《开元文字音义》。

陆羽在《茶经·一之源》中关于“槚”是茶之别称的论断，就标注出自《尔雅》。《尔雅》是我国最早的一部官方语义分类词典，唐朝以后被列入“经部”，成为儒家经典之一。关于它的作者，后世多有争议，有的认为是孔子门人，有的认为是秦汉人所作。作为一部字汇书，起于周公，再经后世不断增损补益，直至西汉时整理完善是完全可能的。既非一时一人之作，虽有证据证明为西汉初年成书，但却没有足够证据证明《尔雅》与周公无关。

《广雅》云：“荆巴间采叶作饼，叶老者饼成，以米膏出之。欲煮茗饮，先炙，令赤色，捣末置瓷器中，以汤浇覆之，用葱、姜、橘子芼之。其饮醒酒，令人不眠。”

《广雅》是三国时魏国张揖续补《尔雅》的训诂学著作，其中“广”，内含增补扩充之义。隋炀帝时因避杨广讳，曾改称《博雅》。《茶经》将《广雅》列于《尔雅》之后，未按著述年代排列，或因陆羽将“《广雅》云”整句均视作《尔雅》句的增补或注释文。现代通行本《广雅》并无此句，相同文字见于《太平御览》卷八六七“饮食部”：

《广雅》曰：“荆巴间采叶作饼……其饮醒酒，令人不眠。”

有学者考据认为，第一，“《广雅》云”的作者张揖乃汉魏之际人，《广雅》约著于三国魏初；第二，“《广雅》云”这段文字讲述饼茶的制作、饮用方法并饮茶功效，不符合《广雅》的训释体例，应非《广雅》正文，疑是《埤苍》或《杂字》的注文。既非《广雅》正文，则不能判断为张揖所作。[①] 这个推断是有信服力的。古人引文常常正文和注释文合二为一，此处或有同样曲解误会。

《茶经・六之饮》中，陆羽批评了当时流行的佐以葱、姜、枣、橘皮、茱萸、薄荷等煎煮茶汤，其“浑饮”之法与“《广雅》云”所描述的饮茶习俗几无分别。除“《广雅》云”外，未见更早史料记载，而成书于北宋初年《太平御览》中的相关引文，或转摘自《茶经》。

这段摘录文字传递了几个重要信息：其一，汉魏时期，茶的重要产区以及饮茶风俗主要在巴蜀到荆州一带；其二，茶叶的加工成品主要是饼茶；其三，根据茶的性味，通过炙茶、碾末浸泡并与辛温药草调理用于醒酒、醒神的做法，已成荆巴日用习俗。

《晏子春秋》：“婴相齐景公时，食脱粟之饭，炙三戈、五卵、茗菜而已。”

这段摘引是《茶经・六之饮》中“齐有晏婴”的文献出处。

晏婴（？—前500），史称“晏子”，字仲，谥号平。春秋时期历齐灵公、庄公、景公三朝，辅政长达五十余年，是春秋后期重要的政治家、思想家、外交家。《史记・管晏列传》载有“南橘北枳”和“二桃杀三士”的著名典故均与其有关。从《史记》记载来看，管子的奢侈生活作风与其政治经济思想同出一辙，而晏子以作风俭朴闻名于世，与管子成鲜明对比。晏子的思想和轶事见《晏子春秋》，据考证约成书于西汉初。

《晏子春秋》记载晏婴任国相时，吃的是“脱粟之饭”，大约是糙米饭，下饭菜除了三五样荤菜以外，只有“茗菜”而已。“茗”，从草名声，古通“萌”，本义是指草木的嫩芽。《说文解字》：

> 萌，草木芽也，从草明声。

---

① 丁以寿：《〈茶经〉“〈广雅〉云”考辨》，载《农业考古》2000年第4期。

芽，萌也，从草牙声。

后来茗、萌、芽分工各有所指。如徐铉校定《说文解字》时补注："茶之嫩芽也。从草名声，以茗专指茶芽，当在汉晋之时。"此后，茗由专指茶芽又泛指茶，沿用至今。

春秋时期，茶树尚没有在齐鲁大地种植的记载，况且茶鲜叶采摘也有季节性，更不用说中国人对茶性"至寒"的认识，也是不宜每天拿来当菜吃的。因此，摘录中的"茗"应是草木的嫩芽。

司马相如《凡将篇》："乌啄桔梗芫华，款冬贝母木蘖蒌，芩草芍药桂漏芦，蜚廉雚菌荈诧，白敛白芷菖蒲，芒消莞椒茱萸。"

这是《茶经・六之饮》中"汉有扬雄、司马相如"的出处。

扬雄与司马相如是西汉两大辞赋家。陆羽之所以提及二人，与他们的专著述及"茶"有关。司马相如曾任"文园令"，故又称"司马文园令相如"。《凡将篇》是司马相如的一部字书，是以常用药材编成的一段朗朗上口的韵文。继西汉刘歆校理群书之后，扬雄编撰的《训纂篇》《方言》、杜林的《苍颉训纂》《苍颉篇》、司马相如的《凡将篇》、史游的《急就篇》以及被称作辞书之祖的《尔雅》等，共同奠定了音韵学、文字学、训诂学的小学学术基础。其中《仓颉篇》《训纂篇》《凡将篇》《滂喜篇》等都已亡佚，只《急就篇》流传下来。《急就篇》的篇名以开篇前两字"急就奇瓤与众异"命名，全篇为三言、四言、七言韵语；三言、四言隔句押韵，七言则每句押韵。《凡将篇》作为识字读物，"凡将"二字估计与之相似，是取开篇头两字为名。《汉书・艺文志序》记载：

武帝时，司马相如作《凡将篇》，无复字。

可惜只留下《茶经》摘录的这 38 字，不过"白敛白芷"两味药材就重复了一个"白"字，似乎并非"无复字"。从残篇来看，《凡将篇》是一篇便宜学童诵习的韵文，芦、蒲、萸都在同一个韵部，在平水韵中属"上平七虞"韵。38 个字介绍了 21 味常用中草药，而"荈诧"是其中一味，其余：

乌啄，是毛茛科草本乌头的侧根。所谓"三年附子、四年乌头、五年天雄"，乌头是附子长到第四年到第五年之间的根茎。乌啄是乌头中的两条形状像鸟嘴一样的分叉，生长周期介于乌头和天雄之间，其药用价值和乌头一样，主要用以回阳救逆、补火助阳、散寒止痛，有一定的毒性。

桔梗，是桔梗科植物桔梗的根，性平，味苦、辛，具有宣肺祛痰、利咽排脓的功效。

芫华，即芫花，是瑞香科植物芫花的花蕾，有毒，可用于毒鱼，故又名鱼毒。性温，味苦、辛，主要用以泻水逐饮，外用杀虫疗疮。

款冬，菊科植物，以嫩叶柄和花蕾入药，又名款冬花、冬花。性温，味辛、微苦，主要用于润肺下气、止咳化痰。

贝母，是百合科植物，以鳞茎入药，因其形似贝母得名。性微寒，无毒，味甘、苦。因产地不同药性有别，故又有川贝母与浙贝母之分。其中，产于四川成“川贝母”，主要用于肺虚久咳、虚劳咳嗽、风热燥咳等病症，具有清热化痰、润肺止咳、散结消肿的功效；产于浙江的称“浙贝母”，主要用于痰热咳嗽、感冒咳嗽，以及乳痈、肺痈等瘰疬疮痈肿毒等疾病的治疗，具有清热消毒、止咳化痰、消肿散结的功效。

木蘗，即黄檗，是芸香科植物黄檗或黄皮树的树皮。檗意通襞，意思是衣服上的皱褶，黄檗树皮厚实，纵向沟裂明显，故名檗，色鲜黄，故称黄檗，现在多称黄柏。性寒，味极苦，有清热燥湿、泻火除蒸、解毒疗疮的功效。

蒌，即瓜蒌、栝蒌，又名天花粉，是多年生草质藤本植物，以果实、根茎入药，又称“瓜蒌实”“瓜蒌根”。因韵文限制，此处仅用一“蒌”字。性寒，味甘、微苦，用于清热涤痰、宽胸散结、润燥滑肠等。

芩草，《说文》：“芩，草也。”《诗·小雅》中有“呦呦鹿鸣，食野之芩”。但此处应是指中药材黄芩。《康熙字典》注：

> 茎如钗股，叶如竹，蔓生泽中下地咸处，为草贞实，牛马亦喜食之。

黄芩是唇形科多年生草本植物，以根入药，性寒、味苦，有泻实火、除湿热、止血等功效。

芍药，属毛茛科芍药属的多年生草本植物，以根茎入药。性微寒，味苦、酸，具有镇痛、镇痉、祛瘀、通经等功效。

桂,是樟科中等大乔木,产于南方热带地区,又名玉桂、牡桂、紫桂、大桂、辣桂、菌桂、筒桂等。因入药部位不同,名称各有不同,如“肉桂”为树皮,“桂枝”为横切的枝条,“桂尖”为横切的嫩枝细梢等。《神农本草经》言其功效:

> 味辛温,主百病,养精神,和颜色,利关节,补中益气。为诸药先聘通使,久服通神,轻身不老。面生光华,眉好常如童子。

漏芦,是菊科多年生草本植物,以根入药。性寒,味苦,具有清热解毒、消痈、下乳、舒筋通脉等功效。

蜚廉,即飞廉,是菊科飞廉属草本植物。性平,微苦,有祛风、清热、利湿、凉血、散瘀等功效。

雚菌,生于渤海和芦苇泽中碱卤地的一种菌类。《神农本草经》有专门介绍:

> 味咸平。主心痛、温中,去长患、白疭、蛲虫、蛇螫毒、症瘕、诸虫。一名雚芦。生池泽。

白敛,一名白蔹,是葡萄科植物,以根入药。性寒,味苦、辛、甘,具有杀火毒、散结气、生肌止痛的功效。

白芷,伞形科植物,以根入药。性温,气芳香,味辛、微苦,有祛风除湿、排脓生肌、活血止痛等功效。

菖蒲,有石菖蒲、水菖蒲之分,以天南星科多年生草本植物石菖蒲为中药正品,以根入药。性温,味苦,具健胃理气、利湿化痰、开窍宁神等功效。

芒消,即芒硝,为硫酸盐矿物经煮炼而得的精制结晶。性寒,味辛、苦、咸,具有泻下通便、润燥软坚、清火消肿等功效。

莞,即莞花,为瑞香科、瑞香属落叶灌木,性温,味辛、苦,有毒。《神农本草经》言其功效:

> 主咳逆上气,喉鸣喘,咽肿短气,鬼疟,疝瘕,痈肿。

椒,即蜀椒,为芸香科植物花椒的果壳,别名巴椒、汉椒、川椒、南椒、点椒等。

性热，味辛，有毒，具有温中止痛、杀虫等功效。

茱萸，有山茱萸、吴茱萸之分，皆以果实入药。其中山茱萸为山茱萸科木本植物，性微温，味酸、涩，具有消炎抗菌、降血糖、益肾固精等功效；吴茱萸为芸香科植物，性温，味辛、苦，有小毒，具散寒止痛、疏肝下气、助阳止泻、降逆止呕等功效。

《方言》："蜀西南人谓荼曰蔎。"

《方言》是中国第一部方言词典，比许慎的《说文解字》还要早一百多年，是西汉大学者扬雄所著。扬雄，曾任给事黄门侍郎的职务，于殿门执戟宿卫，故又称"杨执戟雄"。扬雄曾写《解嘲》文自嘲："位不过侍郎，擢才给事黄门。"曹植《与杨祖德书》有云："昔杨子云，先朝执戟之臣耳，犹称壮夫不为也。"

《方言》一书全称为《輶轩使者绝代语释别国方言》，輶轩就是古代使臣所乘坐的轻便车子。据汉末应劭《风俗通义·序》记载：周秦常以岁八月，遣輶轩之使，采异代方言。遣使考查、收集风俗民情是西周以来的一项为政举措。扬雄仿《尔雅》体例，将这些残存材料加以整理完善，并分类编次成《方言》一书。据《风俗通义·序》记载，扬雄用 27 年的时间治《方言》，凡九千字，共十五卷。今本《方言》是晋代郭璞的注本，只有十三卷，而《茶经》引用的"蜀西南人谓荼曰蔎"并不在其中，包括与茶相关的荈、槚、茗、诧等字汇。扬雄和司马相如为同时代蜀人，作为一个茶叶发祥地的学者，对于被司马相如列为常用药材的"荈诧"不应该被遗漏，更不用说茶、蔎、槚、荈于同一物种的各种发音本身对于音韵学的学术价值。故散佚的可能性较大。

《茶经》引用西汉以前的文献记载反映了古代中国人对茶的早期认知，其中包括几个方面的重要信息：其一，从史料来看，要么是作者出身西南，要么反映的事件发生在西南。如，司马相如、扬雄都是蜀人，而蜀地不仅是中药材的重要产地，也是世界最早种茶和传播茶饮习俗的起源地之一，这些都将"真茶"的发祥地指向西南地区，确切地说是四川和湖北、贵州等非汉族地区；其二，从茶的命名在很长时间都没有得到统一，并且有明显音译痕迹来看，茶叶的食用应始于南方的少数民族，今天的音韵学研究成果也证实了“茶”的发音源自南方少数民族。[1]

复习与思考

1. 陆羽在本章开篇提供的一个与茶有交集的中国文化名流索引,传递了哪些信息?

2. 中国人对茶的早期认知传递了哪些信息?

---

① 《茶由南向北的传播:语言痕迹考察》,张公瑾主编:《语言与民族物质文化史》,民族出版社2002版。

【七之事】中

中华茶脉之三国两晋

汉以后有关茶的文献逐渐丰富起来。自西晋于公元316年灭亡，东晋就陷入与五胡、十六国之间的混战，河淮地区为南北交战的主战场，直到鲜卑北魏于公元439年统一北方。这段时期，茶文化的发展无疑受到战乱的阻滞，尽管如此，魏晋时期茶文化仍然不可阻挡地进入发酵期。从《茶经》摘录的魏晋茶文献史料来看，茶文化的发展已然呈现多元文化合流共振的文化景观，一方面，饮茶习俗自西南少数民族快速向中原汉族传播；另一方面，茶从药食日用，逐渐向祭祀、修行等精神活动渗透。

茶通俭德

《吴志·韦曜传》："孙皓每飨宴坐席，无不率以七胜为限。虽不尽入口，皆浇灌取尽，曜饮酒不过二升，皓初礼异，密赐茶荈以代酒。"

这是《茶经·六之饮》中"吴有韦曜"的出处，也是人物索引中"吴：归命侯，韦太傅弘嗣"的文献出处。

孙皓（242—283）是东吴最后一任君王，在公元280年被西晋灭国，归降后被封归命侯。韦曜(204—273),字弘嗣,在东吴历任中书仆射、太傅等要职,是东吴四朝重臣,也是三国时期著名史学家。韦曜原名昭,因避讳司马昭,《三国志》作者陈寿改其名为曜。两个人同时被提到是因为与一则"以茶代酒"典故有关。故事说的是孙皓每次大宴群臣,规定每人至少饮酒七升。韦曜酒量不过二升,孙皓器重他的才学,一开始特许他少喝,或暗中赐给韦曜茶汤以代酒。七胜,即七升。三国时的一升约合今天的240.5毫升,七升约等于今天的三斤半不到的量。

这则典故可以看出,茶饮在三国末期已出现在东海之滨的吴国,并在宴饮上出现。后世随着茶树种植逐渐普遍,茶叶的价格逐渐下降,而酒则相对于茶来说比较贵重,尤其是历史上因战争、灾荒等原因曾多次颁布禁酒令。茶与酒相对,逐渐就有了节俭、素朴的精神意味,这恐怕是"以茶代酒"的始作俑者孙皓所始料未及的。

《晋中兴书》:"陆纳为吴兴太守,时卫将军谢安常欲诣纳,纳兄子俶怪纳无所备,不敢问之,乃私蓄十数人馔。安既至,所设唯茶果而已。俶遂陈盛馔珍羞必具,及安去,纳杖俶四十,云:'汝既不能光益叔父,柰何秽吾素业?'"

这里涉及前面人物索引中的三个人物"陆吴兴纳,纳兄子会稽内史俶,谢冠军安石",也是《茶经·六之饮》中"晋有刘琨、张载、远祖纳、谢安、左思之徒,皆饮焉"提及"远祖纳、谢安"的文献出处。因"陆"姓,被陆羽尊为远祖。

陆纳(约320—395),字祖言,素有贤名。"谢冠军安石",即谢安,字安石,出身世家大族,为东晋名士、文人领袖,应桓温之邀"东山再起"后,为朝廷显贵。《晋书》评价陆纳"少有清操,贞厉绝俗",并载"陆纳杖侄"一事。说谢安曾造访吴兴太守陆纳,按理应受到隆重的礼遇。但陆纳素有廉名,只准备了一些茶果款待。陆纳的侄子陆俶了解叔叔的秉性,心里怨怪叔父没有做好接待准备工作,又不敢过问,只能私下准备可供十几人用的盛宴。谢安来后,陆纳果然只备了些茶果待客。于是,陆俶赶紧呈上早就备好的"盛馔珍羞"。等谢安一走,陆纳气得祭出家法仗打侄儿,说:"你不能为你叔父增光也就算了,居然玷污我清廉不染的德行操守!"在陆纳看来,以茶果自奉和迎上是高洁朴素、特立独行、不迎合骄奢习气的品行和气节。

从这个故事可以观察到,当时茶和水果一样已经用来作为日常待客礼俗,并且以茶待客具有清廉、节俭的精神意味。

《晋书》:“桓温为扬州牧,性俭,每燕饮,唯下七奠柈茶果而已。”

桓温(312—373)曾任扬州牧,故陆羽在前面的人物索引中称其“桓扬州温”,是东晋历史上举足轻重的人物,才能卓著,典故也多。桓温一生中三次兴师北伐,剑指西晋,意图恢复在永嘉之乱中丧失的中原故土。尽管战事多以失败告终,但却给桓温带来了军权和政权,也助长了他的勃勃野心,“既不能流芳后世,不足复遗臭万载邪!”这句名言即出于其口。《晋书·桓温传》说他“自以雄姿风气”,常自比刘琨。有次在北方征战得了一个老婢,恰好是刘琨家伎。老婢一见桓温,便潸然泪下,温问其故,回答说:“公甚似刘司空。”桓温大喜,连忙整理好衣冠,再问她哪里像。老婢答道:“面甚似,恨薄;眼甚似,恨小;须甚似,恨赤;形甚似,恨短;声甚似,恨雌。”桓温于是“褫冠解带,昏然而睡”,好几天都精神不振。

陆羽摘录与茶相关的这则史料,说的是桓温性俭,在扬州做州牧的时候,每次宴请时,都只摆放七盘茶果。

三则文献都是突出茶之“俭”德。除第一则“以茶代酒”之“俭”非孙皓本意,后面两则则是讲身居高位的人以茶接待或宴请,以茶德通人德、以人德彰茶德。

茶在晋代的传播与贸易

《搜神记》:“夏侯恺因疾死,宗人字苟奴,察见鬼神,见恺来收马,并病其妻,着平上帻单衣入,坐生时西壁大床,就人觅茶饮。”

《搜神记》是中国最早的志怪小说。作者干宝(约280—336),字令升,汝南郡新蔡县(今河南省新蔡县)人,是东晋时期的大臣,参与国史《晋纪》修撰,因《搜神记》在中国小说史上的重要地位,被奉为“中国志怪小说的鼻祖”“鬼之董狐”。

《搜神记》记载了一则与茶相关的鬼怪故事。沛国谯县夏侯氏与曹氏均为魏晋南北朝时期的士族,两家世代交好、联姻,曹操最初起事就曾得到夏侯氏的强力支持。夏侯恺在《晋书》中没有记载，故事说夏侯恺因病去世，同宗人苟奴能看见鬼神，见夏侯恺的鬼魂来取马匹，还使他的妻子也生了病。夏侯恺头戴“平上帻”，身着单衣，进屋后坐在他生前常坐的靠西墙的大床上，向人索要茶喝。

从这则“死了都要喝茶”的故事，可以推断，饮茶在当时的氏族阶层已成习惯。

刘琨《与兄子南兖州刺史演书》云：“前得安州干姜一斤、桂一斤、黄芩一斤，皆所须也，吾体中溃闷，常仰真茶，汝可置之。”

这封信是《茶经·六之饮》中“晋有刘琨、张载、远祖纳、谢安、左思之徒，皆饮焉”提及“刘琨”的文献出处。

刘琨（270—318），字越石，晋代著名将领，精通音律，长于文学。晋愍帝时，官拜司空、大将军、都督，故陆羽在“人物索引”中称其“刘司空琨”。刘琨与祖逖是好友，曾一起担任司州主簿，都忧国忧民，励志上进，立志收复北方故土，历史上“闻鸡起舞”的典故说的就是他们两个。另外“枕戈待旦”“吹笳退敌”的著名典故也是说的刘琨。其中“吹笳退敌”，说的是晋阳城遭数万匈奴兵围困，援军未到，粮草不济，刘琨吹笳以泄忧思，并灵机一动联想起“四面楚歌”，遂临时组织了一个胡笳乐队，半夜在城墙上吹奏《胡笳五弄》，缠绵、凄婉的乡音勾起常年征战在外的匈奴兵的思乡之情，最后匈奴军因军心不稳，人心思归，只能退兵而去。

刘琨在“八王之乱”末期任并州（今山西太原附近）刺史，因夙兴夜寐、忧思过重，身体出现一些状况需要调理，于是给在山东任刺史的侄儿刘演写了一封家书。信中说，之前收到你寄送的干姜一斤、桂一斤、黄芩一斤，都是我所需要的。我最近感觉身体溃乏、烦闷，常要依赖真茶提神除烦，你可以帮我置办一些。

“真茶”特意强调是茶树的叶子，而非泛指意义上的“茶”。这句话，一方面反映了茶被泛指的现象由来已久，且十分普遍；另一方面，也反映了当时以茶提神除烦，和干姜温中回阳、玉桂补火助阳、黄芩泻火解毒一样，已成日用养生的常识。另外，刘琨交办侄儿置办茶叶这事，说明当时已经有了茶贸易，但恐因战争原因在太原还不易得，否则也不需要委托远在山东的侄儿去置办。

傅咸《司隶教》曰：“闻南市有蜀妪作茶粥卖，为廉事打破其器具。后又

卖饼于市。而禁茶粥以困蜀姥，何哉?”

傅咸(239—294)，字长虞，善诗文，今存《傅中丞集》。曾任太子洗马、尚书右丞、司隶校尉、御史中丞等职，故陆羽在“人物索引”中称其“傅司隶咸”。傅咸为官清正，直言敢谏，主张裁并官府，唯农是务，力主俭朴，认为“奢侈之费，甚于天灾”。

这段文献是说，一蜀地老妇人在南市(洛阳市集)卖茶粥，被廉事(有的版本做“群吏”，大约是专职市场管理的小吏)打破了器具，老妇人只好改卖茶饼。傅咸就此质问有关负责人，为何禁卖茶粥为难老妇人。

因史料版本不同，产生诸多歧义和争论，但基本史实至少反映两个方面：

其一，蜀地饮茶习俗向中原腹地浸入，不仅有茶饼贸易，还出现了现煮现卖的茶粥。关于茶叶集贸的最早记载是西汉蜀资中(今四川资阳)人王褒的《僮约》。王褒，字子渊，宣帝时为谏大夫。据说，他在神爵三年(前59)时住在安志里一个寡妇家里，因使唤寡妇家的奴仆，引奴仆不满。于是，王褒干脆买下这个奴仆。该仆担心之前多有得罪，担心主人责难，要求定下工作量，于是就有了诙谐有趣的主仆契约——《僮约》。契约巨细无遗地罗列了从“晨起早扫，食了洗涤”一直到“夜半无事，浣衣当白。……奴不听教，当笞一百”，其中就包括“牵犬贩鹅，武阳买茶”。说明当时的四川武阳(今双江镇)就已经有茶叶的集贸市场。

其二，出现贩卖成品茶饮(茶粥)的茶摊子，为现存最早的关于茶摊的史料记载，可说是后世茶馆的萌芽或雏形。茶粥，是西南少数民族茶饮的一种方式。云南景颇族说茶是一种“叶子煮的粥”。明代陆树声在《茶寮记》中说“晋宋以降，吴人采叶煮曰‘茗粥’”。杨晔《膳夫经》中也有相同记载。文献中，茶摊这个新生事物遭到了市场管理方的暴力干预。类似的事件在《广陵耆老传》中也有记载，陆羽也有辑录：

> 晋元帝时有老姥，每旦独提一器茗，往市鬻之，市人竞买。

说明当时的茶叶饮品已经走向商品化了。

《神异记》：“余姚人虞洪入山采茗，遇一道士牵三青牛，引洪至瀑布山曰：‘予丹丘子也。闻子善具饮，常思见惠。山中有大茗可以相给，祈子他

日有瓯牺之余，乞相遗也。’因立奠祀。后常令家人入山，获大茗焉。”

《神异记》是西晋道士王浮所著。鲁迅在《中国小说史略·六朝之鬼神志怪书（下）》中，对王浮和《神异记》作了专门介绍。王浮，生卒年未详，是西晋惠帝（290—306年在位）时道士。曾据东汉《太平经》中“老子入夷狄为浮屠”之说，著《老子化胡经》一书，在后世流传甚广。《神异记》今已散佚，鲁迅于《太平御览》等书中辑录《神异记》仅四百余字共八则。前三则为小故事，虞洪遇丹丘子获大茗就是第三则故事；后五则均短短一句话，如“丹丘出大茗，服之生羽翼”为第一则，并添了一个注脚：“事类赋注十六”，无具体出处。唐代诗僧皎然在《饮茶歌诮崔石使君》诗序中有“《天台记》云：丹丘出大茗，服之使人羽化”，内容一致。《天台记》今已散佚，无从考证。

经文中“仙人丹丘子”（有版本作“丹丘之子”）被列入汉代。丹丘、丹丘子、丹丘生和丹丘山，最早典出屈原的《楚辞·远游》：“仍羽人于丹丘兮，留不死之旧乡。”其中“丹丘”指神仙居住的地方，引申为地仙；“羽人”则指飞举上天的神仙。李白、皎然等都在诗作中提及“丹丘”。据考证，浙江天台和宁海（今属三门）均有丹丘山，不知是否屈原所说的“丹丘”，也不知“丹丘子”是否真有其人。在漫长的历史长河中，一些所谓的“真相”逐渐面目模糊，渐成某种文化象征，非为特指。如，“丹丘”渐成为道人仙居，而“丹丘子”便成道家仙人。

“人物索引”中“丹丘子”被列入“汉”，而故事发生在晋代。《茶经·四之器》在介绍“瓢”这一茶器时，言明虞洪遇丹丘子的时间是在“永嘉中”，也就是公元307至313年中。这个故事反映：

其一，在公元310年之前，茶的生产和饮用已经由巴蜀传播到长江下游和浙江沿海一带了。

其二，茶与仙道文化结合，给茶笼罩了一层灵异色彩。

诗文中的茶

茶在晋人的诗赋中频频出现，足见茶在当时已成为上流社会居家必备的名、特、优物产。陆羽辑录了五首诗，这也是中国最早咏“真茶”的诗赋：

左思《娇女诗》：“吾家有娇女，皎皎颇白皙。小字为纨素，口齿自清历。有姊字惠芳，眉目粲如画。驰骛翔园林，果下皆生摘。贪华风雨中，倏忽数百适。心为茶荈剧，吹嘘对鼎䥶。”

这首诗是《茶经・六之饮》中“晋有刘琨、张载、远祖纳、谢安、左思之徒，皆饮焉”提及“左思”的文献出处。

左思（约 250—305），字太（《左棻墓志》中写作“泰”）冲，曾以一篇《三都赋》造成“洛阳纸贵”。据《晋书・列传第六十二・文苑》记载：“齐王冏命为记室督，辞疾，不就。”故陆羽在本章“人物索引”中称之“左记室太冲”。

《娇女诗》为五言诗，共五十六句，描写诗人两个活泼可爱的小女儿日常。陆羽摘录了六联，其中“心为茶荈剧，吹嘘对鼎䥶”，描绘两个小女孩口渴思茶，急不可耐，对着炉鼎吹火的情态，反映了古代知识分子饮茶解渴的居家生活日常。

张孟阳《登成都楼诗》云：“借问杨子舍，想见长卿庐。程卓累千金，骄侈拟五侯。门有连骑客，翠带腰吴钩。鼎食随时进，百和妙且殊。披林采秋橘，临江钓春鱼。黑子过龙醢[hǎi]，果馔逾蟹蝑[xū]。芳茶冠六清，溢味播九区。人生苟安乐，兹土聊可娱。”

陆羽在自传中说自己“有仲宣、孟阳之貌陋，相如、子云之口吃”，其中的“孟阳”就是张载的字。也是《茶经・六之饮》中“晋有刘琨、张载、远祖纳、谢安、左思之徒，皆饮焉”提及“张载”的文献出处。

张载是西晋太康年间“三张（张载、张协、张亢）二陆（陆机、陆云）两潘（潘岳、潘尼）一左（左思）”之一，具体生卒年未详，因其《登成都白菟楼》一诗有“芳茶冠六清，溢味播九区”，为陆羽所重视。据《晋书・列传》记载，张载曾官拜佐著作郎、著作郎、记室督、中书侍郎等职。陆羽在“人物索引”中称之“张黄门孟阳”，然而据《晋书・列传》记载，任“黄门侍郎”的是张载的弟弟张协，并且张协还对这个职务“托疾不就”。

《登成都楼诗》又名《登成都白菟楼诗》，为五言共三十二句，陆羽辑录了后十六句。诗中描述了西汉蜀地飞宇层楼、物饶民丰、高甍长衢、文脉兴隆的繁荣景象，以及文人风雅安乐的诗意生活。首联两句就提到口吃的相如和扬雄，概因他们两个都是本地人。诗人从“披林采秋橘，临江钓春鱼”的美好画面，写到美味赛龙肉蟹酱的果品，最后引出压轴名特优产品——“芳茶冠六清，溢味播九区”，说芳香茶饮的美妙滋味已经走出巴蜀传播到“九区”（九州）大地，在饮料届的地位已经名列“六清”之冠了。

这首诗说明茶饮在西晋时已走出巴蜀，加速向九州大地传播，并获得了人们的喜爱，饮香茶与“采秋橘”“钓春鱼”等诸事一般，成为怡情消遣的精神生活。

傅巽《七诲》：“蒲桃、宛柰[nài]，齐柿、燕栗，峘阳黄梨，巫山朱橘，南中茶子，西极石蜜。”

傅巽，据《三国志》载，为北地泥阳（今甘肃境内）人，故陆羽在“人物索引”中称其为“北地傅巽”。原为刘表之臣，后劝说刘琮降曹，为曹操所用，封关内侯。曹丕在位时任侍中尚书，卒于公元227至232年之间。

《七诲》中的“七”是汉赋名“七体赋”的一种文体，源于西汉枚乘的《七发》，全赋以主客问答的形式，分七个大段落进行铺成、比喻、叙述，后世效仿并冠以“七”字。清代严可均纂辑《全上古三代秦汉三国六朝文》卷三五中有两卷傅巽诗赋，其中便有这篇《七诲》的全文，然并无陆羽摘引的“南中茶子”这几个字，其中错漏已难考据。这段韵文赋写了各地的名、特、优产品，包括：蒲国的桃、大宛国的柰、齐地的柿子、燕地的板栗、峘阳的黄梨、巫山的红橘、南中的茶子、西极的石蜜。其中：

“蒲桃”，即葡萄。据说是西汉张骞从西域引进，其中“蒲”即为古西域国名。唐代王维的“苜蓿随天马，蒲桃逐汉臣”（《送刘司直赴安西》），刘禹锡的“珍果出西域，移根到北方。昔年随汉使，今日寄梁王”（《和令狐相公谢太原李侍中寄蒲桃》），都有表述。葡萄因味美且稀缺，一直到唐、宋都属于“珍果”，非普通人能够享用。

“宛柰”，是从古西域的大宛国引进的一种小苹果，或称沙果，口感独特，而且兼具药用。沙果又叫柰子，可见二者渊源。西晋潘岳在《闲居赋》中抒发归隐情志，在他幻想的田园里栽植着各种珍果——“三桃表樱胡之别，二柰耀丹白之色，石榴蒲桃之珍，磊落蔓延乎其侧……”，葡萄和柰子都在其中。

“齐柿”，根据汉末行政区域划分，“齐”地位于现今山东临淄一带。齐鲁大地土壤气候自古以来就适宜柿子的生长，至今仍有很多地方号称“柿乡”，其中青州市就有一个柿子沟，村中种植了上万株柿子树，在明清时期为皇家贡品。

“燕栗”，根据汉末行政区域划分，“燕”地大致在河北、北京、天津一带，现今产于北京市郊房山良乡的良乡板栗和产于河北燕山南麓的迁西板栗、兴隆的迁西明栗等，仍是板栗中的名品。

“峘阳”，古时恒山又写作“峘山”，见《水经·汾水注》：“汾水又南径汾阳县故城东，川土宽平，峘山夷水。”“峘阳”具体对应现今的地理位置不明，估计位于北岳山西一带。**“黄梨”**，顾名思义是梨皮为黄色，此外还有白(浅黄色)梨、青(绿)梨。山西的地理气候环境自古以来就盛产梨，有细黄梨、笨黄梨、夏梨、油梨、酥梨等各个品种。现今山西高平号称“梨乡”，以出产名品黄梨——“铁炉梨”著名，年产量1600万公斤。在隋代以及明、清时期都被选为皇家贡品。

“巫山”，作为地理名词，主要是指以重庆奉节县境内乌云顶海拔2400米的主峰为中心的“东北—西南”走向的连绵群峰，横跨长江巫峡两岸，地接湖北、重庆、湖南交界一带。**“朱橘”**，外皮呈朱红色的橘子，是中国宽皮柑橘的一个古老品种。巫山因其独特的地理气候环境，出产的朱橘果心空虚，汁液众多，味酸甜。战国时期楚国屈原的一首《橘颂》让朱橘名满天下。

“南中”，泛指现今云、贵、川一带，是茶的发源地，也是南北朝以前的茶产地。**“茶子”**非“茶籽”，而是与“七子饼”中的“子”含义相同，指的是压制成型的团饼砖茶。

“西极”，是汉代对古印度的称谓，又称“西国”。**“石蜜”**，即冰糖。《本草纲目》引万震《凉州异物志》说：“石蜜非石类，假石之名也。实乃甘蔗汁煎而曝之，则凝如石而体甚轻，故谓之石蜜也。”据季羡林考证，“石蜜”一词最早出现在汉代文献中。《唐本草》说：“石蜜出益州、西域。”石蜜来自古印度，所以称“西极石蜜”或“西国石蜜”。

从这段赋可见，至少在东汉末年至三国初期，中国南方云、贵、川一带的茶叶制品已和当时的各种名特优产品比肩，富有盛名。

弘君举《食檄》：“寒温既毕，应下霜华之茗；三爵而终，应下诸蔗、木瓜、元李、杨梅、五味、橄榄、悬豹，葵羹各一杯。”

弘君举，生平事迹未详。据编辑《全晋文》的清人严可均考证，“弘君举”很可能是与桓温、陆纳同时代的骁骑将军弘戎。弘戎是曲阿（辖境在今江苏省西南部及安徽省芜湖一带）人。丹阳古称曲阿，于唐天宝元年(742)，改曲阿县为丹阳县，隶属丹阳郡。陆羽称其“丹阳弘君举”，也是一个重要佐证。弘戎文韬武略，有《弘戎集》十六卷，今已散佚。

《食檄》现仅存断章残句，散见于《太平御览·饮食部》《永乐大典》等典籍，从内容看是美食大全之类的文章，记述各地特产食物、出产时令及相关饮食礼节。初唐虞世南主编的《北堂书钞》摘录了《食檄》一段有关茶饮的文字：

> 催厨人作茶饼，熬油煎葱，沥茶以绢，当用轻羽，拂取飞面，刚软中适，然后水引。细如委綖，白如秋练，羹杯半在，才得一咽，十杯之后，颜解体润。

从内容来看，有点类似“油茶”的制作。另明代的曹学佺《蜀中广记》也记载“弘君举《食檄》有茶荈出蜀之文”，可见《食檄》多处提及茶及茶饮。陆羽摘录宴饮待客中与茶相关的饮食仪程：主宾见面寒暄结束后，就该设下茶饮；之后入宴席，待酒过三爵，还应该设下各色鲜果、干果熬煮的酸甜可口饮料以及葵菜羹各一杯，以和解脾胃。就后半句的理解，除木瓜、杨梅、橄榄，其他茶果名目包括饮用方式多有歧义。其中：

“诸蔗”，即甘蔗，其中“蔗”通“柘”。“诸柘”，语出司马相如《子虚赋》“江蓠蘼芜，诸柘巴苴”。

“元李”，即“玄李”。宋代因避始祖玄朗讳，清代避康熙玄烨讳，《茶经》刊印时均将“玄”字改作“元”字。所以，“元李”即“玄李”，也就是黑李。

“五味”，即中药常用药材“五味子”，因兼具五味而得名，日常多用来泡酒或泡水饮用。药典对其性味、功效多有论述：

> 五味皮肉甘酸，核中辛苦，都有咸味。（《新修本草》）

五味咸备，而酸独胜，能收敛肺气，主治虚劳久嗽。(《药品化义》)

“悬豹”，应是“悬钩子”无疑。二者字形接近，应“钩”误刊作“豹”所致。《太平御览》卷八四九“饮食部”摘录《食檄》中的一段文字：

……百醉之后，谈闷不除，应有蔗姜、木瓜、元李、阳梅、五味、橄揽、石榴、玄构、葵羹脱煮，各下一杯。

其中的“玄构”即悬钩子。悬钩子是一种蔷薇科植物，果实似桑葚，成熟果实为红色，味酸甜，叶果皆可入药。在果实饱满尚呈绿色时采摘，用沸水略微浸泡然后晒干，有醒酒、止渴、祛痰、解毒、补肾的功效。

“葵”，在传统饮食文化中具有很高的地位，《灵枢》《急就篇》《本草纲目》等典籍均列“葵”为“五菜”(葵、藿、薤、葱、韭)之首。《诗经·豳风·七月》中有“七月烹葵及菽”的诗句，说明西周时期葵已作为蔬菜食用。葵菜性味甘、寒，入口润滑，具有清热解毒、滑肠通便、止咳化痰等功效。葵菜性味尤为道家所重，有十日一食葵菜的养生法。

这段文字涉及八种瓜果、一种羹饮，文中所谓“各一杯”不可能是一样来一杯。合理的推断是甘蔗、木瓜、黑李、杨梅、五味、橄榄、悬钩子做成酸酸甜甜的饮料，再来一杯葵菜羹，既美味又养生。

孙楚《歌》：“茱萸出芳树颠，鲤鱼出洛水泉。白盐出河东，美豉出鲁渊。姜桂茶荈出巴蜀，椒橘木兰出高山。蓼苏出沟渠，精稗出中田。”

孙楚(约218—293)，字子荆，太原中都(今山西平遥西北)人。传见《晋书》卷五六。孙楚“才藻卓绝，爽迈不群”，四十多岁入仕任镇东将军石苞的参军，后为晋扶风王司马骏征西参军，晋惠帝初为冯翊太守。故陆羽称其“孙参军楚”。据《隋书·经籍志》载，著有《孙楚集》十二卷，今已散佚。《世说新语》辑录其几则轶事，其中以“漱石枕流”这个因口误而产生的千古名言最为有名。孙楚年轻时就有归隐之志，某日本想对朋友王济说“我欲枕石漱流”，但一出口却变成了“吾欲漱石枕流”。于是王笑问：“流可枕、石可漱乎?”孙楚颇有急智，立刻回道：“所以枕流，欲洗其耳；所以漱石，欲砺其齿。”这样一说既暗合了许由洗耳的典故，又贴切地表达了不愿同流合污的归隐心志。后世，漱石枕流与眠云跂石一样，都是表达归隐山林的高士情怀。还有一个“驴鸣送葬”的故事，说的是孙楚在王济去世时，临尸恸哭，宾客莫不垂涕。哭毕，对着灵床说：“卿常好我作驴鸣，今我为卿作。”发出的声音果似驴鸣，引得宾客发笑。孙楚抬头说道：“使君辈存，令此人死！”

《歌》，在《太平御览》卷八六七中也作《出歌》，主题是歌咏各地出产的名、特、优物品。其中：

“茱萸出芳树颠”，是说茱萸长在芬芳的树上。茱萸，是一种落叶小乔木，开小黄花，果实椭圆形，可入药。有吴茱萸、山茱萸和食茱萸之分，性味、功效各不相同。

“鲤鱼出洛水泉”，是说黄河鲤鱼自古以来就特别有名，尤以洛水泉的出品最为鲜美。“洛水”，源出陕西省洛南县西北部，为渭河支流、黄河右岸重要支流。又称北洛河，用于区分位于河南省流经洛阳的南洛河（伊洛河）。

“白盐出河东”，是说白盐产于河东。现今山西运城的盐池，古称鹾海、古海，因位居黄河以东而称河东盐池。钱穆先生在《中国文化史导论》一书中说：

> 解县附近有著名的解县盐池，成为古代中国中原各部族共同争夺的一个目标。因此，占到盐池的，便表示他有各部族共同领袖之资格。

历史上著名的逐鹿之战和阪泉之战就是为了争夺河东盐池。运城盐池是蚩尤败后身首被分“解”之地，故又称“解池”，生产的食盐也叫做“解盐”。汉代的长安（今西安）和洛阳地区，主要食用河东盐。

“美豉出鲁渊”，是说上等的豆豉出产于鲁地。“豉”，是把黄豆、黑豆等蒸熟或煮熟之后，再经过盐渍发酵并密封避光酿制而成的调味品。现今山东临沂“八宝豆豉”是当地名产，用大黑豆、茄子、鲜姜、杏仁、花椒、紫茄叶、香油和白酒八种原料发酵而成，醇厚、清香、去腻、体鲜。“鲁渊”，或因鲁地临海，故称其为“渊”。初唐虞世南的《北堂书钞》引古艳歌有“美豉出鲁门”之句，可见“鲁豉”作为名产由来已久。

“姜桂茶荈出巴蜀”，是说生姜、玉桂（桂枝、肉桂）、茶出产于巴蜀地区。巴蜀地区素来是“中药材之乡”，时至今日，这三样出品在同类产品中依然属于上佳品质。

“椒橘木兰出高山。蓼苏出沟渠，精稗出中田”，是说花椒、橘树、木兰树都出自高山，蓼苏出自沟渠，上等的精米出自良田之中。其中，“木兰”，树皮和花皆可入药，花蕾入药名“辛夷”；“蓼”，亦称“水蓼”，是一种通常生长在水泽中的蓼科植物，全草入药，茎叶味辛辣，可用以调味；“苏”，即紫苏，性温、味辛，有解表散寒、和胃止呕等功效；“稗”，通“粺”，即精米，精粺指上等的精米。嵇康《答向子期难养生论》中有“聩者忘味，则糟糠与精粺等甘”。

中国最早介绍地理物产的古典文献有《禹贡》《山海经》等。陆羽辑录了五首诗赋，或赋写包括茶在内的地理标志性物产，或歌咏茶饮相伴的惬意日常。即使是叙写各地风物特产，以诗赋这样一种文体来铺陈说事本身，说明其所言之事贴近诗人日常生活，而不是单纯的物产知识介绍。如果说《娇女诗》说的还是左思一家的茶事，《登成都楼诗》说的是蜀地最负盛名的茶俗向九州传播，那么《七诲》《食檄》《歌》则反映了文人、士族这些上流社会普遍的美食日常。当然，一个社会阶层的美食倾向必然要依赖于该物产贸易的支持。在这些诗赋中，茶叶显然和其他名特优物产一样，已经走向商品化了。

体察性味：对茶功效的再认识

华佗《食论》：“苦茶久食，益意思。”

华佗（约141—208），字符化，为东汉末年著名医学家，曾发明“麻沸散”，《后汉书》和《三国志》均有传。《食论》应是华佗自著文献，今已亡佚，从引文和著作题名来看，大约与食疗相关。陆羽在前面的“人物索引”中并未提及华佗，不知是否遗漏。

“苦茶久食，益意思”是讲解茶的功效。中医认为，心藏神，主喜；肝藏魂，主怒；肺藏魄，主悲；脾藏意，主思；肾藏志，主恐。“意思”是从情志上来讲，对应的脏腑是脾。因脾土为湿土，主管水之运化，却如堤坝之土喜燥恶湿。茶利水去湿，故有此结论。前文《神农・食经》中说“茶茗久服，令人有力、悦志”，是从茶利水，有助于肾水代谢的角度来讲，而肾藏志、主力气。

壶居士《食忌》："苦茶久食，羽化。与韭同食，令人体重。"

壶居士，又称壶公，道家真人，传说中位列仙班，是"悬壶济世"的典故出处。生平事迹不详，唐以前多种文献有记载。如《后汉书·方术列传》记载：

> 费长房者，汝南人也。曾为市掾。市中有老翁卖药，悬一壶于肆头，及市罢，辄跳入壶中。市人莫之见，唯长房于楼上睹之，异焉，因往再拜奉酒脯。翁知长房之意其神也。谓之曰："子可明日来。"长房旦日复诣翁，翁乃与俱入壶中。唯见玉堂严丽，旨酒甘肴盈衍其中，共饮毕而出。

北魏郦道元《水经注·汝水》也有类似记载。唐代药书《类证本草》多次引壶居士的话。唐宋典籍文献多见其记载：

> 壶公谢元，历阳人。卖药于市，不二价，治病皆愈。（唐代王悬河《三洞珠囊》）
>
> 施存，鲁人。夫子弟子，学大丹道……常悬一壶如五升器大，变化为天地，中有日月，如世间，夜宿其内，自号"壶天"，人谓曰"壶公"。（宋代《云笈七签》卷二八引《云台治中录》）
>
> 壶公者，不知其姓名。今世所有《召军符》《召鬼神治病王府符》凡二十余卷，皆出于壶公，故或名为《壶公符》。汝南费长房为市掾时，忽见公从远方来，入市卖药，人莫识之。其卖药口不二价，治百病皆愈，语卖药者曰："服此药必吐出某物，某日当愈。"皆如其言。得钱日收数万，而随施与市道贫乏饥冻者，所留者甚少。常悬一空壶于坐上，日入之后，公辄转足跳入壶中，人莫知所在。唯长房于楼上见之，知其非常人也……（宋代《太平广记》卷十二引《神仙传》）

文献中的故事情节都差不多，但故事的主角并不一定是同一人。

《食忌》今已失传，无从查考。道家称飞升成仙为“羽化”。茶轻身、解腻、醒神的功效历来为道家所重视，并作为辅助修道的汤药，固有“苦荼久食，羽化”一说，并非单纯饮茶就能成仙得道。“与韭同食，令人体重”亦见于唐代孙思邈《备急千金要方》（又称《千金要方》）：

味苦、咸、酸、冷、无毒。可久食，令人有力悦志，微动气。黄帝云，不可共韭食，令人身重。

其中“可久食，令人有力悦志”与陆羽所引《神农·食经》结论一致，又说，饮茶会微微调动人体气机。孙思邈将茶叶“不可共韭食，令人身重”这一说法归于“黄帝云”。韭菜号称“春天第一菜”，温中补阳，但亦有禁忌，不宜多食。如《本草纲目》说：“韭菜多食则神昏目暗，酒后尤忌。”

茶叶和韭菜同食是否会因物性相克而令身体沉重，今天大概没有人去做实验证明，但民间至今有食用韭菜后不饮茶的说法。

郭璞《尔雅注》云：“树小似栀子，冬生叶，可煮羹饮。今呼早取为茶，晚取为茗，或一曰荈，蜀人名之苦荼。”

郭璞（276—324），字景纯，东晋河东闻喜县（今山西省闻喜县）人，是一个学究天人的大学者，一生著述甚丰，除陆羽引用的《尔雅》《方言》注外，还为《周易》《山海经》《穆天子传》《楚辞》等作注，均为经典。死于政治斗争，被追封弘农太守，故陆羽称其“郭弘农璞”。《晋书》有传。

《辞源》中有一段与“郭璞《尔雅注》云”大意相同的引文，文字略有出入：

树小如栀子，冬生叶，可煮作羹饮。今呼早取者为荼；晚采者为茗。一名荈，蜀人名之苦荼。

这段注文被《茶经》多处采用，如在开篇“一之源”中有“叶如栀子”，以及“其名，一曰茶，二曰槚，三曰蔎，四曰茗，五曰荈”等。从郭璞这段注文，可了解到两个方面：

其一，茶在东晋时期基本延续原始的羹饮方式，即将茶叶与其他药草一起熬煮成菜羹、浑饮。至今流传于中国湖南、湖北、江西、福建、广西、云南、四川、贵州等南方地区的擂茶就属于羹饮，通常是将茶叶混合生姜以及酥脆的花生、豆子等，置于擂钵中捣碎，然后加沸水冲泡或熬煮饮用。因各地风俗各异，茶叶混合的物料会有所不同。

其二，茶、茗之分，说明在东晋的时候茶叶已根据采摘早晚进行分类。

茶在晋代社会各阶层的面目

《世说》：“任瞻字育长，少时有令名。自过江失志，既下饮，问人云：‘此为茶为茗？’觉人有怪色，乃自分明云：‘向问饮为热为冷？’”

《世说》是南朝刘宋刘义庆组织编撰的一本专门辑录东汉至两晋士大夫轶事琐语的笔记小说。因为汉代刘向曾著《世说》（已散佚），为与此书相别，后人称其《世说新书》，至五代、宋时又改称《世说新语》。《茶经》引文略作删节，全文见《世说新语·纰漏》：

> 任育长年少时，甚有令名。武帝崩，选百二十挽郎，一时之秀彦，育长亦在其中。王安丰选女婿，从挽郎搜其胜者，且择取四人，任犹在其中。童少时，神明可爱，时人谓育长影亦好。自过江，便失志。王丞相请先度时贤共至石头迎之，犹作畴日相待，一见便觉有异。坐席竟，下饮，便问人云：“此为茶？为茗？”觉有异色，乃自申明云：“向问饮为热为冷耳。”尝行从棺邸下度，流涕悲伤。王丞相闻之曰：“此是有情痴。”

故事发生在“永嘉之乱”晋室南渡期间，也是历史上的第一次“衣冠南渡”。任育长，名瞻，字育长，历任谒者仆射、都尉、天门太守。年少时，就名声在外。武帝驾崩，选了一百二十个俊秀少年牵引灵柩唱挽歌，任育长是其中之一，后王戎从中遴选四个女婿候选人，任还在其中。但就这么一个“童少时，神明可爱，时人谓育长影亦好”的人，南渡过江后便失魂落魄，和之前判若两人。王丞相（王导）邀请先行渡江南下的名士一起到石头城亲迎，还像往常一样相待，但一见面就发觉异常。大家刚刚坐定，茶献上来，他就问人说：“这是茶？还是茗？”发现大家神色有异，自觉失言，又赶快遮掩说：“我刚刚问茶饮是热的还是冷的。”还有一次经过棺材铺，忍不住悲伤流泪。王丞相闻听后，评价说：“这也是一种情痴啊。”

茶和茗不分也就罢了，但连茶饮冷、热都不能分辨，那就是神魂颠倒的昏话了。这段摘录至少反映了两个方面：

其一，在士大夫阶层，分辨茶与茗是一种常识，并且这种常识还事关风雅，否则在座“时贤”就不会面露诧色，令任育长立刻觉察自己失言丢脸，赶紧想办法遮掩。

第二，以茶待客已发展成为敬待宾客的礼节。王导邀请先前渡江南下的名流迎接他，“犹作畴日相待”，其中一个礼节就是“下饮”，即设下茶饮以待客。此解说采信《世说新语笺疏》：

> 李详云：“详案，陆羽《茶经》引此并原注云：‘下饮，谓设茶也。’”

不过，今本《茶经》并不见此原注。

《续搜神记》：“晋武帝世，宣城人秦精，常入武昌山采茗，遇一毛人长丈余，引精至山下，示以丛茗而去。俄而复还，乃探怀中橘以遗精，精怖，负茗而归。”

《续搜神记》又称《搜神后记》，含《桃花源记》一文，后人考证该文为隋以前人伪托陶渊明之名所作。宋代《太平御览》也记载有“秦精事”：

> 晋孝武世，宣城人秦精，常入武昌山中采茗，忽遇一人，身长丈余，遍体皆毛，从山北来。精见之，大怖，自谓必死。毛人径牵其臂，将至山曲，入大丛茗处，放之便去。精因采茗。须臾复来，乃探怀中二十枚橘与精，甘美异常。精甚怪，负茗而归。

对比可见，二者文字出入较大，疑非原文辑录而是故事转述。根据《太平御览》

卷八六七补，“武帝”作“孝武”，两位皇帝相差一个世纪。其中，晋武帝即司马昭之子司马炎，是西晋的开国皇帝，公元265—290年在位。晋孝武帝即司马曜，为东晋第九任皇帝，公元372—396年在位。

这则故事与《神异记》中丹丘子荐茗的故事一样，都带神异的色彩，可谓茶为“瑞草”“仙草”“灵草”的脚注。但剥去神异的外衣，故事反映的是野生茶叶的发现和采摘。

《晋四王起事》：“惠帝蒙尘，还洛阳，黄门以瓦盂盛茶上至尊。”

《晋四王起事》为晋代卢綝所撰，又名《晋四王遗事》或《四王起居》，共四卷，今已散佚。从清代学者黄奭据《御览》《书钞》《水经注》等采录的十余节残存内容看，该书主要是记述晋惠帝征成都王颖并军败荡阴之事，其中“四王”大约是齐王冏、成都王颖、河间王颙、长沙王乂。

晋惠帝名司马衷，是晋武帝司马炎次子，为西晋王朝第二位皇帝，公元290—307年在位，最后在皇权争斗中被毒死。“何不食肉糜”即出自惠帝之口。唐代房玄龄主编的《晋书·惠帝纪》较为详细地记载了惠帝这一段落难史。因“惠帝愚暗、贾后奸毒”，皇权先是落于皇后贾南风之手，八王之乱时，又被赵王司马伦篡位，成为太上皇被幽禁于金墉城，后又被诸王辗转挟持。逃命途中，惠帝靠随行宫人私钱资助，一路几近吃糠咽菜。光熙元年(306)，被东海王司马越迎回洛阳。“惠帝蒙尘，还洛阳”，说的就是这个时候，宦官用瓦盆盛茶汤奉给落难的皇帝饮用。

惠帝落难，一路风餐露宿，朝不保夕，日常用度只能和底层百姓一样，瓦盆陶罐、粗茶淡饭，一到洛阳就喝上了茶，这说明：

其一，茶汤在当时的洛阳已算不上稀罕，否则落难的惠帝肯定喝不上，更不用说还是用瓦罐盛的茶汤。

其二，惠帝有日常饮茶的习惯。作为皇帝近臣的黄门了解君主的生活习惯和需求，所以一回到洛阳，首先奉上一碗茶汤，为惠帝解乏洗尘。

《异苑》：“剡县陈务妻少与二子寡居，好饮茶茗。以宅中有古冢，每饮，辄先祀之。二子患之曰：‘古冢何知？徒以劳。’意欲掘去之，母苦禁而止。

其夜梦一人云：‘吾止此冢三百余年，卿二子恒欲见毁，赖相保护，又享吾佳茗，虽潜壤朽骨，岂忘翳桑之报。’及晓，于庭中获钱十万，似久埋者，但贯新耳。母告，二子惭之，从是祷馈愈甚。”

《异苑》为南朝刘宋刘敬叔所撰的志怪小说，仅存十卷。《茶经》这段引文与《异苑》卷七第四条所记载略有出入，文字更精炼，疑为陆羽刻意为之。原文如下：

> 剡县陈务妻少与二子寡居，好饮茶茗。宅中先有古冢，每日作茗饮，先辄祀之。二子患之，曰："古冢何知，徒以劳祀。"欲掘去之，母苦禁而止。及夜，母梦一人云："吾止此冢三百余年，谬蒙惠泽，卿二子恒欲见毁，赖相保护。又飨吾佳茗，虽泉壤朽骨，岂忘翳桑之报。"遂觉，明日晨兴，乃于庭内获钱十万，似久埋者，而贯皆新。提还告其儿，子并有惭色。从是祷酹愈至。

陈务之妻早年守寡，与两个儿子相依为命，爱好茶饮。每次喝茶时都不忘先给庭院里的古墓敬上一碗。两个儿子看不惯，觉得古墓无知，祭祀只是徒劳而无功，准备挖墓。母亲苦劝才算作罢。当晚，母亲梦见古墓主人对她说："我埋在这里已经三百多年了。你两个儿子总想毁了我的墓穴，幸亏你的维护，还经常给我好茶喝。我虽是地下朽骨，但也不能忘了报恩。"天亮后，母亲在院子里挖到了十万铜钱，看样子在地下埋了很久，但穿钱的绳子却是新的。母亲提着铜钱将鬼魂托梦赠钱一事告诉两个儿子，令他们十分惭愧。自此以后，一家人祭祀古墓更加殷勤备至。

陆羽在"人物索引"中将"剡县陈务妻"列于晋代。这个故事有两个方面值得关注：

其一，茶茗已进入寻常人家的生活日常。故事中的信息足以判断这一家人生活并不富裕，但并不妨碍他们有饮茶的爱好，侧面反映了茶饮在晋代已经传播到现今的浙江嵊州一带，且成为平常百姓的生活日常。

其二，是民间以茶祭祀鬼神的较早资料。中国民俗中至今仍然保留着以茶祭祀天地、祖先、鬼神的古老风俗，直至今日，民间仍有以茶祭奠或洒茶米来驱鬼辟邪的习俗。

《广陵耆老传》:“晋元帝时有老姥,每旦独提一器茗往市鬻之,市人竞买,自旦至夕,其器不减,所得钱散路傍孤贫乞人。人或异之,州法曹絷之狱中,至夜,老姥执所鬻茗器,从狱牖中飞出。”

《广陵耆老传》已失传。唐代杜光庭的《墉城集仙录》录有一则“广陵茶姥”故事。宋代《云笈七签》中,广陵茶姥已化身女茶仙,位列以西王母为首的二十七女仙之一。明代曹学佺《蜀中广记》也转引了这则故事。文献所载“广陵茶姥”的故事情节类似,只在文字上略有出入。举《云笈七签》所录为例:

> 广陵茶姥者,不知姓氏乡里。常如七十岁人,而轻健有力,耳聪目明,头发鬒黑。晋元南渡之后,耆旧相传见之,百余年颜状不改。每持一器茗往市鬻之,市人争买,自旦至暮,所卖极多,而器中茶常如新熟,而未尝减少,人多异之。州吏以冒法系之于狱,姥乃持所卖茗器,自牖中飞去。

陆羽直接摘引与茶相关的内容,并添加茶姥将“所得钱散路傍孤贫乞人”的行善事迹。故事发生在广陵,即今扬州一带,和傅咸《司隶教》所载“南市有蜀妪作茶粥卖”类似,都是讲的卖茶老太太的故事,都是摆的“茶摊”,都受到刁难。不过,傅咸的生卒年是公元239—294年,而晋元帝在位时间为公元317—322年,两个故事时差至少二三十年。不过故事中说“耆旧相传见之,百余年颜状不改”,所以不排除主角是同一人。广陵茶姥故事反映两个方面:

其一,茶渐被赋予“仙道”灵异色彩。

其二,“市人竞买”,说明茶饮当时很有市场,在平民百姓中的接受程度非常高。

《艺术传》:“敦煌人单道开不畏寒暑,常服小石子,所服药有松桂蜜之气,所饮茶苏而已。”

这段文字应是陆羽从《晋书·列传第六十五·艺术》中概括提炼而来。原文如下:

> 单道开，敦煌人也。常衣粗褐，或赠以缯服，皆不著，不畏寒暑，昼夜不卧。恒服细石子，一吞数枚，日一服，或多或少。好山居，而山树诸神见异形试之，初无惧色。石季龙时，从西平来，一日行七百里，其一沙弥年十四，行亦及之。至秦州，表送到邺，季龙令佛图澄与语，不能屈也。初止邺城西沙门法綝祠中，后徙临漳昭德寺。于房内造重阁，高八九尺，于上编菅为禅室，常坐其中。季龙资给甚厚，道开皆以施人。人或来咨问者，道开都不答。日服镇守药数丸，大如梧子，药有松蜜姜桂伏苓之气，时复饮茶苏一二升而已。自云能疗目疾，就疗者颇验。视其行动，状若有神。……

唐代道宣撰《集神州三宝感通录》中类似记载文字精简很多，但没有与茶相关内容：

> 敦煌人。出家山居。服练松柏三十年。后唯吞小石子。行步如飞。不耐人，乐幽静。在抱腹山多年。石虎时来自西平，日行七百至邺。周行邑野，救诸患苦，得财即散，徒行而已。石氏将末，与弟子来建邺。又南罗浮，遂卒山舍。袁彦伯兴宁中登山礼其枯骸云云。

魏晋时期，凡修炼者都称为“道人”。单道开亦僧亦道，在传说中很有些神异。从文献资料来看，类似服石、服药、服气以辟谷，身具飞行术，能观星象，与“神仙去来”，以及死后仙蜕（尸解、蝉蜕）于道教圣地罗浮山等记载，显然修的是神仙道术。单道开作为晋代道教的一个重要人物，元朝道士赵道一编集《历世真仙体道通鉴》时，于卷二八为其立传。另从《茶经・七之事》所列人物来看，明确为佛教徒的都加“释”“沙门”等专有称号，如“武康小山寺释法瑶”“八公山沙门谭济”，仅说单道开为“敦煌人”，可见陆羽并不把单道开看作佛教徒。①

这段文字里最大的争议在“荼苏”一词。“荼”是唐以前表示茶的主要字。从字

① 《第十届国际茶文化研讨会暨浙江湖州（长兴）首届陆羽茶文化节论文集》，浙江古籍出版社2008年版，第120—126页。

面可以理解为单一茶叶或紫苏的饮品，或二者混合煎煮的浑饮。就后者而言，有学者提出质疑，认为历史上从未有过在茶中加紫苏的饮法记载，仅此一孤证不足以说明。或认为，这里的“茶”有可能是“屠”的通假字，也就是说“茶苏”可能是“屠苏”，即“春风送暖入屠苏”（北宋王安石《元日》）的“屠苏”酒。① 饮屠苏酒之俗由来已久，该配方最早见葛洪《肘后备急方》卷八《治百病备急丸散膏诸要方第六十九》中所记晋代陈延之的《小品方》里。孙思邈的《备急千金要方》也有“屠苏酒辟疫气，令人不染温病及伤寒岁旦之方”，并记载了详细配方和制作之法。

茶，历来被道家视为养生延命的“仙药”。紫苏辛温，茶至寒，两者分开饮用，或煎煮在一起每日饮用并无不妥，是否有故事中所说的功效待考。假若将“茶苏”解作“屠苏”酒，那么每天喝辟疫气的酒反倒是不合常理。疫病一般与时令异常相关，如春冷冬暖等，或者在节气转换时，病气也容易乘虚而入，此时才是喝“屠苏”酒的时候。结合茶在晋代的传播，推断单道开每日饮用的应是茶汤无疑。这则故事反映的是东晋修道之人以茶助修的日常。

复习与思考

1. 哪些方面足以说明茶饮的传播在魏晋时期进入提速阶段？
2. 在三国两晋时期，中国人对茶加深了哪些方面的认知？

---

① 《第十届国际茶文化研讨会暨浙江湖州（长兴）首届陆羽茶文化节论文集》，浙江古籍出版社2008年版，第120—126页。

【七之事】下

中华茶脉之南北朝及出产

南北朝时期是中国历史上一段大分裂时期，上承东晋十六国，下接隋朝。南朝始于公元420年刘裕取代东晋建立刘宋，历经南齐、南梁、南陈四朝；北朝承继五胡十六国。北魏分裂为东魏、西魏，北齐和北周分别取代东魏、西魏，最后北周灭北齐，直至公元581年隋文帝杨坚建立隋朝，八年后灭陈朝，结束了自汉末以来近300年的动乱和分治。

“南朝四百八十寺，多少楼台烟雨中。”（唐代杜牧《江南春》）“国家不幸诗家幸，赋到沧桑句便工。”（清代赵翼《题遗山寺》）战乱频仍、朝不保夕的苦难时代为哲学宗教、文学艺术的孳生蔓延提供了沃土。这一时期，茶文化继续向社会生活渗透，包括贸易、祭祀、馈赠、御赐、种植、待客、养生、疗病等各个方面。与此同时，茶叶的提神、解渴、去烦等众多功效为坐禅参道提供助力，而宗教的兴盛进一步丰富了茶文化内涵，并加速其传播。

茶文化加速发酵

释道该说《续名僧传》：“宋释法瑶，姓杨氏，河东人，永嘉中过江遇沈台真，请真君武康小山寺，年垂悬车，饭所饮茶。永明中，敕吴兴礼致上京，年

七十九。”

“释道该说”，一般认为是“释道悦”之讹，“该”为衍文，“说”通“悦”。道悦是隋末唐初的名僧，继南朝梁国释宝唱著《名僧传》后，续著《续名僧传》。梁国释惠皎《高僧传》卷七、唐代释道宣《续高僧传》卷三三均有其传。

故事中的主人公是刘宋名僧释法瑶，是东晋名僧慧远的再传弟子，著名的涅槃师，著有《涅槃》《法华》《大品》等经义疏。自宋元嘉十九年(442)，法瑶每年开讲佛经，一时“三吴学者，负笈盈衢”，盛极一时。这个故事在《浙江通志》卷一九九有记载，与《茶经》的转引略有出入，正好佐证：

> **法瑶，《吴兴掌故》：姓杨氏，河东人。元嘉中过江，遇吴兴沈台真，请居武康小山寺，年过七十，永明中，勅吴兴礼致上京。**

沈台真，即沈演之(397—449)，字台真，吴兴郡武康人，《宋书》卷六三、《南史》卷三六都有传。《茶经》中年号“永嘉”应是“元嘉”之误，因“永嘉”是西晋怀帝的年号，为公元307—313年。根据法瑶“年垂悬车”(近七十岁)或“年七十九”推断，采信《浙江通志》宋文帝年号“元嘉”的记载，大约在公元424—453年间。如此，根据法瑶在元嘉时“年垂悬车”，那么到“年七十九”岁的时候，正是宋孝武帝刘骏年号“大明”(457—464)之时，而如果是齐武帝的“永明”(483—493)时期，则该有一百多岁了。此外，参考《浙江通志》，“请真君”当是“请居”，“真”为衍文，“君”为“居”之讹。

纠正了讹误之处，这个故事是说，南朝刘宋有个释法瑶和尚，俗姓杨，是山西河东郡人。元嘉中(424—453)，从北方渡江到南方，遇见沈台真，受邀于浙江吴兴郡武康县小山寺驻锡。在“悬车”之年以茶代饭。到宋孝武帝大明中(457—464)，孝武帝敕令吴兴地方官礼请他到都城，那时，法瑶已经七十九岁了。

另据《高僧传》记载，释法瑶驻锡武康小山寺十九年，于元徽年七十六岁圆寂。武康小山寺又称翠峰寺，建于晋太康三年(282)至南朝刘宋永初元年(420)之间，毁于元朝，遗址在今湖州市德清县武康龙山镇漾口。因释法瑶驻锡武康小山寺，故陆羽在人物索引中称为“武康小山寺释法瑶”。

这个故事反映南北朝时期以茶助修的佛修日常。

宋《江氏家传》："江统字应迁，愍怀太子洗马，常上疏谏云：'今西园卖醯、面、蓝子、菜、茶之属，亏败国体。'"

《江氏家传》是由江统的父亲江祚开始撰写，后代子孙们陆续编撰修订完成的家谱。《隋书·经籍志》著录为七卷，今已散佚。书名前加"宋"，可见完本于南朝，但记载的事件却发生在西晋末。

江统(? —310)，字应元，西晋陈留圉(今河南省通许县南)人，曾任愍怀太子的洗马，故陆羽称其为"江洗马统"。愍怀是太子司马遹(278—300)的谥号，遹字熙祖，晋武帝司马炎的孙子，晋惠帝司马衷的长子。司马遹少时聪明，得晋武帝看重，颇有美名，被皇后贾南风嫉恨，在其身边安排小人助长其玩乐、奢侈、暴烈之性。被"捧杀"长大后的太子行事张扬无忌，其中之一，就是于太子苑囿的西园摆摊切肉卖酒，销售各种杂货，以收其利。据说这位太子有"手揣斤两，轻重不差"之能。当时的江统作为太子洗马，经常劝谏说："作为太子，您在自己的西园卖醋、面、篮子、菜、茶之类的东西，实在是有损国家的体统啊！"可惜逆耳忠言，司马遹依旧我行我素，也因此得一"酒肉太子"的诨号，以致名声大坏，不多久被设计陷害。

这段文字记载了西晋末期一件与茶相关的事件。引陆羽关注的重点是，在愍怀太子西园售卖的货品中，茶与醋、面、蓝子、菜等并列，说明茶在西晋已成为日常贸易的货品，或者说，茶饮至少是西晋上层社会日常生活的一部分。

《宋录》："新安王子鸾、豫章王子尚，诣昙济道人于八公山，道人设茶茗，子尚味之曰：此甘露也，何言茶茗。"

《宋录》今不可考，大概是记录南朝刘宋一代的典故轶事。宋，是宋武帝刘裕于公元420年取代东晋政权建立的南朝第一个朝代，定都建康(今江苏南京)，传四世，历经九帝，存续59年。在政权频繁更迭的南朝，刘宋是存在时间最久、疆域最大、国力最强的王朝。陆羽在"人物索引"中辑录了刘宋四个人物，这个故事就占了三个。根据南梁沈约《宋史》和唐初李延寿《南史》记载，新安王子鸾、豫章王子尚都是刘宋第三世宋世祖孝武皇帝刘骏的儿子。这位皇帝共有28个儿子，都很小就封王，还屡改封号。其中，刘子尚是文穆皇后王宪嫄所生，为第二子，在大明五年(461)被封为豫章王，任会稽太守；刘子鸾是殷淑仪所生，为第八子，大明四年(460)被封为新安王，任吴郡太守。《茶经》这段引文将两兄弟的排序颠倒了。这个故事没有具体年份，根据二位王子的敕封封号，以及孝武皇帝于公元453—464年在位时间，只能推断大约发生于公元460—464年间。

昙济道人即"人物索引"中的"八公山沙门谭济"。沙门即是佛门，六朝时对僧道等避世修行之人统称"道人"，并非今人理解的"道士"。昙济十三岁出家，是南朝刘宋名僧释僧导的传法弟子。僧导是鸠摩罗什的弟子，曾参与鸠摩罗什主导的佛经翻译僧团。后来，僧导从关中到寿春(今安徽寿县)，住在寿县境内八公山东山寺，并创立了"成实师说"的寿春系，昙济随僧导一起专研佛法。[①] 八公山是历史名胜，汉淮南王刘安曾在此主编《淮南子》，也是在此地"一人得道，鸡犬升天"。东晋淝水之战，谢安大胜，苻坚败逃寿县北，遥望八公山草木皆类人形，留下"风声鹤唳，草木皆兵"的典故。昙济道人跟随僧导在八公山东山寺传法，成为闻名遐迩的法师。新安王子鸾、豫章王子尚慕名而来。昙济喜欢喝茶，估计在烹茶煎水方面颇有造诣，见两位王子到访，随即设茶茗招待，引得两位王子赞不绝口："这明明就是甘露啊，怎么说是茶茗呢?"

这个事件发生在南北朝时期的安徽，至少可以解读两个方面的信息：

其一，当时安徽北部地区已经出产好茶。

其二，以茶待客的茶礼出现在佛门的日常接待当中。三国孙皓的"以茶代酒"，晋代弘君举《食檄》中的"寒温既毕，应下霜华之茗"等等，反映了汉魏六朝以茶待客、以茶会友的社会活动。而佛门以茶待客，说明客来敬茶在当时已经发展成为僧俗共同的礼俗。

王微《杂诗》："寂寂掩[yǎn]高门，寥寥空广厦。待君竟不归，收颜今就槚。"

---

① 丁以寿：《昙济道人身份小考》，载《茶业通报》2001年第1期。

王微(415—443),据《宋书·列传第二十二·王微》记载:

> 王微字景玄,琅邪临沂人,太保弘弟子也。父孺,光禄大夫。微少好学,无不通览,善属文,能书画,兼解音律、医方、阴阳术数。年十六,州举秀才……

王微博学多才,但“素无宦情”,对各种举荐的官职“称疾不就”。他善医术,“弟僧谦遇疾,微躬自处治,以服药失度卒”。王微深感自咎,“发病不复自治,哀痛不已,四旬后亦卒”,卒时年仅二十九岁。

王微不尚骈俪,尤好古文,其五言诗以《杂诗》为代表,颇有古风,收入《文选》。今存五言诗四首,残句一则,另存文九篇。陆羽所引摘自王微《杂诗》之一,全诗如下:

> 桑妾独何怀,倾筐未盈把。
> 自言悲苦多,排却不肯舍。
> 妾悲叵陈述,填忧不销冶。
> 寒雁归所从,半途失凭假。
> 壮情抃驱驰,猛气捍朝社。
> 常怀云汉惭,常欲复周雅。
> 重名好铭勒,轻躯愿图写。
> 万里渡沙漠,悬师蹈朔野。
> 传闻兵失利,不见来归者。
> 奚处埋旌麾,何处丧车马。
> 拊心悼恭人,零泪覆面下。
> 徒谓久别离,不见长孤寡。
> 寂寂掩高门,寥寥空广厦。
> 待君竟不归,收颜今就槚。

诗中描写一采桑女因战争丧失夫婿,悲伤独自品饮苦茗的情境,最后四句:“寂寂掩高门,寥寥空广厦。待君竟不归,收颜今就槚。”寂寂、寥寥,高门、广厦……都是情绪的铺陈和渲染,仅最后一句涉及茶,大意是“久等你不归家,落落寡欢的我只能以苦茶来排解孤独、愁闷了”。“槚”即茶。如果说，茶在晋代文人的笔下还是以珍贵物产的面貌出现，那么，在王微这一首诗中，茶已有精神抚慰的意味。

鲍昭妹令晖著《香茗赋》。

鲍令晖是鲍照(约 415—466)之妹。东海(今山东省临沂市郯城县)人，生卒年不详。鲍照与颜延之、谢灵运合称“元嘉三大家”。在鲍照的一篇请假条——《请假启又》中，写到其唯一的妹妹去世，“私怀感恨，情痛兼深”，故而再次请假一百天等，由此推知鲍令晖大约在宋孝武帝刘骏(430—464)时就已去世。兄妹二人在南北朝时期均以诗才著称。据钟嵘《诗品》记载，鲍照有一次对孝武帝说：“臣妹才自亚于左棻，臣才不及太冲尔。”左思、左棻兄妹也均以诗才著称，鲍照拿自己兄妹与左思兄妹对比，虽是自谦，但足见对妹妹才情的推崇。唐代陆龟蒙《小名录》记载：

> 鲍照，字明远。妹字令晖，有才思，亚于明远，著《香茗赋集》行于世。

南朝钟嵘《诗品》评价“鲍令晖歌诗，往往崭绝清巧，拟古尤胜”，或因相思、闺怨的题材较多，情思太过，批评她“百愿淫矣”。

《香茗赋》今已失传，《玉台新咏》录其诗七首，今人钱仲联《鲍参军集注》附鲍令晖诗六首，多是守家怨妇思念征夫之词，这和诗人处在战乱时代的境遇与心境有关。

陆羽在《茶经・七之事》中辑录了从汉到南北朝一些代表性诗人赋写的与茶茗相关的诗赋。如果说在汉赋中，茶茗还仅仅是一个客观物质对象，和《诗经》中用以起兴的“荼”一样，都算不上真正意义上的咏茶诗，那么，在魏晋的诗赋中，尤其是南北朝时期，茶茗在诗人眼中逐渐成为一个审美对象，甚至是精神抚慰品。诗人在茶茗中映照自身的思想和情怀，使得茶茗这一物质对象在诗歌建构的美学世界中，渐具丰富的精神和象征意味。

南齐世祖武皇帝遗诏：“我灵座上慎勿以牲为祭，但设饼果、茶饮、干饭、酒脯而已。”

南齐世祖武帝萧赜(440—493)是南齐的第二个皇帝，公元 482—493 年在位，节俭恤民，颇有作为。齐武帝的遗诏交代子孙臣子节俭办丧，不要烦扰百姓，可谓谆谆嘱咐，详见萧子显《南齐书·本纪第三·武帝》：

我识灭之后，身上着夏衣，画天衣，纯乌犀导，应诸器悉不得用宝物及织成等，唯装复夹衣各一通。常所服身刀长短二口铁环者，随我入梓宫。祭敬之典，本在因心，东邻杀牛，不如西家禴祭。我灵上慎勿以牲为祭，唯设饼、茶饮、干饭、酒脯而已。天下贵贱，咸同此制。未山陵前，朔望设菜食。陵墓万世所宅，意尝恨休安陵未称，今可用东三处地最东边以葬我，名为景安陵。丧礼每存省约，不须烦民……

齐武帝交代他死后，在他的祭奠台上不要用牺牲，只要摆放饼果、茶饮、干饭、酒、肉干就可以了，又交代"天下贵贱，咸同此制"，严防办丧祭奠奢侈攀比之风。

"夫礼之初，始诸饮食。"(《礼记》)中国的祭祀礼仪本来就是拿人们赖以生存的食物来祭飨鬼神。"剡县陈务妻"以茶祭祀古墓，是民间以茶祭祀的最早记载；至于"沛国夏侯恺"死了都要喝茶的故事，其结果也是后人以茶祭奠；余姚虞洪的遭遇，故事的结尾也是以茶飨丹丘子。汉魏文化中，茶的独特功效和滋味已被添上"通仙灵"的神秘色彩，加上性洁、避秽等特点，茶逐渐成为祭飨鬼神的祭品，成为驱邪避秽、消灾祛病的灵物。就这段引文而言，可作如下读解：

其一，茶为祭不仅在民间流行，还得到了皇族的认可与实施。

其二，以茶为祭突出的节俭办丧，彰显了齐武帝的"俭德"，进一步丰富了"茶性俭"的文化内涵。

最后，陆羽没有辑录的其后一句"天下贵贱，咸同此制"，说明齐武帝对身后茶祭的安排不会是一个稍纵即逝的孤立事件，对当时社会生活的影响无疑是巨大而深远的。民间不少地区至今仍保留着以茶为祭的礼俗，通常以茶汤、干茶作祭，也有用空的茶壶、茶盅象征茶饮作祭。

梁刘孝绰《谢晋安王饷米等启》："传诏李孟孙宣教旨，垂赐米、酒、瓜、笋、菹[zū]、脯、酢[zhǎ]、茗八种。气苾[bì]新城，味芳云松。江潭抽节，迈昌荇之珍。壃埸[yì]擢翘，越葺精之美。羞非纯[tún]束野麏[jūn]，裛[yì]

似雪之驴；鲊异陶瓶河鲤，操如琼之粲。茗同食粲，酢[zuò]颜望楫，免千里宿舂，省三月粮聚。小人怀惠，大懿难忘。”

刘孝绰(481—539)，名冉，字孝绰，彭城(今江苏徐州)人。幼时有“神童”之称，七岁能做文，十四岁能代父亲起草诏诰，善草隶。齐梁陈三代是新体诗形成和发展的时期，刘孝绰与永明文学、宫体诗的发展有着十分密切的联系，是梁昭明太子萧统最为倚重的东宫文人，一起主编了《昭明文选》。当过太子洗马，曾任太子太仆兼廷尉卿，故陆羽称其为“刘廷尉”。

这段文字是刘孝绰谢晋安王赐饷的奏启。晋安王即萧纲，在昭明太子卒后继为皇太子，后登位称简文帝。全文骈四俪六，辞藻富丽、引经据典地描述了八种物产之美，其中：

“壃埸擢翘”，出自《诗·小雅·信南山》“中田有庐，疆埸有瓜”。“壃埸”同“疆埸”(田畔)，以指代“瓜”；

“纯束野麏”，出自《诗·召南·野有死麕》“野有死麕……白茅纯束”。

“鲊异陶瓶河鲤”，典出晋朝陶侃母事，见《世说新语·贤媛》：

> 陶公少时，作鱼梁吏，尝以坩鲊饷母。母封鲊付使，反书责侃曰：“汝为吏，以官物见饷，非唯不益，乃增吾忧也。”

“免千里宿舂，省三月粮聚”，出自《庄子·逍遥游》：

> ……适百里者，宿舂粮；适千里者，三月聚粮。

“小人怀惠”，语出《论语》“君子怀德，小人怀土；君子怀刑，小人怀惠”。刘孝绰自谦并表达感恩。

此外，对“酢颜望楫”的理解多有不同。有的尊左圭《百川学海》的宋本《茶经》“酢颜望楫”为正，将其中的“酢”解作“酬酢”之“酢”；[①]也有的根据骈文特点，将“酢颜望楫”与“茗同食粲”作对仗理解，采信明万历十六年孙大授秋水斋刊本作“酢

① 童正祥：《〈茶经〉翻刻与校注过程中的刊误现象——以酢颜望楫和疆埸擢翘为例》，载《中国茶叶》2018年第10期。

类望柑”，以繁体字的“顔”为“類”的刊误，同时，“酢”就作“醋”解。[1] 后解似更可信。

这段引文反映了茶出现在皇室颁发的粮饷之中。依照明本，那么这段十分典丽的奏启翻译过来就是：

传诏李孟孙传达了您的旨意，承蒙您赏赐米、酒、瓜、竹笋、腌菜、肉干、腌鱼、茶茗八种食品。米如新城名品，芳香宜人；酒像云松一般，气味芬芳，直冲云霄；江边新抽节的嫩笋，是胜过菖蒲、荇菜之类的珍肴；田畔精选的瓜，比最好的瓜看上去还要好；肉干虽非白茅捆束的野獐鹿，却也是精心包裹、洁净雪白的肉干；腌鱼虽不同于陶侃装在陶瓶饷母的河鲤，却也制作得像琼玉一般色泽光鲜；饮茗就和吃最精良的白米饭一样享受，醋酢的滋味就和柑橘一样酸爽开胃，使我即便远行千里，也不用筹备三个月路上吃的干粮。感念您的惠赐，您的大德小臣是不会忘记的。

陶弘景《杂录》：“苦茶轻身换骨，昔丹丘子、黄山君服之。”

陶弘景（456—536），字通明，号华阳隐居，南朝齐梁时著名道士，道教茅山派代表人物，精通经史子集，学究天人。曾辅佐梁武帝萧衍夺齐帝位建立萧梁政权，永明十年（492）归隐句容句曲山（今江苏句容茅山）后，着手整理道教典籍，弘扬道教思想，于天文历算、地理方物、医药养生、金丹冶炼、文学艺术、道教仪典等诸方面都有著述，作品达近八十种，约二百多篇，尤其在医药丹方方面著述甚丰，可惜绝大多数散佚。其间，梁武帝仍常修书向其咨询朝中大事，故人称“山中宰相”。《梁书》卷五一、《南史》卷七六俱有传。

陆羽转引之文载明出自《杂录》，今已无从查考。

陆羽将丹丘子、黄山君定位汉代。这两位仙人都是《神仙传》里的人物，丹丘子在《茶经》中多次出现；“黄山君”，顾名思义是居于安徽黄山的地仙。《神仙传》卷一第六条载：

> 黄山君者，修彭祖之术，年数百岁，犹有少容，亦治地仙，不取飞升。彭祖既去，乃追论其言，为《彭祖经》，得《彭祖经》者，便为木

---

① 沈冬梅：《茶经校注》，中国农业出版社 2006 年 12 月版。

中之松柏也。

陶弘景举例两个仙人，强调茶有助益养生修道的独特功效。

《后魏录》："琅琊王肃仕南朝，好茗饮莼羹。及还北地，又好羊肉酪浆，人或问之：茗何如酪？肃曰：茗不堪，与酪为奴。"

北魏政权(386—534)是南北朝时期北方建立的第一个政权。鲜卑族拓跋珪于公元386年自立为代王，国号魏，亦称北魏、拓跋魏、元魏。史书为区别于三国时代的魏国，又称后魏。《后魏录》今无从查考。

王肃(464—501)是东晋王导后人，字恭懿。南齐《魏书》卷六三有传，称其"赡学多通，才辞美茂，为齐秘书丞"，后因父兄为萧赜所杀，于太和十八年(494年)投奔北魏孝文帝。孝文帝因重用这些南方来的能臣，也得"延贤"的好名声。

关于"酪奴"，在本书"茶的雅号——茶的另类文化史"中已有讲述。王肃贬茶之举，实为褒北贬南。"酪奴"一词不胫而走，确实起到了贬茶的效果，这在北魏杨衒之的《洛阳伽蓝记》卷三《报德寺》中有记载：

……自是朝贵讌(燕)会，虽设茗饮，皆耻不复食，唯江表残民远来降者好之。

王肃贬茶折射了南北文化冲突。北魏时期，南人好茶饮，且将这样一种习俗带到北方游牧民族的权贵阶层。在北魏孝文帝的汉化改革背景下，茶饮虽不如酪浆的地位，但仍被广泛认知和接受，虽然上层社会因"酪奴"之名"耻不复食"，但每有宴饮还是必设茶茗。

不限于荆巴的茶产地记载

《桐君录》："西阳、武昌、庐江、晋陵出好茗，皆东人作清茗。茗有饽，饮之宜人。凡可饮之物，皆多取其叶，天门冬、拔揳[xiē]取根，皆益人。又巴东别有真茗茶，煎饮令人不眠。俗中多煮檀叶并大皂李作茶，并冷。又南

方有瓜芦木，亦似茗，至苦涩，取为屑茶饮，亦可通夜不眠。煮盐人但资此饮，而交、广最重，客来先设，乃加以香芼辈。”

《桐君录》，可能是《桐君采药录》的简称之一，另有《桐君》《桐君药录》《采药录》《采药别录》等名，是中国乃至世界最早的一部制药学书。《隋书·经籍志》《旧唐书·经籍志》《新唐书·艺文志》等书中均记载了《桐君药录》三卷的书目，内容仅散见于多种医药古籍。

桐君，传说中与神农、雷公并列的上古之人。春秋时期的古史《世本》记载，桐君是黄帝时的医官，有“中医鼻祖”“中华药祖”之称。相传曾于富春江畔依山而居，结庐炼丹，治病救人，人问其名，则指桐不语，故人称“桐君老人”，其结庐之地也获名“桐君山”“桐庐县”，成为“药祖圣地”。《古今医统大全》卷一有载：

> 少师桐君为黄帝臣。识草、木、金、石性味，定三品药物，以为君、臣、佐、使。撰《药性》四卷及《采药录》，记其花叶形色，论其相须相反，及立方处治，寒热之宜，至今传之不泯。

《桐君录》引文中提到“交、广”两个地名，交州、广州，就是今天的广西、广东以及越南部分地区。刘邦建立西汉政权后，为方便管理，把长江以南划分为扬州、荆州、交州，其中，交州辖广东、广西、越南的部分地区，官署设在现在的广东番禺；三国时，孙权统一南方，将交州一分为二，即交州和广州。由此推测，这段文字反映的各地不同的“茶”饮习俗应该不早于三国。大意如下：

西阳（两晋南北朝时期的西阳郡，治所在现今湖北黄冈一带）、武昌、庐江（安徽舒城）、晋陵（江苏常州）一带出产好茶，东边庐江、晋陵一带的人好饮清茶。茶有令人兴奋的饽沫，喝了对人有好处。凡是可以用来煮作汤饮的植物，大多取用其叶子，而天门冬、拔揳这类的百合科植物取用的是根部，都对人有好处。另外，在巴东地区出产真正的茗茶，喝了让人睡不着觉。民间还有煮檀叶和大皂李当茶喝的，很是清凉降火。南方还有一种瓜芦木（即“苦丁茶”），外形像茶，特别苦涩，磨成屑末后当茶喝，也让人整夜睡不着。煮盐的人依赖这种饮料提神，交州、广州的人最喜欢，客人来了先奉上，并且还要加上其他香温草本一起煎煮。

从茶文化发展的角度来看，这段文字可作如下解读：

其一，东南腹地已经出产好茶。值得一提的是，原文之前先有一长段文字介绍——"苦菜，三月生扶疏。六月花从叶出。茎直黄。八月实黑、实落。根复生，冬不枯"①，其后才以"今茗极似此"一句过渡到陆羽转引的这段文字。也就是说，"茗"作为一种植物形态，尚要借助其他植物来加以表述，可见在东南地区种植茶树还是一件"新鲜事"。可以确定的是，在该书的写作时代，巴东之外的安徽舒城、江苏常州一带已有茶叶出产，广州出产类似茶茗的"瓜芦木"。至于"瓜芦木"，是否就是"茶树的原种"，则另当别论。

其二，同好茗茶的西南与东南部地区，饮用的方式不尽相同。"东人"，语出《诗经·小雅·大东》："东人之子，职劳不来。"《辞源》解：

> 本指周代东方诸侯国的居民，后相延称陕西以东地区的居民为"东人"。

"东人"在这里是指西阳、武昌以东，包括庐江、晋陵在内的东部一带的人。四个郡的人都好茗茶，但皆"作清茗"，意思是不同于西南荆巴地区的饮用方式。这里的"清茗"，是相对用多种香温草本煎煮的"芼"茶、"浑饮"而言。

其三，茶茗因"有饽"而从各类草本类汤饮中脱颖而出，已见"六清之冠"的端倪。茗茶虽然与其他本草类植物羹饮相提并论，但"茗有饽"（《桐君采药录》辑校中原文作"浡"，中国中医研究院马继兴按，"浡"字含兴奋、振作之义），其令人精神兴奋、振作不眠的功效，受到了特别的重视和推崇。

《坤元录》："辰州溆浦县西北三百五十里无射山，云：蛮俗，当吉庆之时，亲族集会，歌舞于山上。山多茶树。"

《坤元录》是唐太宗李世民第四子魏王李泰主编的地理类文献。《宋史·艺文志》有"魏王泰《坤元录》十卷"。该书按当时的都督府区划和州县建置，详细记载了各政区建置沿革，以及山川物产、古迹风俗、人物掌故等，多为唐宋著作所引用。南

---

① 《桐君采药录》辑校。http://www.rxyj.org/html/2009/1207/302451.php

宋时此书已经残缺，见王应麟《玉海》卷十五：

《中兴书目》：《坤元录》十卷，泰撰（即《括地志》也，其书残缺，《通典》引之）。

王应麟认为《坤元录》与《括地志》是同一本书，但按清代顾祖禹的考证，是两本书，见《读史方舆纪要·凡例》注：

宋《崇文目》云：《坤元录》一本，即《括地志》。按杜氏《通典》，《坤元》与《简地志》并列，则非一书也。

“括”在唐大历中讳称“简”，故而《简地志》即《括地志》《括地志图》或《括图志》。[1] 李泰主编的《括图志》是唐代最早纂成的地理总志，原有五百五十卷，仅有残篇见于后人辑本。

辰州溆浦县，即现今湖南怀化的溆浦县。汉朝曾设沅陵县，属武陵郡。隋文帝开皇九年（589），改为辰州。隋炀帝大业二年（606），改为沅陵郡，隶属荆州。梁武帝萧衍的六世孙萧铣于公元618年在岳阳称帝，国号为梁，后迁都沅陵；公元619年，萧铣的部将董景珍以沅陵郡归降唐朝，再改为辰州。唐高祖武德五年（622），在汉朝时设置的义陵县这块治所，重设溆浦县，隶属辰州。

按《坤元录》所说，无射山在辰州溆浦县西北三百五十里的地方，但具体位置并无记载。2011年，湖南省组建《寻找无射山》课题组，经为期四年的稽考，推断溆浦县西北三百五十里的“无射山”，就位于以二酉乡田坳村为中心的沅陵、泸溪、古丈三县交界处，该地野茶众多。田坳是沅陵西部最边远的村落，保留有丰富的先秦文化和语言遗痕，被列为国家濒危方言。如，当地人称茶树为“荈”、茶叶为“枯蔎”或“蔎荈”、喝茶为“昂荈”等，与《茶经》中记载的茶的古老称谓——“三曰蔎……五曰荈”相符。当地人至今崇信巫鬼，喜好歌舞，尊奉盘瓠和辛女为祖先。每年春秋两季，都要以茶祭祀祖先，并在辛女祠外举行阖族参与的跳香活动，与《坤元录》中描述的南方“蛮俗”——“亲族集会，歌舞于山上”相符。专家组成员最终以丰富详实

---

① 刘安志：《〈括地志〉与〈坤元录〉》，载《历史地理》2013年第2期。

的历史、地理、民族、物产、气候、方言等第一手材料，确定沅陵县二酉乡田坳村的“枯薮山”，就是《茶经》引文中所说的“无射山”。[①]

这一则资料说明，湖南怀化溆浦县无射山在初唐时就已产茶。湖南省至今仍是产茶大省，出产黑茶的安化县就与溆浦县相邻。

《括地图》：“临遂县东一百四十里有茶溪。”

《括地图》是汉代的地理博物体志怪小说，同时代类似题材还有《神异经》《玄黄经》《洞冥记》《十洲记》等。该书已亡佚，仅在《齐民要术》《北堂书钞》《艺文类聚》等书中有转引段落，但未说明作者。从书名来看，应该配有图，类似《山海经》。从幸存的零星资料来看，一些传说与《山海经》有联系，内容却更加丰富，显示传说本身的演进。[②]

汉代“临遂县”具体方位不见文献记载。而据《括地志辑校》中“衡州临蒸县东北一百四十里有茶山、茶溪”，推测“临遂”很有可能是“临蒸”的讹误。临蒸县始设于汉献帝建安初年，由当时的蒸阳县、酃县划出部分属地设置，属零陵郡。该县名沿用了五百多年，直至唐玄宗开元二十年(732)，改名衡阳县。

这一则资料说明，湖南衡阳地区的产茶历史可以上溯到汉代。

山谦之《吴兴记》：“乌程县西二十里，有温山，出御荈。”

山谦之(？—约454)，河内人(现今河南沁阳一带)，故陆羽称其“河内山谦之”。南朝刘宋人，元嘉时为史学生，后任学士、奉朝请。曾受著作郎何承天委托，协撰《宋书》，未竟。另撰有《南徐州记》二卷、《丹阳记》以及《寻阳记》等，均散佚。据《隋书・经籍志》记载，《吴兴记》为三卷，今已亡佚。从明清辑本来看，所记为吴、晋、宋时期吴兴郡及其所领十县的事件、掌故。

吴兴，即现今浙江湖州；乌程县，在现今吴兴县南。东汉中平三年(186)，孙吴政权奠基人孙坚因功被汉朝封为乌程侯，其子孙策袭爵，“归命侯”孙皓在继皇位前被吴景帝孙休封为乌程侯。“温山”位于今天的湖州市北郊，说这里“出御荈”，结合

---

① 《中华茶祖节揭千年之谜：陆羽〈茶经〉“无射山”在沅陵》，2016年4月21日人民网-湖南频道。

② 孙国江：《〈括地图〉的佚文及著作时代》，载《关东学刊》2019年第3期。

孙皓和韦曜以茶代酒的典故，大约魏晋时期该地已产茶，且为吴国御贡。到唐代，当地所产顾渚紫笋又被荐为贡茶，唐代还在此建了历史上第一个“贡茶苑”。

《夷陵图经》：“黄牛、荆门、女观、望州等山，茶茗出焉。”

图经，是中国方志的一种编纂形式，由地记发展而来，但内容要比地记完备得多。其中“图”，即图画、地图，包括一个行政区划的疆域图、沿革图、山川图、名胜图、寺观图、宫衙图、关隘图、海防图等等；“经”，是对图的文字说明，包括境界、道里、户口、出产、风俗、职官等情况。因以图为主或图文并重，故又称图志、图记。东汉的《巴郡图经》是迄今为止发现的最早图经。魏晋南北朝时期，各地纂修图经开始兴起，隋、唐、北宋时期最为兴盛。

《夷陵图经》和后面提到的《茶陵图经》，仅存于唐代全国区域志《元和郡县图志》。该书于唐代元和(806—820)年间辑录了各州县图经的名录，除陆羽引用的两部图经，还有《润州图经》《岳州图经》《邵阳图经》《湘阴图经》《汉阳图经》《夔州图经》等十几种，参照陆羽写作修订《茶经》的时间，该书著录应该不晚于公元754—780年。

夷陵，位于现今湖北宜昌一带，黄牛、荆门、女观、望州是附近山岭，都产茶。其中：黄牛山，在宜昌市向北八十里处；荆门山，在宜昌市东南三十里处；女观山，在宜昌市宜都市西北；望州山，在宜昌市西。

《永嘉图经》：“永嘉县东三百里有白茶山。”

《永嘉图经》，据考证应为隋大业(605—617)后恢复永嘉郡之后著录的图经。永嘉，即今浙江省瓯江流域温州一带，东晋明帝太宁元年(323)置永嘉郡。南朝刘宋时期永嘉太守谢灵运撰有《永嘉记》，员外郎郑辑之撰写了温州地区最早一部地方志——《永嘉郡记》，可惜原书亡佚，仅于清代孙诒让《永嘉郡记》集校本、《汉唐方志辑佚》等古籍中散见50余条佚文。郡记以后为图经。隋文帝于公元589年平陈后，罢天下郡制，以州统县，其中永宁、安固、横阳、乐成四县合并，称永嘉县，属处州。公元592年处州改名为括州。南宋薛季宣在《雁荡山赋》内注引《隋图经》，可见郭蔚《隋诸州图经集》包括处州(或括州)的图经。[1] 陈椽、张天福等茶业专家考证,认为"永嘉县东"或为"永嘉县南"的讹误,因东边是海,而往南则是今天盛产福鼎白茶的太姥山。也有专家认为"东"非指正东,三百里外的东北方向是乐清雁荡山。明万历年间的《雁山志》记载:

> 浙东多茶品,而雁山者称最,每春清明采摘茶芽进贡。一枪一旗而色白者,名曰明茶;谷雨日采者,名曰雨茶,此上品也。

虽然记载的时间晚了近千年,但不能排除彼白茶非雁荡山之"明茶"。

"白茶山"到底在哪里还有待进一步考证,但足以了解,叶色偏白的茶叶早在隋唐就已经受到关注。

《淮阴图经》:"山阳县南二十里有茶坡。"

《淮阴图经》今已无从查考,仅因陆羽引录而存"山阳县南二十里有茶坡"10 字。

淮阴、山阳都是郡县名,历史上行政区划几经变迁,名称几经变更,地域时有分合,范围多有交叉。淮阴即今江苏淮安一带,秦王政二十四年(前 223),因其治所位于古淮河南岸,即今淮阴区码头镇甘罗城,古以水之南为阴,故得名"淮阴"。山阳县地域多为湖水,水退湖涸,方于晋安帝义熙年间(405—418)建县,晚于淮阴县 600 多年。山阳县有"山阳池",古以山之南为阳,该湖因在钵池山东南而得名。据《唐书・志》记载,唐代淮阴县、山阳县隶属淮阴郡,唐高祖武德七年(624),淮阴县被并入山阳县;唐高宗乾封二年(667),山阳县再被分开复置淮阴县。民国三年(1914),山阳县因与陕西山阳县同名,始改为淮安县,现为淮安市楚州区。

图经记载,从山阳往南二十里是茶坡。据今人考证,图经所说的具体位置大约是今天的二堡,即"二铺镇"。"茶坡"今已不见,但淮安盱眙的雨山茶仍是当地名产。

《茶陵图经》:"茶陵者,所谓陵谷生茶茗焉。"

---

① 黄向永:《"永嘉县东三百里有白茶山"考》,载《中国茶叶》2012 年第 7 期。

茶陵，即今湖南茶陵县，是历史上唯一以“茶”命名的县，隶属株洲市，地处湘赣边界，罗霄山脉西麓。茶陵置县始于公元前202年的西汉时期，以茶陵为名置县始于唐武德四年(621)，贞观九年(635)废，圣历元年(698)复置。

传说中，炎帝神农氏第一次在这里发现了茶，故有“茶乡”之名，又因炎帝“崩葬于茶乡之尾”，故得名“茶陵”。《茶陵图经》则将“茶陵”之名归于“陵谷生茶茗”。这一说法至少表明，茶陵在唐代就以产茶著称。

茶的功效与疗方

《本草·木部》：“茗，苦茶，味甘苦，微寒，无毒，主瘘疮，利小便，去痰渴热，令人少睡。秋采之，苦，主下气消食。”“《注》云：春采之。”

这里的《本草》指《唐新修本草》，又称《唐本草》，由李世勣以及医学家苏敬、孙思邈等人奉唐太宗之命，于显庆四年(659)增补南朝陶弘景的《神农本草经集注》，共五十四卷，是中国第一部由政府颁布的药典，也是世界上最早的药典。

李世勣(594—669)，是唐朝的开国元勋，本姓徐，赐姓李，封英国公，故陆羽称其为“徐英公勣”。所以《唐本草》又名《唐英本草》。为避李世民讳，又叫徐勣，字懋功。《旧唐书》卷九三、《新唐书》卷七六俱有传，是《隋唐演义》中军师徐茂公的人物原型。小说中的徐茂公是个羽扇纶巾、出谋划策的军师形象，而现实中的徐勣能征善战、文韬武略，与李靖并肩为一代名将。《贞观政要》引唐太宗李世民赞语：

> 李靖、徐勣二人，古之韩、白、卫、霍岂能及也！

其实，《茶经·七之事》中还隐藏了两个唐代重要人物，一个是主编《晋书》的房玄龄，一个是《坤元录》的主编李泰。但陆羽在“人物索引”中只提到了徐勣。

陆羽自《本草》摘录的这一段释茶文字，大意是说：茗，即苦茶，味道甘中带苦，性微寒，无毒。主治瘘疮，能利尿、化痰、解渴、散热，能提神醒脑，让人少睡。秋天采摘的茶叶，味苦，能通气促消化。《本草注》说：要在春天采摘。

《本草·菜部》:“苦菜,一名荼,一名选,一名游冬,生益州川谷山陵道旁,凌冬不死。三月三日采,干。”注云:“疑此即是今茶,一名荼,令人不眠。”《本草注》:“按《诗》云‘谁谓荼苦’,又云‘堇荼如饴’,皆苦菜也。陶谓之苦茶,木类,非菜流。茗,春采,谓之苦搽(途遐反)。”

这段内容同样来自《唐新修本草》。大意是说:苦菜,又叫做荼、选以及游冬。生长在益州(今四川成都一带)周边的山陵峡谷及路边,经寒冬不死。在每年的三月三日采摘、烘干。注说:怀疑说的是今人说的茶,又叫做荼,喝了让人睡不着。《本草注》说:按《诗经》里说的“谁谓荼苦”,又说“堇荼如饴”,二者指的都是苦菜。而陶弘景所说的苦茶,是木本,不是菜类。茗,在春天采摘的,被称为苦搽。这个字的发音是“途遐反”,读音大约是[tǎ]。

木部、菜部,是中医药对植物的一种分类的方式。成书于汉代的《神农本草经》,按药性功效及其毒副作用的大小等,分为上、中、下三品。陶弘景《本草经集注》将自然属性作为一级分类,以上、中、下三品作为二级分类的方式,凸显药物在物种、性状上的联系。《唐本草》沿用自然属性与三品分类相结合的分类方法,由药图、图经、本草三部分组成。

在《本草·木部》里,茶归于木类,而在本条《本草·菜部》里,则讲的是荼与苦菜的区别,反映了荼、茶混用的历史,并举《诗经》为例。诗经有七首诗提到“荼”,除“出其闉阇,有女如荼”(《郑风·出其东门》)中的“荼”指茅草开的白花,其余都指苦味的野菜,如“谁谓荼苦,其甘如荠”(《邶风·谷风》)、“周原膴膴,堇荼如饴”(《大雅·绵》)等。

《枕中方》:“疗积年瘘,苦茶、蜈蚣并炙,令香熟,等分,捣筛,煮甘草汤洗,以末敷之。”

《枕中方》是记载药方的医书,今已失传。据考证,和《枕中方》名字有关的医书,有唐孙思邈的《摄养枕中方》,为养生类医书;有《千金孔子大圣枕中方》,为药方类,全本已不传,仅古籍药书有引录,并称之为《枕中方》《孔子枕中神效方》《孔子枕中散》《孔圣枕中丹》《孔子大圣知枕中方》等。陆羽所引或为后者。

陆羽摘录的是《枕中方》一个治疗多年瘘疮的药方，用苦茶、蜈蚣一起炙烤，直到烤熟了散发出香气，再均分成两份，捣碎后筛成末。煮甘草汤清洗患处，然后用筛出来的末敷上。

关于茶治瘘疮的功效，在明代缪希雍《本草经疏》中也有记载。李中立《本草原始》称茶能"搽小儿诸疮"等。入药的蜈蚣为蜈蚣科动物少棘巨蜈蚣的干燥体，气微腥，有特殊刺鼻的臭气，味辛、微咸，具有息风镇痉、通络止痛、攻毒散结等功效，主治肝风内动、痉挛抽搐、小儿惊风、半身不遂、破伤风、风湿顽痹、偏正头痛、结核、疮疡肿毒、瘰疬、风癣、蛇虫咬伤等各种病症。一般在春、夏二季捕捉，用竹片插入头尾，绷直，干燥。

据现代科学研究证明，茶叶具有杀菌、去脂、利水、助消化等诸多功效。英国的艾瑞丝·麦克法兰、艾伦·麦克法兰在《绿色黄金：茶叶的故事》一书里写道：

> 19世纪末当显微镜发明后，人们得以发现细菌，也能够进一步测试茶所能带给人们的影响。实验显示，当把伤寒、痢疾和霍乱病菌放在冷茶溶液中时，它们都会被杀死，并不是煮沸的水杀死了这些病菌，而是茶里的某种物质，所以当人们喝茶时，他们不仅喝下了经过杀菌的水，也喝下了一种可以清洁口腔和保留胃部健康的物质。

古人对茶的功效认知，在有关茶、医药类史料中均有记载，如少睡、安神、明目、清头目、止渴生津、清热、消暑、解毒、消食、醒酒、去油腻、下气、利水、通便、治痢、去痰、祛风解表、坚齿、治心痛、疗疮治瘘、疗饥、益气力、延年益寿等等，有些是茶单方，更多是与茶配伍的复合方剂，譬如此方就是茶叶和蜈蚣的组合配方。

《孺子方》："疗小儿无故惊蹶，以苦茶、葱须煮服之。"

《孺子方》是记载各种小儿病症的治疗药方，也已失传。陆羽摘录了这一味治疗小儿无故惊厥的复方药，除了茶，还要用到葱须，一起煎煮，然后服用。

葱，为百合科植物，全株可入药，其中，须根主治风寒头痛、喉疮、冻伤、通气。据《日华子本草》载，葱须能杀一切鱼肉毒。

此外,《茶经·七之事》辑录不少与道佛文化相关的资料,其中《搜神记》《神异记》《续搜神记》《异苑》《广陵耆老传》《艺术传》等,与仙道思想有关;壶居士的《食忌》、华佗的《食论》、陶弘景的《杂录》等,与道家养生思想相关。与佛家相关的,有《续名僧传》《宋录》等。仅从数量来看,茶与道家的资料显然多于佛家,这至少反映了道家文化在早期茶文化发展与传播中的地位和影响。

复习与思考

1. 茶文化在南北朝进入加速发酵期有哪些具体特征?
2. 陆羽转引荆巴以外的茶产地记载,说明了什么?
3. 举一例茶疗方,结合配伍药材性味分析,具体分析茶在其中承担的功效。

【八之出】

茶区的前世与今生

山南：以峡州上，峡州生远安、宜都、夷陵三县山谷。**襄州、荆州次**，襄州生南漳县山谷，荆州生江陵县山谷。**衡州下**，生衡山、茶陵二县山谷。**金州、梁州又下**。金州生西城、安康二县山谷。梁州生褒城、金牛二县山谷。

淮南：以光州上，生光山县黄头港者，与峡州同。**义阳郡、舒州次**，生义阳县钟山者，与襄州同。舒州生太湖县潜山者，与荆州同。**寿州下**，盛唐县生霍山者，与衡州同。**蕲州、黄州又下**。蕲州生黄梅县山谷，黄州生麻城县山谷，并与金州、梁州同也。

浙西：以湖州上，湖州生长城县顾渚山谷，与峡州、光州同；生山桑、儒师二坞，白茅山悬脚岭，与襄州、荆州、义阳郡同；生凤亭山伏翼阁飞云、曲水二寺，啄木岭，与寿州、衡州同。生安吉、武康二县山谷，与金州、梁州同。**常州次**，常州义兴县生君山悬脚岭北峰下，与荆州、义阳郡同；生圈岭善权寺、石亭山，与舒州同。**宣州、杭州、睦州、歙州下**，宣州生宣城县雅山，与蕲州同；太平县生上睦、临睦，与黄州同；杭州临安、于潜二县生天目山，与舒州同。钱塘生天竺、灵隐二寺；睦州生桐庐县山谷；歙州生婺源山谷；与衡州同。**润州、苏州又下**。润州江宁县生傲山，苏州长洲县生洞庭山，与金州、蕲州、梁州同。

剑南：以彭州上，生九陇县马鞍山至德寺、堋口，与襄州同。**绵州、蜀州**

次，绵州龙安县生松岭关，与荆州同，其西昌、昌明、神泉县西山者，并佳；有过松岭者，不堪采。蜀州青城县生丈人山，与绵州同。青城县有散茶、末茶。**邛州次，雅州、泸州下**，雅州百丈山、名山，泸州泸川者，与金州同也。**眉州、汉州又下**。眉州丹棱县生铁山者，汉州绵竹县生竹山者，与润州同。

浙东：以越州上，余姚县生瀑布泉岭曰仙茗，大者殊异，小者与襄州同。**明州、婺州次**，明州鄮县生榆荚村，婺州东阳县东白山，与荆州同。**台州下**。台州始丰县生赤城者，与歙州同。

黔中：生思州、播州、费州、夷州。

江南：生鄂州、袁州、吉州。

岭南：生福州、建州、韶州、象州。福州生闽方山之阴也。

其思、播、费、夷、鄂、袁、吉、福、建、泉、韶、象十一州未详。往往得之，其味极佳。

唐代八大茶产区

陆羽基本按照当时的行政区划——“道”，将唐代产茶地分为八个：山南、淮南、浙西、剑南、浙东、黔中、江南、岭南，另列举了十一个边远地区的州，表示自己对之未有研究，但偶然得到该地的茶叶，往往都品质极佳。

唐代行政区划意义上的“道”始于贞观元年(627)。唐太宗在当时州、县之上设定关内道、河南道、河东道、河北道、山南道、陇右道、淮南道、江南道、剑南道、岭南道，共十道。唐玄宗开元二十一年(733)，又将山南道、江南道分为东、西道，增设京畿道、都畿道和黔中道，共十五道。此后又陆续将岭南分东、西道，设荆楚南道、荆楚北道，共十八道。陆羽所说的八大茶区，涉及“整建制”的六个道，另加属于“江南东道”的“浙东”“浙西”。唐时的江南东道包括今天的江苏南部、浙江，大概是陆羽对浙江产茶地区比较熟悉，茶的出产品类又繁多，故而将浙江作东、西两个片区来分别讲述。被归于“江南道”的“鄂州、袁州、吉州”，在当时的行政区划上属江南西道，包括现今江西和湖北部分地区。

陆羽介绍的唐代八个产茶区对应今天的行政区划位置大致如下：

山南道，主要在现今湖北宜昌、荆州、衡阳，湖南湘潭，陕西安康、汉中，四川的万县一带；

淮南道，主要在现今河南信阳，安徽安庆、六安，湖北黄冈和江苏的扬州一带；

浙西，主要在现今浙江嘉兴、长兴、安吉、临安、桐庐，江苏南京、苏州、镇江、宜兴，安徽芜湖、太平，江西上饶、婺源一带；

浙东，主要在浙江宁波、绍兴、金华、台州一带；

剑南道，主要在现今四川的温江、绵阳、雅安、宜宾、乐山一带；

黔中道，主要在现今贵州的铜仁、遵义和四川的涪陵一带；

江南西道，主要在现今湖北的黄石、咸宁，江西的宜春、井冈山和九江一带；

岭南道，主要在现今福建的福州、建阳，广东的韶关和广西的柳州一带。

陆羽在本章经文与注中，列举的唐代茶产区涉及八个道、四十三个州郡、四十四个县，有的甚至详细到村、寺或者山名。还以“山南”的茶品质作为标准，对茶叶品质作比对式的等级分类。因黔中道、江南西道、岭南道距离陆羽主要活动区域路途遥远，陆羽自言自己所知不多，所以着墨不多，略略带过，但特别提及自己偶然得到，品尝下来往往“其味极佳”，给出很高的评价。如今，云贵地区的大叶茶，广东、福建一带的青茶、白茶，已是日常消费的上佳、主流茶品。

《新唐书·地理志》对其时各地的名特优茶品也多有介绍，可作为《茶经》所记茶产地的佐证。据该书记载，唐代除吴兴阳羡茶、长兴顾渚紫笋为贡茶外，还在十六个郡征收贡茶，包括山南道的峡州夷陵郡、归州巴东郡、夔州云安郡、金州汉阳郡、兴元府汉中郡；江南道的常州晋陵郡、湖州吴兴郡、睦州新定郡、福州常乐郡、饶州鄱阳郡，黔中道的溪州灵溪郡；淮南道的寿州寿春郡、庐州庐江郡、蕲州蕲春郡、申州义阳郡和剑南道的雅州卢山郡，大约覆盖现今四川、陕西、湖北、江苏、浙江、江西、湖南、安徽、河南、福建十个省。唐代特别是中唐之后，茶叶在各地种植，产量剧增，与早期相比有几个方面的显著变化。

其一，贡茶名目繁多，数量剧增。据在唐宪宗元和中（806—820）为翰林学士的李肇所著《唐国史补》记载，唐代贡茶不下十余品目，如：四川“蒙顶石花”，义兴“阳羡”，湖州“顾渚紫笋”，峡州“碧涧”“明月”，福州“方山露芽”，岳州“邕湖含膏”，洪州“西山白露”，寿州“霍山黄芽”，蕲州“蕲门月团”，东川“神泉小团”，蕲州“香雨”，江陵“南木”，婺州“东白”，睦州“鸠坑”等。此外，浙江余姚的“仙茗”以及嵊县的“剡溪茶”等，也都在贡茶榜单。大历五年(770)，朝廷在湖州设贡茶院，专司湖州、义兴(今宜兴)两地生产的顾渚紫笋和阳羡茶。其中，仅顾渚紫笋岁贡就达一万八千四百斤。裴汶在《茶述》中品评各地贡茶：

今宇内为土贡者实众，而顾渚、蕲阳、蒙山为上；其次则寿阳、义兴、碧漳、灉湖、衡山；最下有鄱阳、浮梁。

因贡茶名目多而且量大，使国库茶叶库存充盈。据《册府元龟》记载，在唐元和十二年(817)五月，朝廷因讨伐吴元济产生财政困难，将库存茶叶作为重要的财政支出，曾“出内库茶三十万斤，付度支进其直”。

其二，茶叶的内外贸易都开始活跃。不仅茶饮之风盛行、茶叶交易频繁活跃，还出现了将茶叶与突厥、回讫、吐蕃交换骡马、骆驼等胡人物资，史称“茶马互市”。这些交易茶马的场所，是唐丝绸之路上的重要交易点，见史料记载：

天下普遍好饮茶，其后尚茶成风，回纥入朝，始驱骡马互市。(《新唐书·陆羽传》)

(饮茶)今人溺之甚。穷日尽夜，殆成风俗，始自中地，流于塞外。往年回纥入朝，大驱名马，市茶而归。(封演《封氏闻见记》)

《册府元龟》记载了发生在肃宗乾元中(758—759)、代宗大历八年(773)、德宗贞元六年(790)、宪宗元和十年(815)、文宗太和元年(827)等历史时段，历次以茶、丝万计易马万匹的大规模茶马交易。可见，自唐中期之后，饮茶习俗加速向西北游牧民族传播。

第三，茶价更加亲民，“茶会”渐次风行。魏晋南北朝时期，茶饮已和“酒”一样成为社会交往的媒介，但有关茶会、茶宴的记载仅见于皇室士族的生活日常。明代夏树芳的《茶董》记载隋文帝经高僧指点服用茶茗治愈头痛的事迹，进士权纾知道后叹说“穷春秋，演河图，不如载茗一车”，可见当时茶叶价格昂贵。据说，几百斤茶叶在当时可以买个官做。唐代经过一段时间的繁荣稳定，茶树种植规模迅速扩大，茶叶价格更加亲民。同时，随着《茶经》的传播，饮茶逐渐成为一种风雅时尚的生活范式，进一步促进了茶向社会各阶层的渗透。以茶待客或以茶为名开展社交性、文化性的雅聚，逐渐流行开来，宫廷茶会、文人茶会、僧道茶会频现于唐诗之中，成为大唐茶文化繁荣的标志之一。

当代四大茶产区

《茶经·八之出》对唐代茶产区及茶叶品质等级作了一个概貌性描述和划分，对当今的现实指导意义不是很大。茶叶的品质与气候、土壤、地形、地貌、植被以及水文等构成的错综复杂的生态链密不可分，而影响茶叶品质的关键因素，还包括茶树良种的选育，以及制作工艺的成熟稳定，等等。

随着农业生产技术的改革和创新，茶树的良种选择和培育、制作工艺以及生产都与一千多年前的唐时有很大的不同。东起台湾，南自海南，西至云南、四川、西藏交界，北至山东，都出产茶叶，并基本形成了与各地茶叶品质相适应的、成熟稳定的制作工艺。时至今日，唐时备受推崇的名特优茶品大部分衰落，对陆羽来说遥不可及的云贵、闽粤等地区的“未详”茶品在宋以后各领风骚数百年，有些至今仍是茶中的翘楚，如西湖龙井、碧螺春、黄山毛峰、太平猴魁、安吉白茶、祁门红茶、正山小种、云南普洱、台湾冻顶乌龙、东方美人等名茶，都是明清以来冲泡茶崛起后的茶中新秀。这并非否定产地与茶叶品质的直接关系。通常对于野生茶树，其品质只受到自然条件和品种的制约，而自然条件和品种的变异幅度都很小，种性相对稳定。但大规模的茶叶种植和生产却受到茶叶选育、加工工艺甚至市场消费需求的影响。也就是说，现今的各大名品依然在陆羽所说的名茶出产范围之内，只是品种和工艺有了很大的区别。

在上世纪 80 年代，对中国产茶区有不同的划分法。大致如下：

其一，按照北纬 31°和 26°为基线，划分出暖温带茶区、亚热带茶区和亚热带—热带茶区，形成北部、中部、南部三大茶区的分法。

其二，按照地理划分习惯，分为五大茶区，即岭南、西南、江南、江北、淮北。

其三，按照地理位置与特征，作更为细致的划分，如秦南淮阳、江南丘陵、浙闽山地、台湾、岭南、黔鄂山地、川西南、滇西南、苏鲁沿海九大茶区。

其四，按照行政地理方位，分为“四大茶区”。可以视作前面“五大茶区”的归并，即将淮北茶区并入江北茶区，将“岭南”茶区归入华南茶区。这是比较主流也较为全面的划分法，其中：

江北茶区，南起长江，北至秦岭，西起大巴山，东至山东半岛，是我国最北的茶区，茶树大多为灌木型中叶种和小叶种。

江南茶区，主要位于中国长江中、下游南部，包括粤北、闽中北、湘、浙、赣、鄂南、皖南、苏南等地，茶树主要为灌木型中叶种和小叶种。

西南茶区，包括黔、渝、川、滇中北和藏东南，茶树的种类众多，有灌木型和小乔木型，以及乔木型茶树。其中乔木型茶树资源尤其珍贵且丰富。

华南茶区，包括广东、广西、福建、台湾、海南等南部地区，茶树资源极其丰富，有乔木、小乔木、灌木等各种类型的茶树品种。

自唐以来，随着茶树培育驯化以及饮茶方式和制作工艺的变化，名优茶品迭出，各领风骚，人们有了越来越多的选择。

复习与思考

1. 有哪些特征说明唐代茶叶经济得到迅速发展？

2. 影响区域茶叶品种和质量等级的因素有哪些？

【九之略】

简易、变易不离其“真”

其造具，若方春禁火之时，于野寺山园丛手而掇，乃蒸，乃舂，乃以火干之，则又棨、扑、焙、贯、棚、穿、育等七事皆废。

其煮器，若松间石上可坐，则具列废；用槁薪鼎枥之属，则风炉、灰承、炭挝、火筴、交床等废；若瞰泉临涧，则水方、涤方、漉水囊废。若五人以下，茶可末而精者，则罗废；若援藟跻嵒，引絙[gēng]入洞，于山口灸而末之，或纸包合贮，则碾、拂末等废；既瓢、碗、筴、札、熟盂、醝簋悉以一筥盛之，则都篮废。

但城邑之中，王公之门，二十四器阙一，则茶废矣。

“经”是关乎天经地义、恒常不变的道理，就如日升日落、四季轮替。然而，人对“经”的认识和掌握，恰恰是为了顺应天、地、人的变化之“用”。从这个意义上说，“经”的价值正在于指导如何“变”，如何调节各种变量达到理想的效果——“和”。正如《道德玄经原旨》所说：

> 嗟乎，天道之流行，世道之推移，往而不返者，势也。变而通之存乎人，斯经所以作。

本章的主题就是“略”，即简易之变。陆羽列举了三种情况：

其一，关于制造和工具使用方面。如果正当春季寒食前后，在野外寺院或山林茶园，大家一起动手采摘，立刻上甑蒸熟、捣烂，再用火焙烘烤干燥，之后即用来碾末煎煮，那么，给茶饼打洞、穿茶、烘焙、储存等环节需要用到的棨（锥刀）、扑（竹鞭）、焙（焙坑）、贯（细竹条）、棚（置焙坑上的棚架）、穿（细绳索）、育（贮藏工具）七种工具及相关工序，就都可以省略了。

其二，关于煮茶用具。在松林石间烹茶，则具列（陈列床或陈列架）可以省略；用捡拾来的枯柴烧火煮水，则风炉、炭挝、火夹、交床等等都可省略；在溪涧边煎水煮茶，则储水用的水方、收集废水用的涤方、过滤净水用的漉水囊等都可省略；如果是五人以下出游，茶又可碾得精细，罗筛就可以省略了；倘要攀藤登岩，或吊着粗大绳索进入山洞，便要预先在山口把茶烤好碾末，或用纸包好、用盒装好，那么碾、拂末也都可以省略；要是瓢、碗、夹、札、熟盂、盐都能用筥一起装起来，那么都篮也可以省去。

第三种情况，陆羽讲的不是调变，而是"不变"。即在城市之中、王公贵族之家，如果二十四种器皿中缺少一样，就失去了饮茶的风雅兴味了。

《易经》之"易"，无非就是简易、不易和变易的道理。"不易"的就是"经"，是对宇宙本体的本质概括，代表绝对的真理，是"不易"即永恒不变的。求真，是陆羽为中国茶文化奠基的发展之路，也是中国茶文化一以贯之的发展脉络。陆羽将"和气得天真"的"不易"之理贯穿于茶事全过程，映射于一碗"真味、真趣、真诚"的茶汤之中。

茶之真味，是陆羽创设"煎茶法"的出发点。在《茶经》前六章，通过"源、具、造、器、煮、饮"，穷理尽性、洁净精微，以阳法治茶，既中和了茶性，又不损害茶味。与此同时，又以一"略"字指引茶之一道"简易""变易"的变通法门。事实上，至陆羽以来的一千多年，中国茶文化不断变通而又"万变不离其宗"，任何一个"简易""变易"的环节都带来"牵一发而动全身"的系列调变，但无论是宋代的点茶法，还是明清以来的冲泡茶法，都是在追求"真味"的路上顺流而下，从无断流。茶之真味是茶的本味、原味、至味，味中有道。

茶汤真味映照人的真诚，这正是陆羽在一碗茶汤之中寄托的情怀和精神修炼心法。"天人合一"，本意便是向"天道"（真理）无限接近。在善于向天道自然学习的古人看来，任何一种事物都是真理的一部分，因此都是“载道”的。“万变不能易，所谓诚也”(《道德玄经原旨》)。陆羽穷极茶理，追求茶之真味、至味，总结归纳其中“不易”之理。不易，即是“诚”。茶之意，承于器。二十四茶器载道、载礼，充满“道”的意味，缺一器，恐怕并无损于茶味，但废的是礼，是一丝不苟遵道循理的持敬之心。

自然之真趣，是陆羽在创设茶器具时一以贯之的审美思想，并在“九之略”中进一步凸显其精神境界和美学追求。《茶经》并未就茶的空间美学作专门论述，但松间石上、瞰泉临涧、援藟跻嵒、引絙入洞等野外饮茶空间环境，虽是酌情制宜、就地取材，但无疑与“城邑之中，王公之门”所要求的中规中矩的饮茶方式，属于两种不同的审美哲学，呈现两种决然不同的风情雅致。诗人陆羽以自然之真趣，诠释了饮茶空间只可意会不可言传的“意境”之美。人在草木间，茶是中国人的山水情怀，是人在尘俗之中建立的与自然的亲密联系。或任尚自然——“行到水穷处，坐看云起时”；或道法自然——“引以为流觞曲水，列坐其次”。松间竹下、寒梅雪月、涧边溪畔、云间幽径、林泉石上、荷风蝉鸣……既是诗意，也是茶境。

中国的一碗茶汤既有“尝茗议空经不夜”(唐代喻凫《蒋处士宅喜闲公至》)的谈玄论道、怡情悦志；也有“僧言灵味宜幽寂”(唐代刘禹锡《西山兰若试茶歌》)的参禅悟道、无为静寂。诗僧喻凫就在一碗茶汤中品啜出“空寂”的诗意与禅味，并在《冬日题无可上人院》一诗中营造出诗、禅、茶三者共通的幽寂境味：

> 入户道心生，茶间踏叶行。
> 泻风瓶水涩，承露鹤巢轻。
> 阁北长河气，窗东一桧声。
> 诗言与禅味，语默此皆清。

复习与思考

1. “九之略”列举了哪些可以省略相应茶器的饮茶空间情境？
2. “意境”这一独特的中国文化审美思想如何通过“茶境”来呈现？

【十之图】

陆羽的自信与寄语

以绢素或四幅或六幅，分布写之，陈诸座隅，则茶之源、之具、之造、之器、之煮、之饮、之事、之出、之略，目击而存，于是《茶经》之始终备焉。

《四库全书提要》说：

> 其曰图者，乃谓统上九类写绢素张之，非有别图。其类十，其文实九也。

《茶经》最后一章不过是说将前九章的内容写入条幅，似乎没有具体写关于茶的具体内容，但其独立一章，其涵义却十分深远而隽永。

茶器载茶理（礼）。那么，如何做到按照仪程、规制熟练运用二十四器来完成一场完美的茶事？陆羽说你可以把《茶经》的内容分别写在四幅或六幅白色绢布上，张挂陈列于茶座位的边上，那么茶的起源、采制工具、制茶法、烹煮器具、煮茶、品饮、历史、产地、变通方法九部分内容就能随时看在眼里记在心里，于是《茶经》所讲的全部知识和方法步骤，就能够从头到尾、从始至终、随时全面地了解，而不会错漏了。

从“二十四器”不可或缺，到强调将《茶经》内容写入条幅张挂于茶空间，一方面，充分彰显了陆羽对《茶经》大道至简、万变不离其宗的自信，以及以茶入学，穷极茶理，以此开宗立派的自觉。陆羽在一碗茶汤中，演绎的是中国人关于“和”的生命哲学。他自信《茶经》概括了茶之“万变不能易”的道理，而“二十四器”作为载道之器，是对茶理的演绎和表达，所以如非情境特殊，则“二十四器阙一，则茶废矣”。七千多字写入条幅，就是要告诉那些好饮茶者，要成就一碗真味、至味的茶汤，就必须遵循《茶经》经义。另一方面，表达了陆羽“诚者，成也”的生命哲学思想和理念。《茶经》是遵循茶理的治茶之道，换句话说，对经义的遵循就是对茶理的诚敬。茶之“成”，即是人之“诚”。

有意思的是，如果说“九之略”描述了一个充满自然野趣的饮茶空间，那么“十之图”，则开辟了一个以诗、书、画的书写张挂为旨趣，充满悠静闲雅的人文气息的饮茶空间。陆羽的张挂陈列之举沿袭的是唐代饮馔之礼，不过用在饮茶礼仪上却是首创。在唐代，饮馔的礼节和仪式十分重要。唐崔元翰《判曹食堂壁记》就言：

> 不专在饮食，亦有政教之大端焉。
> 由饮食以观礼，由礼以观祸福。

李翱《劝河南尹复故事书》记载：

> 河南府版榜县于食堂北梁，每年写黄纸，号曰黄卷。其一条曰：“司录入院，诸官于堂上序立，司录揖，然后坐。”

说的是当时河南府官员会食，将相关礼仪书写成“黄卷”张挂在食堂的北梁上，时刻警醒会食相关的揖让、座次等仪规。其时，禅寺茶、汤礼的清规仪轨也有张贴在侍者寮、客殿壁上，可谓僧俗同流。茶饮礼节作为日常饮馔之礼的一部分，并没有独立的意义，直到陆羽《茶经》的问世。

陆羽关于张挂《茶经》经义的要求，逐渐背离经文原意，走向对茶空间的美学规范。到了宋代，四面墙壁张挂陈列的内容不再拘泥于与茶相关，而是侧重诗、书、画等艺术作品本身的审美情趣及其意境营造，点茶与焚香、插花、挂画、琴棋等艺术形式水乳交融，成为宋代文人的生活雅事，并传承至今，成为中国人风雅生活的象征。

复习与思考

1. 陆羽为什么强调要将经文书写张挂于饮茶空间的四壁？

2. 为什么说《茶经》一以贯之的“不易”经义是一个“和”字？

参考文献

1. 宋一明:《茶经译注》,上海古籍出版社 2014 年版。
2. 陈椽:《茶叶通史》,中国农业出版社 2008 年版。
3. 周重林、太俊林:《茶叶战争》,华中科技大学出版社 2014 年版。
4. 曾楚楠、叶汉钟:《潮州工夫茶话》,暨南大学出版社 2012 年版。
5. 冈仓天心:《茶之书》,山东画报出版社 2016 年版。
6. 杨江帆等编著:《入乡随俗茶先知》,厦门大学出版社 2008 年版。
7. 陈宗懋:《中国茶叶大辞典》,中国轻工业出版社 2008 年版。
8. 朱自振、沈冬梅、增勤:《中国古代茶书集成》,上海文化出版社 2010 年版。

写在后面的话

我对传统文化的热爱最早来自章回体小说和隽永优美的古诗词，中小学时期家乡的图书馆几乎已经找不到我没有读过的章回体小说了，《诗经》和唐诗宋词也是整本整本地借来诵读。后来到了复旦中文系读书，虽然读的是现当代文学专业，却特别喜欢去蹭古典文学的课，尤其是骆玉明老师的魏晋文学。座无虚席的教室里，我安静地坐着，内心却撼动不已，因为以我二十多年的生命体验，我觉悟这是一场关乎“生命观”“生命美学”的启蒙。此后经年，中年的、有点落拓不拘的、侃侃而谈的骆老师和魏晋名士的形象是融合在一起的，他们引导我阅读经典，溯溪而上寻根问祖，去感知并领悟汉魏风骨、唐宋风韵背后的思想和情怀。

中华优秀传统文化源远流长、博大精深。沿着华夏古老历史文明的源流溯游而上可谓“道阻且长”——经与传、源与流，如砂石瓦砾鱼龙之混杂。司马迁的父亲司马谈曾就儒家经传发表感叹：“六艺经传以千万数，累世不能通其学，当年不能究其礼。”（《史记·太史公自序》）尽管如此，当我已经站在了“一碗水，半碗沙”的下游，我渴望知道黄河水最初的、本来的样子。走进传统经典是唯一的路径。

学者，觉也。经典阅读的过程是一个生命觉醒或者说“悟道”的过程。道，在中国文化中是全部真理的总和，所以，传统经典都是论“道”的。道生万物，所以道在万物之中，故而万物有道。用庄子的话说，道“无所不在”——在“蝼蚁”、在“稊稗”、在“屎溺”（《庄子·知北游》）。换句话说，万物都是可以通“道”的。无论是儒家“格物致知”，还是道家“道法自然”，都是透过自然万象直指宇宙的本体、精神和法则。中国文化以“中”来命名这个宇宙的本体、不变的法则，以“和”来命名综合调变为用的法度和造化的精神——“致中和，天地位焉，万物育焉”（《中庸》）。

远在春秋时期，孔子就老是感慨以“中”为体，以“和”为用的宇宙生命哲学已被世人抛弃、遗忘很久——“中庸之为德也，其至矣乎！民鲜久矣”（《论语·雍也》）。

其实，倒也并非是“抛弃”“遗忘”，还有一种叫做“不知”——“百姓日用而不知”（《周易·系辞上》），或叫做“不察”——“终身由之而不察焉”（《孟子·尽心上》）。“和”，作为一种深层的文化心理积淀，其妙理和方法甚至成为中国人的一种本能和记忆，贯穿于烹饪、汤饮、中医、书画、建筑、麻将等全部的人道生活的日常与细节。

然而，只有觉醒悟道才会带来心灵的转向和成长。

历史和现实中，总有些“先知”“先觉”者站出来大声喊话，期望“知后知”“觉后觉”。陆羽，就是这么一个人。他选择百姓日用而不自觉的“茶饮”。茶，好比生活的烂泥里开出的青莲，寓清于浊、接通雅俗，是世俗红尘中的开门七件事——柴米油盐酱醋茶；是超凡脱俗的人生八雅——琴棋书画诗酒花茶。陆羽正是以茶汤为道场，通过一碗中和纯粹的至味茶汤，来传播他的声音，承载他的思想，达成他的使命——引导百姓于寻常日用中去“体道”、去“察道”、去“知道”、去“悟道”、去“证道”、去“行道”、去“布道”！

而我，几十年浸润经典和师长教导，虽学识不丰，可也特别想说些什么。说些什么呢？宏大的叙事非我所能，切实、切己、切肤的真切生活才是生命最真实的道场。我举茶盏向茶圣致敬——博济天下的圣人之道虽不能至，然吾心向往之。

因为嗜茶，圈子里的朋友都雅好茶器具的赏玩和收藏。可惜的是，我居然在这个领域闻到些哈韩哈日的怪味，尤其是与“茶道”搭边，有些亲朋好友更是妄自菲薄得不得了，而我的文化自信也变成了“傲慢”和“偏见”。这让我憋了不少话要说。

为了寻找依据和答案，在追根溯源的同时，我特别关注了现代人著述的茶学或对《茶经》的解注，或有论证陆羽茶论“过时”者，或有据理力证“茶道”之名我国古已有之者，或以为中国有茶文化而无茶道者……诸如此类，让我吃惊于国人对贯穿《茶经》经义的生命哲思的无知、误读与不解。这让我认为自己该为茶圣说些什么。

于是，我和亲朋好友常常就有关的问题发生辩论。但重复的辩论让人产生无力感。不得已，我决定把想说的话好好写下来，告诉更多的人——中国一碗茶汤映照了中国人什么样的宇宙生命观、生活美学和人道情怀。我把这些概括为一个“和”字，贯穿于《茶经》三卷十节七千字经义的解说，破解茶之源、具、造、器、煮、饮、事、出、略背后隐藏的阴阳和合之理，并从茶叶的品种、产地、采摘、制作、收藏、煎煮，以及泉水的品尝辨味、茶汤的老嫩、器具的创制和使用、品饮的礼节和空间等各方面，诠释如何从味觉体验出发，通过一整套繁复茶艺（术）对茶、水、火、器、人、环境等因素综合调变，料理调和出一碗真茶、真香、真味的至味茶汤。

茶，既然是饮品，当然离不开“滋味”的说道。然而，“和”作为中国人关于宇宙万物生成与关系的生命哲学和信仰，它在一碗茶汤中并不是指某种特定的味道，而是根植于中国人内心的价值观念和思想方式，是一种渗透于整个茶事过程中恰到好处的分寸感，并在茶味中呈现出不苦不涩、不偏不倚、不轻不重、不厚不薄、不淡不浓、不浮不沉、不扬不抑、不急不缓的从容中道、中和纯粹的意味和境味，内涵中国文化关乎真、善、美的复杂情感和生命体验。一碗真茶、真味、真香的茶汤，演绎的是中国人关于“和”的生命哲学和精神旨趣，是中国人心领神会的“道”的妙味。“和气得天真”，是舌尖上的“品味”，既是审味，也是审美。所谓的“味道”，即是味中有道。

陆羽是自信的。将经文写入条幅并张挂于茶席作为《茶经》最后一章经文，就是对经义大道至简、万变不离其宗的自信，也是以茶入道开宗立派、以天下风教为己任的使命自觉。一千多年过去了，茶文化源远流长的同时难免泥沙俱下，今天各种茶道、茶礼、茶艺可谓山头林立，如果不能妙契“和”的奥理，把握其万变不离其“中”的法则，要么只知其然、死守僵化；要么好奇尚异、人云亦云，其实，都是不知“道”罢了。

我所做的，仅仅是试图就一个“和”字，做一些契合茶理的、贴合实际的，以及更能被现代人所理解的说道。所以，这本书就命名《“和”解〈茶经〉》，我希望它能名实相副。

其实，说起中国人的生命哲学，给学生上课或做讲座时，我更愿意拿民众喜闻乐见的麻将和象棋来“纸上谈兵”地说事。如果说，麻将是天、地、人“和”的演绎，那么，象棋就是“居其所而众星共之”的领导艺术与科学。可惜这两样我都是低手。好在饮茶却有几十年的丰富经验，还有一大帮子茶友。所以，我选择拿茶来说道。为“茶”说话，以“茶”论道，我绸缪酝酿可谓历时弥久。最终的结果不管成熟与否、味道如何，都是我生命体验、人生阅历的总和。虽已付梓，然意犹未尽，尤其是中国一碗茶汤之中的诗意、情味和禅思，不说不足以言“道”，于是有了姐妹篇《一碗茶的诗礼禅》。2019 年，我将两书合并进行课程开发，一方面，在学院为学警开设茶道文化与实操课；另一方面，录制《品诗论道话〈茶经〉》的慕课。做完这些，算是画了个圆。

无论在人道行走，还是在茶道行走，都离不开灯塔的相伴。最后，我想借此短文对照亮我人生的光、给予我生命的暖，表达我的感怀和感激。我要感谢我的博士导师林尚立先生，是他言传身教启迪我作为一个政治学博士该有的人道情怀和使命担当；我要感谢复旦大学终身教授骆玉明老师，不仅仅是因为他在百忙之中为我撰写字字珠玑的序言为瓦砾增辉，最重要的是他之于我关乎生命美学的启蒙和引领；我要感谢我的水友何文辉先生，作为太和水公司董事长，他致力于水环境治理的同时，还孜孜于各种轻水、小分子水的开采和研发，而我也在甘淡清冽的泉品分享中，增益了鉴水知识和品水经验；我要感谢我的茶友李浩源先生，作为勐海昱申源生态茶厂、源创茶业有限公司创始人和资深茶人，他是我品茶鉴茶的引路人和好茶的供养人，由此，老班章、冰岛、薄荷塘等那些名贵普洱茶品就这样轻易地出现在我的茶道实操课上，清透亮香的茶汤使《品诗论道话茶经》成为选修课的热门；我要感谢我的茶友卢斌和杨卫东两位先生，作为专业古玩鉴定人士、茶器具收藏研究爱好者，他们不仅为我开启了器物和茶道美学的大门，也令我觉醒到中国茶文化复兴的意义和使命；我要感谢复旦大学国际交流学院的副院长许国萍老师，作为心腹好友的她总是认真地听我吹牛，并真切地认为我曾吹出去的牛都能落到地上。对此，我无言以对，唯有尽力，也希望我的这本书作为“曾经吹出去的牛”不会令她太过失望。最后，我还要感谢上海公安学院领导们的关怀和基础部同事的帮助，特别是晏庆、崔磊、施雪梅和徐凯敏等诸位老师，总是默默替我安排并处理大量与日常教学和录制课程相关的事务性、辅助性工作，给我创造了岁月静好的写作环境和氛围。

图书在版编目(CIP)数据

“和”解《茶经》/余亚梅著. —上海:上海文化出版社,2023.8(2024.1重印)
ISBN 978-7-5535-2762-8

Ⅰ.①和... Ⅱ.①余... Ⅲ.①茶文化-中国 Ⅳ.①TS971.21

中国国家版本馆CIP数据核字(2023)第100718号

出 版 人:姜逸青
责任编辑:黄慧鸣
装帧设计:汤 靖

书 名:“和”解《茶经》
作 者:余亚梅
出 版:上海世纪出版集团 上海文化出版社
地 址:上海市闵行区号景路159弄A座3楼 201101
发 行:上海文艺出版社发行中心 www.ewen.co
上海市闵行区号景路159弄A座2楼 201101
印 刷:苏州市越洋印刷有限公司
开 本:710×1000 1/16
印 张:18
版 次:2023年8月第一版 2024年1月第二次印刷
书 号:ISBN 978-7-5535-2762-8/G·459
定 价:80.00元
告 读 者:如发现本书有质量问题请与印刷厂质量科联系
T:0512-68180628